高等学校软件工程专业系列教材

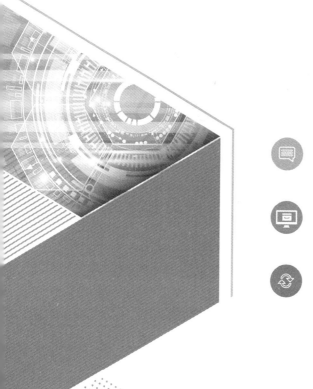

U0168599

人机交互技术

卢 勇 主 编

李 潜 孙 娜 潘秀琴 副主编

清华大学出版社

北京

内 容 简 介

本书从软件工程的角度出发,将软件工程和人机交互进行有机融合,全面系统地介绍人机交互领域涉及的核心概念和重要思想,着重介绍如何从软件工程的视角理解并进行人机交互系统的需求获取、系统设计、原型设计和评估迭代,以及主流的交互原型开发工具的使用,同时还介绍人机交互的前沿热点技术,如多模态交互、虚拟现实、智能交互等内容。

全书共分为11章。第1~3章为人机交互基础知识,着重介绍人机交互领域的核心概念、重要思想和基本过程;第4~10章为人机交互系统设计开发方法和技术,着重讨论用户研究、需求获取、界面设计、原型制作、评估迭代等设计开发环节,以及主流的交互原型开发工具,同时还介绍多模态交互、虚拟现实等人机交互技术热点;第11章为人工智能技术在人机交互领域的应用,主要讲解人机交互领域的前沿技术和未来的发展趋势。全书提供了大量的案例,每章均附有思考与实践习题。

本书适合作为高等院校计算机、软件工程专业高年级本科生的教材,也可作为成人教育及自学考试用教材,或作为人机交互系统开发人员的参考用书。

图书在版编目(CIP)数据

人机交互技术/卢勇主编. —北京:清华大学出版社,2024.5(2025.1重印)
高等学校软件工程专业系列教材
ISBN 978-7-302-66084-2

Ⅰ. ①人⋯ Ⅱ. ①卢⋯ Ⅲ. ①人-机系统-高等学校-教材 Ⅳ. ①TP18

中国国家版本馆 CIP 数据核字(2024)第 072588 号

责任编辑:安 妮 薛 阳
封面设计:刘 键
责任校对:郝美丽
责任印制:沈 露

出版发行:清华大学出版社
网   址:https://www.tup.com.cn, https://www.wqxuetang.com
地   址:北京清华大学学研大厦 A 座   邮   编:100084
社 总 机:010-83470000   邮   购:010-62786544
投稿与读者服务:010-62776969,c-service@tup.tsinghua.edu.cn
质量反馈:010-62772015,zhiliang@tup.tsinghua.edu.cn
课件下载:https://www.tup.com.cn,010-83470236
印 装 者:三河市人民印务有限公司
经   销:全国新华书店
开   本:185mm×260mm   印   张:19.25   字   数:469 千字
版   次:2024 年 6 月第 1 版   印   次:2025 年 1 月第 2 次印刷
印   数:1501~2500
定   价:69.00 元

产品编号:104668-01

前　言

　　本书从软件工程专业培养复合型人才的需求出发,将软件工程和人机交互进行有机融合,循序渐进地阐述了人机交互系统的设计思想和技术。教材采用大量案例解释和验证人机交互领域的概念、原则和方法,着重培养学生应用理论知识分析和解决人机交互系统设计开发过程中复杂工程问题的能力,内容体系创新,难度深浅适度,注重理论结合实践。

　　本书共 11 章。第 1 章为人机交互概述,介绍人机交互的概念、目标和原则,探讨人机交互的重要性和挑战,帮助读者建立对人机交互的整体认识,并为后续章节的学习打下坚实的基础。第 2 章介绍了人机交互界面和人机交互设备,分析认知交互的重要性,阐述社会化交互对人机交互的影响,以及情感化交互设计在人机交互中的应用。第 3 章介绍人机交互设计的 4 项基本活动和交互设计生命周期,引导读者遵循人机交互设计框架科学地进行交互设计,对已有设计方案进行测试和改进。第 4 章为用户研究与建模,阐述了用户研究常用的 7 种方法和人物建模的具体步骤,分析了人物建模对交互设计的重要性。第 5 章为场景与需求定义,介绍了场景与需求定义的重要性和用户需求的定义过程,引导读者深入理解如何识别和处理需求冲突,如何与利益相关者进行有效的沟通和协商,以及如何进行需求变更管理。第 6 章探讨交互设计中的一个重要环节——可视化交互界面设计,介绍了可视化交互界面设计的原则与策略,分别阐述了桌面应用、移动应用和网站交互设计的常用方法。第 7 章介绍虚拟现实与多模态技术,包括虚拟现实交互设计和虚拟现实交互场景、拓展现实技术、多模态交互技术、五感交互的体验设计、可穿戴技术和脑机接口技术。第 8 章为交互原型设计与构建,聚焦于交互原型构建的概念、方法、技术和工具,旨在使读者能够理解交互原型设计与构建在软件工程中的关键作用,并具备选择恰当的工具和技术构建原型的能力。第 9 章为用户体验,介绍用户体验的概念、面向需求的设计原则以及以用户为中心的设计行为和评估用户体验的方法和工具,探讨了以用户为中心的界面设计和交互设计的准则,以期帮助读者在开发过程中更好地关注和改善用户体验。第 10 章为评估,分析评估在交互式系统设计迭代中的重要性,介绍评估的目标与原则,讨论预测性模型在评估中的作用,解释可用性测试在评估中的地位,阐述专家评估的常用方法。第 11 章介绍智能交互技术的基本原理和方法,通过实际案例帮助读者理解人工智能技术在人机交互领域的应用前景和潜在挑战,并探讨智能交互带来的伦理问题和社会影响。

　　本书适合作为高等院校计算机、软件工程专业高年级本科生的教材,也可作为成人教育及自学考试用教材,或作为人机交互系统开发人员的参考用书。

　　本书第 1 章、第 9～11 章由卢勇编写,第 2～4 章由李潜编写,第 5～6 章由潘秀琴编写,第 7～8 章由孙娜编写。全书由卢勇任主编,完成全书的修改及统稿。本书在编写过程中得到北京服装学院李四达教授和北京林业大学淮永建教授的大力支持,在此表示衷心的感谢。

　　由于编者水平有限,书中的疏漏和不足之处在所难免,欢迎广大同行和读者批评指正。

卢　勇

2024 年 1 月

目　录

第1章 人机交互概述

1.1 引　言

人机交互是软件工程领域中一门重要的学科,致力于研究和设计使人类用户能够与计算机系统进行有效、高效和愉悦交互的方法和技术。随着计算机技术的快速发展和普及,人机交互在各个领域的重要性日益凸显。

在当代社会,各种设备和系统都与人机交互有着密切的关系。从个人计算机到移动设备,从智能家居到虚拟现实,从自动驾驶汽车到智能助手,人机交互已经渗透到日常生活和工作中。本章将深入探讨人机交互的概念、原则和方法,然后介绍人机交互的基本概念,包括以用户为中心的设计、可用性等重要概念,还将探讨人机交互的重要性和挑战,以及人机交互领域的发展和前沿技术。通过本章的学习,读者将建立对人机交互的整体认识,并为后续章节的学习打下坚实的基础。

本章的主要内容包括:

- 介绍人机交互的概念及其在现代社会的重要性。
- 解释人机交互与软件工程的关系。
- 阐述人机交互设计的目标和原则。
- 探讨人机交互领域的前沿技术和发展趋势。

1.2　什么是人机交互

人机交互(Human-Computer Interaction,HCI)是一门研究和设计人类用户与计算机系统之间相互作用的学科领域。它关注如何使人类用户能够与计算机系统进行有效、高效和愉悦的交互,以实现各种任务和目标。

人机交互涉及人类用户、计算机系统及它们之间的接口和交互方式。它不仅关注计算机技术本身,更注重人类用户的需求、能力和体验。人机交互的目标是创造出对用户友好的界面和交互方式,使用户能够轻松地与计算机系统进行沟通、操作和信息交换。

在人机交互领域,设计师和研究者致力于理解人类认知、行为和情感特征,以及如何将这些特征应用到计算机系统的设计和交互过程中。他们研究用户的需求、目标和上下文,以便设计出符合用户期望和能力的界面和交互方式。通过关注用户的体验,人机交互系统能够提高用户满意度、提升效率并降低错误率。

人机交互的应用广泛,涵盖了众多领域和应用场景,包括个人计算机、移动设备、智能家居、虚拟现实、游戏、医疗设备、交通工具等。人机交互的重要性越来越被广泛认可,因为人们对于计算机系统的依赖和需求日益增长,对用户体验和界面设计的要求也越来越高。

1.3　人机界面与人机交互

人机系统、人机界面和人机交互三者之间存在密切的关系,它们是构成人机交互过程的关键要素,相互之间相辅相成。优化人机界面的设计能够提高人机交互的效率和用户体验,而人机交互的研究成果也可以指导人机界面的改进,使人机系统更加智能、高效和人性化。人机系统、人机界面和人机交互三者之间的紧密关系是构成人机交互的重要基础。下面分别对它们进行解释。

1. 人机系统

人机系统是总体框架,涵盖了人、机和环境的所有组成部分。

"系统"一般是由相互作用、相互依赖的若干部分组成的具有特定功能的有机整体。人机系统包括人、机器、环境三个组成部分,它们相互联系构成一个整体,如图 1.1 所示。

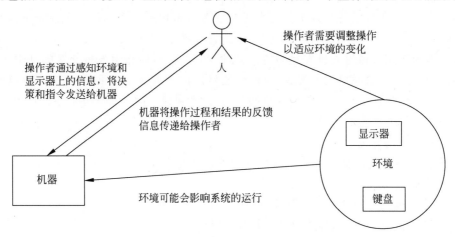

图 1.1　人、机器、环境相互联系构成的整体

自动驾驶汽车系统就是一个典型的人机系统。在自动驾驶汽车系统中,人、机器、环境是紧密相连的。操作者作为人的组成部分,通过显示器感知汽车系统的状态和操作过程。显示器上展示了车辆当前的速度、导航路径、周围环境等信息,操作者需要分析和解释这些信息,做出相应的决策。操作者通过多种控制方式,如触摸屏、方向盘或语音指令,与自动驾驶系统进行交互,调整汽车的行驶速度、转向和其他操作。环境是指道路、其他车辆、行人等外部条件,这些条件会通过传感器被汽车系统感知,并对人的行为产生影响。整个系统通过不断感知环境、决策和控制来实现自动驾驶功能,形成一个闭环人机系统。

智能家居系统也是一个典型的人机系统。智能家居系统是由人、机器和环境三个组成部分构成的。在智能家居系统中,人作为操作者,通过手机应用、语音助手或遥控器等输入设备与家居系统进行交互,控制灯光、温度、安防系统等。机器指智能家居系统的核心部分,它包括传感器、执行器和中央控制器等。传感器可以感知环境中的温度、湿度、光线等信息,执行器可以控制家居设备的开关和调节。中央控制器负责接收操作者的指令,解析并转换为相应的控制信号,通过执行器控制家居设备的运行状态。环境是指智能家居系统所处的房间或房屋,包括家具、电器设备等。整个系统形成一个闭环,通过不断感知环境、执行操作和反馈状态,实现智能化的家居控制。

这些例子展示了人机系统在不同领域的应用,通过人、机器和环境的相互作用,实现了特定的功能和服务。在这些系统中,人的感知、分析和决策能力与机器处理、执行和控制能力密切配合,共同应对环境的变化和需求。通过优化人机交互界面和系统设计,可以提升系统的性能和用户体验,实现更加智能化、便捷化的交互方式。

2. 人机界面

人机界面是人机系统中与用户直接接触的关键部分,它通过传递信息和指令呈现反馈和结果,实现交互功能,影响用户体验,使用户能够与计算机系统进行有效的沟通和合作。

人机界面位于用户和计算机之间,是人与计算机之间传递、交换信息的媒介,也是用户使用计算机的综合操作环境。人机界面是计算机科学、心理学、图形艺术、认知科学和人机工程学等多学科交叉研究的领域,是计算机向用户提供综合操作环境的关键。近年来,随着软件工程学的迅速发展、新一代计算机技术的推动以及网络技术的突飞猛进,人机界面的设计和开发已成为计算机领域最为活跃的研究方向之一。

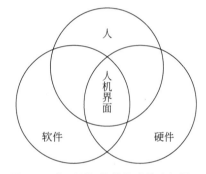

计算机系统由计算机硬件、计算机软件和人共同构成,人与硬件、软件的结合形成了人机界面,如图1.2所示。

在人机系统模型中,人与机器之间的信息交流和控制活动都发生在人机界面上。机器通过各种显示方式将信息传递给人,实现人与机器之间的信息传递;而人通过视觉、听觉等感官接收来自机器的信

图 1.2 人、硬件、软件构成的人机界面

息,经过大脑的加工、决策,然后做出反应,实现人与机器的信息传递。可见,人机界面的设计直接关系到人机关系的合理性。因此,研究人机界面主要针对两个问题:显示与控制。

1) 显示

显示是指机器将信息以可感知的形式传递给用户的过程。在人机交互中,信息的显示通常通过以下4种方式实现。

(1) 视觉显示。

最常见的方式是通过屏幕或显示器展示文本、图像、图标和动画等内容。视觉显示在计算机、手机、平板电脑等设备中广泛应用,因其能够提供丰富的信息内容和交互效果,用户可以直观地了解机器的状态和提供的功能。

(2) 听觉显示。

利用声音、音效或语音来传递信息。语音交互界面是一种越来越普遍的趋势,人们可以通过语音与机器进行交流,获得反馈或执行指令,而不必直接操作设备。

(3) 触觉显示。

通过触觉反馈传递信息。触觉反馈可以是简单的振动,也可以是更复杂的触觉模式,如触觉图形显示,使用户在触摸屏幕时能够感知到不同的按钮、材质或纹理。

（4）味觉和嗅觉显示。

尽管较为有限,但在一些特定的场景中,利用味觉和嗅觉传递信息也被尝试。例如,某些虚拟现实应用中通过释放特定味道来增强用户体验。

人机界面设计要考虑用户的感知能力和习惯,选择合适的显示方式,以确保信息传递的有效性和用户体验的良好性。

2）控制

控制是指用户通过人机界面对机器进行操作和指导的过程。人机交互中的控制方式通常包括以下内容。

（1）键盘和鼠标。

这是传统计算机操作的主要方式,通过键盘输入文本和命令,通过鼠标控制光标和选择操作。

（2）触摸屏。

随着智能手机、平板电脑和一些计算机设备的普及,触摸屏成为一种重要的控制方式。用户可以直接触摸屏幕来选择、拖曳和缩放内容。

（3）手势识别。

近年来,一些设备和应用开始支持手势识别,用户可以通过手势控制机器,如挥动手臂、摆手等。

（4）语音控制。

利用语音识别技术,用户可以通过口头指令来控制机器,从简单的语音搜索到更复杂的任务,如智能助理的操作。

（5）脑机接口。

这是一种较为前沿的技术,通过直接解读用户大脑的活动来实现对机器的控制,为某些特殊需求的用户提供更自然、便捷的交互方式。

控制方式的选择应该依据用户的便利性、工作效率和习惯,同时要考虑不同用户群体的需求和特点。

综上所述,人机界面的显示与控制是确保良好的人机交互体验和高效信息传递的关键因素。在设计人机界面时,需要充分考虑用户的感知和操作方式,以实现人与机器之间更加自然、高效、无缝地交互。随着技术的不断发展,人机界面设计将不断创新与改进,以满足不断变化的用户需求。

3. 人机交互

人机交互与人机系统之间形成了紧密的互动关系。通过优化人机交互设计,人机系统可以更好地满足用户的需求,提高用户体验和交互效率,促进计算机技术的发展和创新。

人机交互是指在计算机科学和人类行为学领域中研究人类与计算机系统之间交互的学科。人机交互旨在使人类与计算机系统之间的交互更加自然、高效、愉悦,并且能够更好地满足用户的需求和期望。人机交互的目标是创造更加友好和高效的用户体验,减少用户与计算机系统之间的摩擦,并提高用户的工作效率和满意度。随着技术的不断发展,人机交互也在不断演进,从传统的桌面计算机发展到移动设备、虚拟现实、智能家居等新兴领域,持续推动着人机交互的进步。

人机交互可以划分为用户、界面、交互这三个要素。人机交互1.0专注于人们可以亲眼看到、亲耳听到的界面设计或音效制作。例如,研究使用哪种颜色作为计算机界面的背景,执行按钮应放置在何处等。人机交互2.0的范围得到了拓展,它特指从2000年年末开始流行的 Web 2.0 环境下的人机交互。新的人机交互不仅是人们从计算机界面上看到的系统模样,而且还将多种系统与人们之间的所有交互视为人机交互的对象。在此,计算机实际上意味着可以与人类发生交互的所有数字系统。也就是说,个人计算机、手机等所有数字产品、服务及数字信息都可以视为人机交互的对象。而人包括使用数字系统的个人、使用系统的团体,甚至包括所有社会成员。例如,收发手机短信的个人,或在博客上发表文章来共享创意的团体等,这些参与在线环境的主体都可成为人机交互的对象。人机交互2.0将多种数字系统与人们之间的用户体验视为研究对象。换句话说,人机交互2.0是研究个人或团体如何利用多种数字技术获得最佳使用体验的方法和原理的领域。

可见,人机交互1.0关注个人用户与计算机之间技术上的交互,而人机交互2.0关注的是数字技术为个人或团体提供的新鲜且有趣的体验。因此,人机交互2.0可以定义为研究个人或团体利用多种数字技术来获得最佳使用体验的方法和原理的领域。

人机交互技术是21世纪信息领域亟须发展的重要课题。例如,美国21世纪信息技术计划中将基础研究内容分为4项,即软件、人机界面、网络和高性能计算。其中,人机界面研究被列为与软件技术和计算机技术并列的6项国家关键技术之一,并被认为对计算机工业具有突出的重要性,对其他工业也十分重要。美国国防关键技术计划不仅将人机交互列为软件技术发展的重要内容之一,还专门增加了与软件技术并列的人机界面这一内容。

人机交互领域涵盖了广泛的研究和实践领域,包括但不限于以下几方面。

1)用户界面设计

研究和设计用户界面,包括图形用户界面(GUI)、命令行界面(CLI)、触摸屏界面、语音界面等。设计者努力创造直观、易用和美观的界面,以满足用户的需求。

2)用户体验设计

着重于用户在使用产品或服务时所产生的感受和情感。用户体验设计致力于创造愉悦、有意义且有价值的用户体验。

3)交互技术和输入设备

研究和开发各种交互技术和输入设备,如触摸屏、手势识别、语音识别、眼动跟踪等,以改善用户与计算机系统的交互方式。

4)用户研究

通过实验、调查和观察等方法,深入了解用户的需求、行为、习惯和心理模型,为设计提供依据。

5)可用性和可访问性

关注系统的可用性,确保用户能够轻松学习和使用系统。同时关注系统的可访问性,确保所有用户,包括老年人和残障人士,都能方便地使用系统。

6)增强现实和虚拟现实

探索将现实世界和虚拟世界结合起来的技术,创造更沉浸式和交互式的体验。

7)多模态交互

研究同时使用多种交互方式,如触摸、语音、手势等,提供更灵活和丰富的交互体验。

8）社会和文化因素

考虑社会文化因素对人机交互的影响，确保设计符合特定文化和社会背景的需求。

人机交互的发展趋势是更加注重用户体验和用户参与度的提升。随着技术的不断进步，人机交互将变得更加智能、自然和个性化。例如，基于机器学习和人工智能的智能助理将能够更好地理解用户的需求和意图，并提供个性化的服务和建议。虚拟现实和增强现实技术将实现更加沉浸式的交互体验，使用户能够与数字内容和虚拟对象进行更加直接和逼真的互动。

总之，人机交互作为一门重要的学科，致力于研究和改进人与计算机之间的交互方式。通过不断提升用户体验、提供更便捷和智能的交互方式，人机交互技术将进一步推动数字化时代的发展和创新。

1.3.1 人机交互的要素

1. 用户

用户需求分析是人机交互设计的重要基础。通过研究用户的特点、需求、目标和行为，设计师可以更好地理解用户的期望和挑战，从而有效地设计界面和交互方式。用户需求分析方法包括用户调研、问卷调查、访谈等，以获取关于用户喜好、习惯、技能水平和使用环境的信息。

用户行为建模是研究用户在使用计算机系统时的行为方式和模式。通过对用户行为进行观察、记录和分析，设计师可以发现用户的习惯、偏好和问题，为设计过程提供有价值的指导。常用的用户行为建模方法包括任务分析、行为观察和心理学实验等，以帮助设计师了解用户的认知过程、决策行为和反应时间等。

用户反馈和评估是评估人机交互系统效果的重要手段。通过与用户进行互动和收集反馈意见，设计师可以了解用户对界面和交互的满意度和改进建议。常用的用户评估方法包括用户测试、焦点小组讨论和可用性测试等，以确保设计的有效性和用户体验的改善。

2. 界面

界面设计原则是设计师在创建用户界面时应遵循的基本原则。这些原则旨在提供良好的用户体验和高效的操作方式。常见的界面设计原则包括可用性、可理解性、一致性、直观性、可控制性等。设计师需要考虑用户的认知特点、界面元素的布局和组织，以及使用合适的色彩、字体和图标等元素来增强用户界面的易用性和吸引力。

交互元素和布局指的是在用户界面中使用的各种元素，如按钮、菜单、输入框等，以及它们的排列和组织方式。设计师需要仔细选择和设计这些元素，以确保它们在界面中的功能和效果清晰可见。同时，还需要考虑元素的可视性、易用性和美感，以及它们之间的关联性和层次结构。通过使用合适的交互元素和布局，可以帮助用户快速理解界面的功能和操作方式，并提高用户的工作效率和满意度。

3. 交互

交互方式和技术包括人机交互的各种形式和手段，如图形用户界面（GUI）、触摸屏、语音识别、手势控制等。设计师需要根据用户需求和使用环境选择适合的交互方式，并合理运用相应的交互技术。例如，在移动设备上，触摸屏和手势控制成为常见的交互方式，而在虚拟现实系统中，头部追踪和手柄控制则能够提供更直观的交互体验。

交互设计过程是指设计师在创建交互体验时所遵循的一系列步骤和方法。这包括需求收集、概念设计、原型制作、用户测试和迭代等环节,旨在确保设计的有效性和用户满意度。设计师需要与开发团队、用户代表和利益相关者密切合作,共同迭代和优化交互设计,以实现用户的期望和目标。

1.3.2 人机交互的相关学科

人机交互是一个交叉性很强的学科,涉及多个领域的专家和学者共同参与研究。下面介绍与人机交互相关的学科领域,如图 1.3 所示。

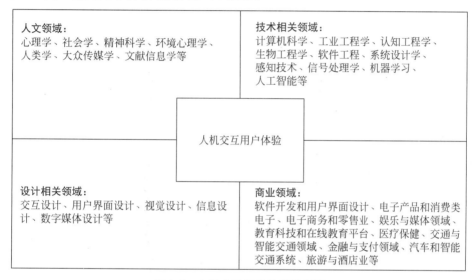

图 1.3 人机交互相关的学科领域

1. 人文领域

人机交互的研究重点之一是人,因此心理学是人机交互的重要背景学科。认知心理学尤其是人类信息处理理论对人机交互起着重要作用。认知科学研究人类的信息接收、内部处理和智能行动,分析人的局限性和优缺点,为开发使用便捷的系统提供理论和实证基础。此外,环境心理学和社会学在多样化的计算机使用环境下变得越来越重要,对分析系统使用环境的文化和民俗学方法也越来越关注。另外,人机交互需要了解人的认知特点、身体和精神特征,因此精神科学也成为热门学科之一。

社会学研究人机系统对社会结构的影响,人类学研究人机系统中群体交互活动,这些领域都与人机交互密切相关。人机交互技术需要考虑人类的文化特点、审美情趣以及个体和群体的偏好,因此对交流沟通和人与媒体沟通的大众传媒研究也与人机交互密切相关。网络的发展使得信息检索在人机交互中越来越重要,文献信息学与人机交互有紧密联系,尤其是构造和设计易于理解的信息结构。

2. 技术相关领域

计算机科学是人机交互的重要背景领域之一,人机交互的实现需要基于计算机为基础的数字系统。计算机科学特别是与人直接交互的部分,以及多媒体和人工智能领域与人机交互紧密相关。工业工程学在人机交互中起着重要作用,特别是在分析人的任务方面。认知工程学基于认知科学,设计系统以简化人类的认知过程。生物工程学设计人类活动的环境、工具和方法步骤,尤其在可用性方面为人机交互提供基础。认知工程学关注头脑活动和智能系统之间的交互,旨在设计和改进人机接口以优化人类认知过程。人机交互还涉及软件工程和系统设计,包括用户界面设计、交互设计和用户体验设计等方面。这些领域的专家负责研发和实现能够满足用户需求、易于使用和学习的人机交互系统。

另外,人机交互还与感知技术和信号处理等领域密切相关。感知技术研究如何通过传感器和数据处理来获取和理解用户的输入,例如,声音、图像、手势等。信号处理则负责处理和分析这些输入数据,以提取有用的信息并对系统做出响应。这些技术在人机交互中起着重要的作用,使得系统能够与用户进行有效的交互和沟通。

此外,人机交互还涉及机器学习和人工智能领域。机器学习可以通过分析大量的数据和模式来改善系统的性能和预测能力,从而提供更智能化的人机交互体验。人工智能技术可以使系统具备更高级的功能,例如,自然语言处理、图像识别和情感分析等,从而能够更准确地理解和回应用户的需求和意图。

3. 设计相关领域

设计相关领域在人机交互中起着至关重要的作用。交互设计师和用户界面设计师负责设计和开发用户友好的界面,使用户能够轻松地与系统进行交互。他们考虑到用户的需求、行为模式和偏好,以及界面的可视化效果和布局,从而创建出易于理解和操作的界面。

视觉设计师负责处理界面的外观和视觉效果,包括颜色、图标、排版等方面,以提供愉悦的用户体验。信息设计师负责组织和呈现信息,使其易于理解和获取。这些设计领域的专家密切合作,共同努力创建出符合用户期望并能够有效传达信息的人机交互界面。

4. 商业领域

人机交互在商业领域扮演着重要的角色,涵盖了多个行业和领域。以下是对人机交互在商业领域的总结。

1) 软件开发和用户界面设计

软件开发公司和团队需要关注用户体验,设计易用、直观的用户界面,以提高产品的市场竞争力。

2) 电子产品和消费类电子

电子产品制造商需要关注人机交互,以确保其产品具有良好的用户界面和操作体验,满足用户需求。

3) 电子商务和零售业

在线商店和电子商务平台需要注重人机交互,以提供便捷的购物体验和个性化的推荐服务,吸引顾客并提高转化率。

4) 娱乐与媒体领域

游戏开发者和媒体公司需要设计吸引人的用户界面和交互方式,以提供沉浸式和愉悦的娱乐体验。

5) 教育科技和在线教育平台

教育科技公司和在线教育平台需要关注人机交互,提供直观、易用的界面,以提高学习效果和学习者的参与度。

6) 医疗保健

医疗设备和医疗信息系统需要注重人机交互,以提高医护人员的工作效率和患者的治疗体验。

7) 交通与智能交通领域

智能交通系统需要提供直观、易懂的交通信息和导航功能,以提高交通效率并减少交通事故。

8) 金融与支付领域

金融机构和支付平台需要设计方便、安全的用户界面,提高用户的支付体验和安全感。

9) 汽车和智能交通系统

汽车工业需要关注人机交互,设计直观的驾驶控制界面,提高驾驶员和乘客的安全和便捷性。

10) 旅游与酒店业

旅游网站和酒店预订平台需要提供简单易懂的界面,方便用户查询和预订服务。

综上所述,人机交互在商业领域中是至关重要的,它直接影响产品和服务的用户体验,从而影响企业的市场竞争力和用户忠诚度。在不断发展的数字时代,注重用户体验和人机交互的优化已成为商业成功的关键因素。

1.4 人机交互的发展历程

1.4.1 人机交互的发展阶段

人机交互的发展可以被划分为以下几个阶段。

1. 初始阶段(20世纪40年代—20世纪60年代)

在计算机诞生的早期阶段,人机交互主要通过使用机械开关、打孔卡片和电报机等方式进行。操作员将提前编写好的二进制代码编写到纸带(图1.4)上,然后再将这个纸带插入笨重的机器(图1.5)中,需要等待很长时间才能得到计算机的反馈。这些早期计算机需要直接操作物理设备,用户对计算机的使用非常复杂和专业化。其中,著名的早期计算机包括ENIAC(1946年)和EDVAC(1951年)。

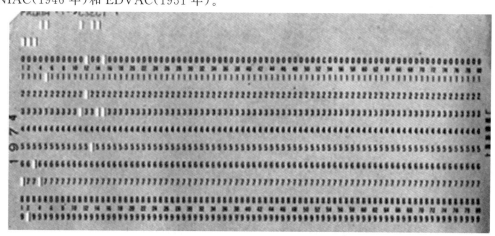

图1.4 早期印有二进制代码的纸带

图 1.5　早期庞大繁重的计算机

2. 文字界面阶段(20 世纪 60 年代—20 世纪 70 年代)

随着计算机技术的发展,出现了第一个图形化用户界面(GUI)的实验系统。然而,大多数计算机仍然采用基于文本的界面,用户需要输入指令,计算机接收到指令后,通过单一字符对程序员进行反馈,如图 1.6 所示。这一时期的代表性计算机系统包括 DEC PDP-1(1960 年)和 UNIX 操作系统(1969 年)。

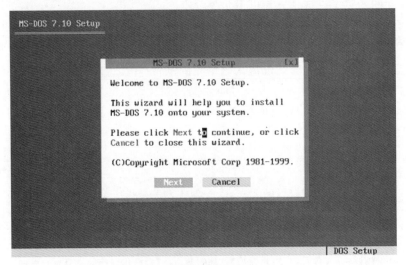

图 1.6　早期命令行界面

3. 图形界面阶段(20 世纪 80 年代—20 世纪 90 年代)

1981 年,Xerox PARC 实验室推出了第一个商业化的图形用户界面(GUI)系统,称为 Xerox Star。这一阶段标志着图形界面的普及,用户可以使用鼠标和图标进行交互,使得计算机更加易于使用和学习。随后,Apple 的 Macintosh 计算机(1984 年)和 Microsoft 的 Windows 操作系统(1985 年,图 1.7)进一步推动了图形界面的发展和普及。

4. 多模态交互阶段（2000 年至今）

随着技术的进步和多媒体的发展,人机交互逐渐融合了多种交互方式,例如,触摸屏、语音识别、手势控制等。这一阶段的重点是提供更自然、直观和灵活的交互方式,以满足用户的多样化需求。代表性的技术包括 Apple 推出的 iPhone(2007 年)和 Google 推出的 Android 操作系统(2008 年),如图 1.8 所示。

图 1.7　Windows 操作系统图标　　　　图 1.8　iOS 和 Android 图标

1.4.2　重要人物与学术事件

在人机交互的发展过程中,有一些重要的人物和学术事件对其产生了重大影响。以下是其中的一些例子。

(1) Douglas Engelbart 是人机交互领域的先驱之一,他于 20 世纪 60 年代提出了图形用户界面(GUI)的概念,并开发了第一款鼠标原型。他还在 1968 年举办的"增强人类智力的人机共同工作研讨会"上展示了鼠标和图形界面等多项创新,被认为是计算机历史上的重要里程碑。

(2) Ivan Sutherland 是计算机科学家和图形学领域的先驱,他在 20 世纪 60 年代提出了著名的 Sketchpad 系统,被视为第一个图形界面的先驱。Sketchpad 允许用户使用图形方式进行交互,例如,绘制图形和进行编辑。这一系统为后来的图形用户界面的发展奠定了基础。

(3) Alan Kay 是计算机科学家和图形用户界面的先驱之一。他在 Xerox PARC 工作期间,提出了"对象导向编程"和"个人计算机"等概念,并设计了 Smalltalk 编程语言,对图形用户界面的设计和发展做出了重要贡献。

(4) 黄煦涛开创了多模态智能人机交互、手势跟踪与识别、情感识别等方面的研究,这些成就对存储、传输、理解和应用视觉与多媒体数据产生了深远的影响。

(5) ACM SIGCHI(Association for Computing Machinery Special Interest Group on Computer-Human Interaction)是一个专注于人机交互领域的学术组织。该组织成立于 1982 年,致力于促进人机交互的研究、实践和教育。SIGCHI 每年举办的 CHI 会议是人机交互领域最重要的学术会议之一。

(6) 触摸屏技术是人机交互领域的一项重要创新,它允许用户直接通过触摸屏幕来进行交互操作。20 世纪 60 年代,E. A. Johnson 开发了早期的触摸屏技术原型。然而,直到 21 世纪初,随着手机和平板电脑的普及,触摸屏技术才得到广泛应用,改变了人机交互的方式。

这些人物和学术事件在人机交互的发展历程中扮演了重要角色,推动了人机交互领域的进步和创新。他们的贡献为今天的人机交互技术打下了坚实的基础,并不断地推动着人机交互领域的发展。通过不断的研究和创新,人机交互将继续为人们提供更加智能、自然和便捷的交互方式,进一步拓展人与计算机之间的界面。

1.5　人机交互的设计目标与原则

1.5.1　可用性目标

可用性是人机交互中一个重要且复杂的概念。它涵盖了与人交互的系统本身,以及系统对用户使用过程的影响。类似于一本装帧精美的书籍能让读者感到愉悦并享受阅读,高度可用的系统能够帮助用户更加高效地使用并愿意持续使用。

在人机交互领域,尽管没有一个被广泛接受的确切定义,但可以从不同的定义中提取出可用性的核心特征。例如,Nielsen将可用性定义为评价用户界面使用方便程度的一种度量属性。而ISO 9241-11指出可用性是一个多因素概念,包括容易学习、容易使用、系统有效性、用户满意度以及将这些因素与实际使用环境联系在一起针对特定目标的评价。

可用性可以从不同的角度进行考量,包括易学性、易记性、使用效率等。从ISO 9241-11的定义可以看出,可用性实际上不是用户界面的一个单一属性,而是由系统和用户界面的5个不同方面构成,如图1.9所示。

图1.9　可用性5个方面特征

可用性在人机交互设计中扮演着关键的角色,帮助设计人员创建易于学习、使用高效且用户满意的系统。通过关注多方面的特征,能够更好地满足用户需求,提高产品和服务的质量。

1. 易学性

易学性是指使用系统的难易程度,即用户能在相对短的时间内掌握并应用系统来完成任务的能力。在可用性属性中,易学性是最基本的因素之一。用户希望能够在不费太多力气的情况下胜任任务的执行,尤其对于日常使用的交互式软件系统而言更是如此。因此,确定用户在学习使用某个系统时愿意花费的时间是至关重要的问题。

可以用曲线来表示系统的学习过程(如图1.10所示),易学性对应曲线的开头部分。如果一个系统易学,学习曲线在开头部分会较为陡峭,表示用户可以在短时间内达到相当的熟练水平,通常这类设计面向初学者。反之,如果曲线开头的部分较为平缓,说明系统需要较长时间进行学习,通常面向专家级用户。然而,除了一些即来即用的系统,大部分系统的学习曲线都会从用户一无所知的状态开始。

有专家提出了"10分钟法则"作为评价系统是否易学的标准。该法则指出,如果用户学

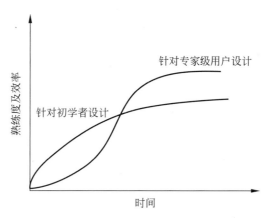

图 1.10 系统的假定学习曲线

习使用一个新系统的时间超过 10min,则该系统的设计可能存在问题。然而,这个法则并非适用于所有情况,例如,对于一些特别复杂的系统,要求用户在短时间内学会使用是不现实且危险的。因此,在设计新系统时,必须考虑用户愿意花费多少时间去学习和适应系统。如果大多数用户无法或不愿花时间去学习,那么开发该系统的必要性值得重新审视。

2. 使用效率

产品的目的在于帮助用户完成特定任务,因此,一旦用户学会使用产品,他们应该具备更高的生产力水平。这种用户使用产品后获得的生产力水平被称为效率。效率指的是熟练用户到达学习曲线上平坦阶段时的稳定绩效水平。在实际设计中,效率需要在易学性和易记性之间进行权衡。一些系统可能通过让用户分步骤完成复杂任务来提高易学性,但这可能会阻碍熟练用户以更快的速度工作。另一方面,为了加速工作过程,采取的一些措施可能难以被用户学习和记忆。如何在交互式系统设计中有效解决这一问题,是一个极大的挑战。

在设计产品时,需要综合考虑用户的学习成本和使用效率。易学性可以让用户更快地掌握系统,而高效率则能让用户在使用系统时更加顺畅和高效。然而,在实际情况中,这两者之间可能存在权衡,需要根据具体的使用场景和用户群体做出合理的设计决策。通过科学的用户研究和用户测试,设计人员可以优化产品的易学性和使用效率,提供更好的用户体验,从而增强产品的竞争力。

3. 易记性

软件不仅应该容易学习,同时在学会使用后也应该容易记忆。特别是对于偶尔使用系统的用户,在一段时间不用该系统后,仍能迅速回想起其使用方法。这意味着用户不必每次都从头开始学习,能够保持对系统的熟练度。

Heim 在《和谐界面》一书中总结了可能影响交互式系统易记性的因素,其中包括以下几个因素。

1）位置

将特定对象放在固定位置有助于帮助用户记忆。例如,应用程序窗口的“关闭”选项通常放在窗口的右上方,这样用户可以轻松找到它。

2）分组

按照逻辑将事物进行恰当的分组有助于用户记忆。例如,在文本编辑工具中,将“字体设置”选项放置在“格式”菜单中,可以帮助用户快速找到相关选项。

3）图标和符号

使用易于理解的图标和符号有助于用户记忆。例如，在在线购物网站上，常用的购物车图标就是一种有助于记忆的通用符号。

4）多感知通道

使用多个感知通道对信息进行编码，有助于加强人们的长期记忆。例如，结合图形、声音和文字等多种形式呈现信息，能够提高用户对信息的记忆效果。

基于以上原则，设计人员可以通过使用有意义的图标和菜单选项来帮助用户记住任务执行的操作顺序，同时将相关功能选项组织在一起，帮助用户发现特定功能。此外，利用用户已有的经验和知识也能够提高系统的易记性。如果系统能够与用户已有的认知模式和经验相契合，用户会更容易记住和掌握系统的操作。

综上所述，提高系统的易记性是确保用户持续使用和提高工作效率的重要因素。通过合理的设计和用户导向的思维，可以创造出更加易于使用和记忆的交互式系统。

4. 低出错率

与似乎从不出差错的计算机不同，人是会犯错误的。尽管有些错误会立即被用户发现并得到纠正，从而对交互过程没有太大影响，但不可避免地，有些错误并不容易被用户察觉，最终可能导致交互过程遭受严重破坏，甚至产生灾难性后果。这显然不是用户所期望的体验。

为了提供更可靠的系统，设计人员应该尽可能降低系统的出错率。特别是要采取措施尽可能降低会引起灾难性后果的错误发生频率，并确保系统能够在错误发生后迅速恢复到正常状态。这样的软件明显比那些过分依赖用户交互可靠性的系统更加可用。

在实现可靠性方面，设计人员可以采取多种方法。首先，系统的交互过程应该尽可能简洁明了，避免让用户陷入复杂的操作中，从而减少潜在的错误。其次，采用明确的提示和反馈机制，及时告知用户操作是否成功，以避免用户的误操作。此外，引入一定程度的冗余和容错机制，可以帮助系统在出现错误时自动修复，降低用户负担。

总的来说，设计可靠的人机交互系统是提供良好用户体验的关键因素。通过降低出错率，减少潜在的灾难性后果，并迅速处理错误，设计人员可以打造更加稳定、可靠和用户友好的系统，从而满足用户的期望并提高系统的可用性。

5. 主观满意度

主观满意度是人机交互中一个重要的可用性目标，指用户对系统的主观喜爱程度。人机交互学科主张系统的使用应该是令人愉快的，并能够让用户从主观上感到喜欢使用该系统。特别对于家用计算、游戏等非工作环境的系统来说，系统的娱乐价值比完成任务的速度更为重要。因为用户使用这类系统的主要目的是获得一种愉快或满足的体验。

需要强调的是，作为可用性属性的主观满意度并不等同于公众对计算机的总体态度。人们对计算机的态度可以看作计算机的社会可接受性的组成部分，而主观满意度则更侧重于独立个体对特定系统的态度，例如，用户是否更喜欢与某个特定系统进行交互。

对于交互式系统的开发公司和组织来说，可用性是衡量系统质量的一种重要度量。设计人员可以根据可用性目标检查产品是否能够提高用户的工作效率，从而评判产品的可用性。传统的软件质量观念通常更关注内部效率和可靠性，例如，程序代码运行时的效率、灵活性和可维护性等。然而，当人们的关注点从内部视角转向最终用户的外部视角时，可用性自然成为确保软件质量的关键因素。因为用户满意度与其体验直接相关,一个可用性高的系统能够吸引更多用户并增加用户忠诚度。

总的来说,主观满意度是衡量交互式系统用户体验的重要组成部分,其实现对于设计人员和开发组织来说都至关重要,因为用户体验的优劣直接影响着产品的成功与否。

1.5.2 用户体验目标

用户体验(User Experience,UX)是指用户在使用产品或服务的过程中所产生的感受、态度和行为。它涵盖了用户在使用前、使用中和使用后的全过程,包括用户对产品的感受、喜好、满意度、易用性等方面的综合评价。用户体验的目标是提供一个令用户感到愉悦、高效和有价值的交互环境。

用户体验与人机交互和用户界面有着密切的关系,但也存在一些差异性。下面将从主观性、整体性和情境性三方面来探讨用户体验的特点及其与人机交互的区别。

首先,用户体验具有主观性。每个用户的体验都是独特的,即使在使用相同的产品或服务时,不同用户的体验可能截然不同。这是因为用户的个人特点、背景和需求会对体验产生影响。例如,对于一款手机应用程序,某个用户可能因为其简洁的界面设计和便捷的操作而感到满意,而另一个用户可能因为其复杂的功能布局和不符合个人习惯而感到不满。因此,用户体验设计需要考虑到用户的多样性和个体差异,以提供个性化和满足用户需求的体验。

其次,用户体验具有整体性。与界面和交互不同,用户体验无法通过具体的要素来衡量和界定。它是用户在特定时间内对产品或服务的整体感受和反应。用户体验受到多个因素的综合影响,包括界面设计、交互方式、视觉效果、响应速度、功能完整性等。例如,一个购物网站的用户体验不仅包括网站的界面设计和交互方式,还包括产品的展示方式、购买流程的顺畅程度以及售后服务的质量。因此,用户体验设计需要综合考虑各个方面的因素,以提供一个一致、流畅和愉悦的整体体验。

最后,用户体验具有情境性。用户体验不仅取决于产品或服务本身的特征,还受到使用环境和情境的影响。用户在不同的使用情境中可能会有不同的体验。例如,使用一个社交媒体应用程序时,用户在家中轻松休闲的情境下与在工作场所紧张忙碌的情境下的体验可能截然不同。因此,用户体验设计需要考虑到不同情境下用户的需求和感受,以提供与使用环境相匹配的体验。

良好的用户体验是人机交互的目标,用户界面则是实现用户体验的具体手段,而交互则是连接界面和用户体验的纽带。界面的设计和交互方式可以直接影响用户的体验感受,而用户体验又可以反过来影响对界面和交互的设计和优化。因此,用户体验设计需要紧密结合界面和交互的设计,以提供一个令用户满意的、有价值的和愉悦的体验。

下面通过几个例子来进一步说明用户体验的重要性和影响。

以手机应用程序为例。一个优秀的手机应用程序应该具有直观的界面设计和简洁的交互方式,使用户能够轻松快速地完成各种操作。同时,应用程序还应该提供个性化的功能和内容推荐,以满足不同用户的需求和偏好。例如,一个社交媒体应用程序可以根据用户的兴趣爱好和社交关系,为其推荐相关的动态和内容,提升用户的参与度和满意度。

以电子商务网站为例。一个良好的电子商务网站应该具有清晰的页面结构和易于导航的功能布局,使用户能够快速找到所需的商品和信息。同时,网站还应该提供多样化的支付方式和安全的交易环境,以增强用户的信任感和购物体验。例如,一个电子商务网站可以提供方便的搜索功能和个性化的推荐,帮助用户快速找到心仪的商品,并提供简化的购买流程和快速的物流配送,提升用户的购物便利性和满意度。

以智能家居系统为例。一个智能家居系统应该具有直观友好的用户界面和智能化的交互方式,使用户能够方便地控制家居设备和享受智能化的生活体验。例如,一个智能家居系统可以通过语音识别和手势控制等方式,实现用户与家居设备的自然交互,使用户能够轻松地调节温度、照明和音乐等环境因素,提供个性化和舒适的居住体验。

通过以上例子可以看出,用户体验是一个综合性的概念,涵盖了用户在使用产品或服务时的感受、满意度和行为。良好的用户体验可以增强用户的忠诚度和满意度,促进产品的推广和市场竞争力。因此,企业和设计者需要重视用户体验的设计和优化,以提供一个符合用户期望和需求的全面体验。只有通过整体性、主观性和情境性的考虑,才能创造出令用户满意的优秀用户体验。

在可用性的基础上,用户体验是人机交互设计中至关重要的一个方面。它关注用户在使用系统或产品时的感受、情感和满意度,是目前的主流理念和目标之一。以下是几个重要的用户体验目标以及相关的例子。

1. 满意度

满意度目标旨在确保用户对系统或产品的整体满意度。一个满意度较高的用户体验能够促使用户更愿意继续使用系统并推荐给其他人。例如:

(1)视觉吸引力。系统或产品应该具备视觉上的吸引力,采用符合用户审美喜好的界面设计和配色方案。例如,Apple 的产品以其简洁、时尚的外观设计而受到广大用户的喜爱。

(2)个性化定制。系统应该提供个性化的设置选项,让用户能够根据自己的偏好进行个性化定制。例如,网上购物平台可以根据用户的浏览和购买历史推荐相关的产品,提供个性化的购物体验。

(3)反馈机制。系统应该及时给予用户反馈,让用户知道他们的操作是否成功。例如,当用户提交表单时,系统可以显示一个成功的提示信息,以确认用户的操作已成功完成。

2. 情感连接

情感连接目标旨在用户与系统之间建立情感上的连接,让用户产生积极的情感体验。这可以通过创造愉悦、令人满足的交互过程来实现。例如:

(1)动效与过渡。系统可以利用动画效果和平滑的过渡来增强用户的感官体验。例如,当用户在移动应用中滑动页面时,页面可以以流畅的动画方式过渡到下一个页面,给用户带来愉悦的视觉感受。

(2)互动反应。系统应该及时、灵敏地对用户的操作做出反应,以增加用户的参与感。例如,当用户在电子游戏中按下按钮时,游戏应该立即响应并给予相应的反馈,增强用户的游戏体验。

(3)品牌一致性。系统的设计应该与品牌形象一致,让用户在使用过程中感受到品牌的价值和情感。例如,一家高端时尚品牌的网上购物平台应该采用与品牌形象相符的精美界面设计,给用户带来独特的购物体验。

3. 可信度

可信度目标旨在让用户对系统或产品具有信任感,相信它们能够提供准确、安全和可靠的信息和功能。例如:

(1) 数据安全保护。系统应该采取适当的安全措施,保护用户的个人信息和交易数据不被未授权访问或泄露。例如,网上银行应该采用加密技术保护用户的账户信息和交易记录。

(2) 错误处理和恢复。系统应该具备良好的错误处理和恢复机制,能够帮助用户识别和纠正错误,并提供相应的解决方案。例如,当用户在表单中输入了无效的数据时,系统应该给予明确的错误提示,并指导用户如何更正错误。

(3) 信息准确性。系统提供的信息应该准确无误,避免给用户带来误导或混淆。例如,新闻网站应该确保其报道的新闻内容准确可靠,避免散布虚假信息。

以上是用户体验目标的一些例子,它们帮助设计人员关注用户体验的各个方面,以提供令人满意且有意义的交互体验。通过满足用户的期望、创造积极的情感体验和建立可信度,人机交互系统可以赢得用户的喜爱和忠诚,并提升产品或服务的竞争力。这些目标代表了当前人机交互设计的主流趋势,也是追求更优用户体验的重要方向。

1.5.3 交互设计原则

交互式软件系统的设计,像其他设计学科一样,可参考各种设计原则进行指导。设计原则能够为设计人员提供指引,并帮助他们在面对设计问题时做出明智的决策,从而增加最终产品的可用性。许多专家和学者总结了重要的设计原则,并开发了各种方法来应用这些原则。

通用的设计原则是从提出者的经验和总结中得出的,它们并非绝对完美,甚至有些原则可能会相互矛盾。因此在具体的应用过程中,需要根据实际情况进行调整和细化。尽管如此,可以肯定的是,遵循这些基本原则的设计者相比忽略这些原则的设计者,能够构建出更优秀的系统。下面将介绍交互设计的原则。

1. 可学习性

交互式系统的可学习性是指新用户在初始阶段能够理解如何使用该系统,并在使用过程中逐渐掌握其主要功能。下面总结了影响可学习性的几个因素。

1) 可预见性

用户能够根据以往的交互经验预测系统可能的行为。例如,在图形工具包中,用户在第一次使用时可能不清楚图形对象(如矩形、圆形等)是如何构成的,但在使用多次后能够确定这些对象的构成和功能。

2) 同步性

系统应该对用户的操作及时给予反馈,让用户了解其行为的结果。例如,当用户执行文件复制或移动操作后,系统应该立即显示目标文件夹中的新文件,并展示正确的文件名等信息。

3) 熟悉性

用户能够将其他系统或领域的知识应用到与新系统的交互中。例如,隐喻是熟悉性的例子,如在计算机界面上使用"桌面"来放置文件、文件夹等真实桌面上的任务相关概念,这样用户能够更容易理解和使用。

4）普遍性

用户能够在同一应用或不同应用中扩展其交互知识。例如,在同一应用中,用户能够应用绘制矩形的经验来绘制一个圆;而跨领域的复制、剪切、粘贴命令则是普遍性的例子。

5）一致性

系统中相似任务或情况的输入输出行为应该保持一致。在同一系统中,不同命令参数使用的一致性能够让用户更容易记忆和应用。

2. 灵活性

灵活性表示终端用户和系统交互信息方式的多样性,下面总结了影响灵活性的原则。

1）能动性

原则上建议给用户更大的主动权,并减少系统的主动权。例如,用户能够在过程的任意时刻开始或者中止某个操作。

2）多线程

允许用户同时执行多个任务的能力。例如,在窗口系统中,用户可以在一个窗口进行文本编辑,同时在另一个窗口进行文件管理。

3）任务可移植性

用户与系统之间进行控制转移的能力。例如,文档拼写检查既可以由系统自动完成,也可以由用户完成,或二者合作完成。

4）可替换性

相等的输入或输出之间可以相互替换的能力。例如,文档的页边距设置既可以以英寸为单位,也可以以厘米为单位。

5）可定制性

可定制性是指系统允许用户或系统管理员对界面和功能进行修改和调整,以适应个性化需求和特定的工作流程。这个原则强调系统应该为用户提供一定程度的自定义选项,使他们可以根据自己的偏好和工作流程进行个性化定制。

3. 健壮性

交互式系统的健壮性是指系统在面对各种情况和用户行为时,能够持续稳定地执行任务并提供正确的响应。这一原则确保系统能够支持用户成功地完成目标并对任务执行结果进行评估。下面总结了健壮性的原则。

1）可观察性

用户能够在多大程度上根据系统的表现推测系统的状态。例如,下载文件时,系统显示下载进度条,用户可以根据进度条了解下载状态。

2）可恢复性

当用户行为导致系统错误时,提供给用户执行正确操作的支持。例如,Word 中的"撤销"和"重做"功能允许用户恢复到前一个或后一个状态。

3）反应性

用户能够在多大程度上预测系统的响应时间。例如,系统加载程序需要一定时间,用户期望在合理的时间内得到响应。

4）任务一致性

系统需要向用户提供必需的服务，并确保其符合用户对该服务的理解。例如，购物网站中，结账流程的步骤和操作一致性使用户能够轻松完成购买任务。

1.6 人机交互与软件工程

人机交互是软件工程领域中一个重要的研究方向和实践领域。它关注的是如何设计、开发和评估用户友好的软件系统，以提供良好的用户体验和高效的交互方式。人机交互（HCI）与软件工程之间有着密切的关系，涉及多个方面。下面将从不同角度对它们之间的关系进行阐释。

1）用户需求与需求分析

在软件工程中，需求分析是一个关键的阶段，旨在了解用户的需求和期望。人机交互专注于用户体验和用户界面设计，通过与用户交互和调研来获取用户需求，这些需求对软件工程师在开发过程中起着重要指导作用。有效的用户需求分析能够确保软件开发过程中的用户满意度和产品的成功。

2）用户界面设计

人机交互与软件工程的一个主要交叉点是用户界面设计。好的用户界面是软件成功的关键之一，它影响着用户对系统的使用体验。人机交互专家与软件工程师密切合作，将用户需求转换为易于理解、直观和友好的界面，从而提高系统的可用性和用户满意度。

3）迭代开发和用户反馈

人机交互在软件工程中促进了系统的迭代开发。通过与用户进行多种形式的交互和沟通，开发团队可以快速收集用户意见和需求，然后将其应用到软件设计和开发中。这种敏捷的开发过程有助于构建更符合用户期望的软件产品。

4）用户测试与评估

在软件工程中，进行用户测试和评估是验证系统质量的重要手段。人机交互领域拥有多种用户评估方法和技术，如用户调查、用户观察、用户实验等，这些方法帮助软件工程师了解用户如何与系统交互，并检查系统的可用性和效能。

5）用户体验和用户满意度

人机交互的目标之一是提供良好的用户体验，而软件工程师关注于产品的质量和用户满意度。这两者密切相关，优秀的人机交互设计有助于提升用户满意度和用户忠诚度，进而促进软件产品的成功和市场竞争力。

1.7 人机交互在软件工程中的应用

人机交互在软件工程中有广泛的应用，涵盖了软件开发的不同阶段和领域。以下是一些人机交互在软件工程中的具体应用。

1. 需求分析和用户研究

人机交互方法和技术可以用于需求分析和用户研究，帮助软件工程师获取用户需求并理解用户行为。例如，人机交互的研究方法可以通过用户访谈、观察和问卷调查等方式收集用户需求和反馈,从而指导软件系统的设计和开发。

2. 用户界面设计和交互设计

人机交互在用户界面设计和交互设计方面发挥重要作用。通过运用人机交互的设计原则和方法,软件工程师可以设计出用户友好的界面和交互方式。例如,人机交互的技术可以帮助设计师创建直观、易于理解和操作的用户界面,提供合适的交互方式和反馈机制。

3. 用户测试和评估

人机交互的评估方法可以用于用户测试和评估软件系统的可用性和用户体验。通过用户测试,可以检测和发现软件系统中的问题和改进点。例如,通过让用户完成特定任务并收集其反馈,可以评估用户对系统的满意度、易用性和效率。

4. 可视化和数据可视化

人机交互在可视化和数据可视化领域的应用越来越广泛。可视化技术可以帮助用户更好地理解和分析数据,并提供交互的方式进行数据探索和操作。例如,数据可视化工具可以帮助用户通过图表、图形和可视化效果来呈现和探索复杂的数据关系。

5. 移动应用和多平台开发

随着移动设备的普及,人机交互在移动应用开发和多平台开发中也扮演着重要角色。人机交互的设计原则可以指导移动应用的界面设计和交互方式,以提供更好的移动用户体验。同时,人机交互的技术也可以支持跨平台开发,确保应用在不同平台上的一致性和用户友好性。

总的来讲,人机交互与软件工程密切相关,它强调以用户为中心的设计,提升软件系统的可用性和用户体验。人机交互在软件工程中的应用包括需求分析和用户研究、用户界面设计和交互设计、用户测试和评估、可视化和数据可视化以及移动应用和多平台开发等。通过将人机交互的原则和方法应用于软件工程实践中,可以设计出更加友好和高效的软件系统。

思考与实践

1. 你认为人机交互式软件的可用性包含哪些方面?

2. 针对以下交互式软件,请分别确定它们的核心可用性目标和用户体验目标。

(1) 面向儿童的游戏应用,旨在提供娱乐和教育体验。

(2) 医院预约应用,帮助患者方便地预约和管理医疗服务。

(3) 专业音频编辑软件,为音乐制作人提供强大的编辑功能和高效的工作流程。

3. 设计一个实验,比较两款不同手机软件的图标设计在用户使用时的可用性表现。

4. 如何设计人机交互界面来帮助用户减少需要记忆的内容,从而提高交互式软件系统的可用性?

第2章 人机交互基础

2.1 引　　言

人机交互界面、人机交互设备、认知交互、社会化交互和情感化交互作为人机交互的交互工具和理念支持，共同构建了一种更自然、高效且富有情感的人机交互体验。

人机交互界面扮演着将人类用户与计算机系统连接的关键角色。通过直观、易用且符合用户认知习惯的界面设计，人机交互界面使人们能够轻松地执行各种任务、获取所需信息，并与计算机系统进行无缝交流。

人机交互设备作为一种中介工具，帮助用户与计算机系统交互。从传统的键盘和鼠标到触摸屏、语音识别、手势识别和虚拟现实等新兴技术，不断发展的人机交互设备推动了人们与计算机之间更自然、直接的交互方式。

认知交互关注人类的认知过程和行为，旨在改善人机交互过程中的理解、学习和记忆等认知活动。通过提供个性化的交互体验，以及智能化的交互功能，认知交互助力用户更高效地与计算机系统进行互动和决策。

社会化交互将人机交互置于社交背景中，探索人与人之间在计算机系统参与下的互动和合作。通过在线社交平台、协同工作工具和虚拟社交体验，社会化交互促进了用户之间的交流、分享和协同，使人们能够在数字环境下建立更紧密的社会关系。

情感化交互关注人与计算机之间情感和情感表达的交互。借助情感化设计和情感识别技术，情感化交互使计算机系统能够感知、理解和回应用户的情感需求，为人机交互增添了更深层次的人性化和亲近感。

综上所述，交互工具和交互理念的不断发展和创新将进一步推动人机交互领域的进步，在日常生活中发挥越来越重要的作用。随着技术的进步，更智能、更个性化、更社交化、更情感化的人机交互体验终将实现。这将促使人们更紧密地与计算机系统和智能设备互动，提供更大的便利和更丰富的用户体验。

本章的主要内容包括：

- 介绍人机交互界面。
- 介绍人机交互设备。
- 分析认知交互的重要性。
- 阐述社会化交互对人机交互的影响。
- 介绍情感化交互设计在人机交互中的应用。

2.2 人机交互界面

2.2.1 命令行界面

在图形用户界面普及之前,命令行界面一直被认为是最常见的界面类型,用户以一种简单的方式输入指令、参数,从而实现与计算机系统的有效沟通,如图 2.1 所示。

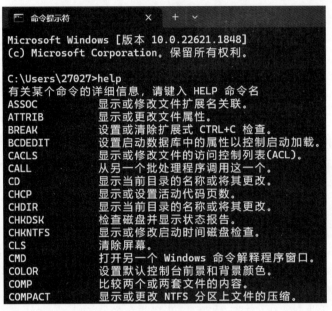

图 2.1 命令行界面

命令行界面起源于早期的计算机系统。1970 年,UNIX 纯命令行操作系统问世。1981 年,一款全新的命令行操作系统 MS-DOS 诞生了,它是 Windows 的前身。1991 年,Linux 纯命令行操作系统诞生,成为 Ubuntu 的前身。在缺乏图形用户界面概念和技术的时候,计算机界面主要以文字形式的命令行界面为主,用户通过键盘进行操作,而不需要使用鼠标。随着计算机系统的发展,GUI 成为主流,但命令行界面仍然广泛应用于各种操作系统、服务器、开发工具等环境中。同时,现代操作系统也提供了支持图形界面和命令行界面的双重模式,用户可以根据自己的偏好选择适合的界面。

命令行界面具有以下优点。

(1)强大的控制能力。命令行界面允许用户直接操作底层系统和应用程序,提供更灵活、精确和高度可控的操作。

(2)效率和快捷。对于熟练的用户,通过输入命令可以快速完成各种操作,无须依赖鼠标和图形界面的操作流程,提高了操作效率。

(3)资源消耗低。命令行界面通常不需要大量的系统资源,特别适用于运行在资源受限的环境下,如服务器和嵌入式系统。

(4)自动化和脚本支持。命令行界面可以方便地结合脚本语言编写批处理脚本,实现自动化任务和批量操作。

命令行界面具有以下缺点。

（1）学习曲线较陡峭。相对图形界面而言,命令行界面对于新手用户来说需要学习一定的命令语法和操作技巧,有一定的学习门槛。

（2）可视化和交互性不足。命令行界面通常以文本形式呈现结果,对于复杂的图形、图表或多媒体内容显示不足,交互性也不如图形界面。

（3）依赖精确的命令输入。命令行界面对于命令和参数的输入要求相对严格,对于输入错误或不合法的命令,系统可能会返回错误信息或无响应。

（4）可读性和可视化反馈不足。由于命令行界面以文本形式呈现结果,对于复杂的结构化数据或图形化结果显示,可读性和可视化反馈方面不如图形界面。

总体而言,命令行界面对于需要高度控制和自动化的任务,以及专业开发人员和系统管理员等技术人员来说是一种强大而实用的工具。但对于一般的普通用户来说,图形界面更直观、易用,并提供了更丰富的可视化和交互功能。

2.2.2　可视化界面

可视化界面是一种以图形化方式呈现信息和交互的用户界面。它通过图形、图表、图像和其他可视元素来展示数据和操作功能,使用户能够直观地理解和操作计算机系统。

可视化界面是人机交互界面的一部分,旨在提供更直观、易于理解和操作的用户体验。它在信息可视化、数据可视化、图形用户界面、可视化编程和交互设计等领域得到广泛应用。

可视化界面的发展可以追溯到计算机图形学和信息可视化的发展历程。20世纪60年代和70年代,计算机图形学的研究开始探索如何通过计算机生成图形来呈现信息。随着计算机硬件和软件的发展,出现了更复杂、交互性更强的图形用户界面,如Xerox PARC的Alto计算机系统和Apple的Macintosh系统。

可视化界面最早诞生于一家复印机公司施乐(Xerox),这家公司最早并非从事科技行业,而是以生产相纸为主,但它们发现复印技术有着巨大的市场潜力,便买下了"静电复印术(xerography)"的所有权,推出了复印机,取得了不俗的成绩,一举转型为以科技发展为核心的大企业。

感受到科技创新带来的成功后,施乐公司大力支持科技创新,于1970年成立了"施乐帕克研究中心",并投入了大量的研发资金,这一时间吸引了大量美国顶尖计算机科学家的加入。在这样的环境下诞生了许多现代科学技术,如个人计算机、以太网、鼠标以及第一台图形界面计算机——Xerox PARC的Alto计算机系统,如图2.2所示。

1984年,苹果公司推出了带有可视化界面的计算机——Macintosh(Mac),如图2.3所示。这台更注重"个人"使用的计算机首次将图形用户界面广泛应用到个人计算机,带来人们此前从未接触过的全新概念,并且价格更加亲民,所以一经推出就迅速占领了市场。

随后,1985年,比尔·盖茨推出了Windows 1.0版本,如图2.4所示,也就是现在人们所熟知的Windows系统的原身。Windows 1.0附带了一系列经典的窗口化工具和应用,包括文件管理器、时钟、画图程序以及简单的游戏等,用户通过键盘进行导航和操作。

图 2.2　Xerox PARC 的 Alto 计算机系统
（图片来自 http://bc.yaie.net）

图 2.3　Macintosh 系统

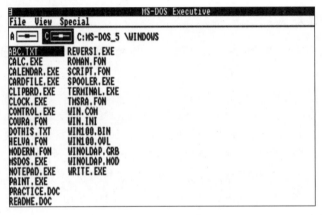

图 2.4　Windows 1.0 界面示例

目前,最主流的图形用户界面包括 Windows、macOS 和 Linux 等操作系统提供的界面。这些界面通过视觉元素、交互控件和图形效果,使用户能够以直观和友好的方式与计算机进行交互。如图 2.5 所示,Windows 11 是微软公司于 2021 年年底发布的操作系统,具有现代化、简洁和流畅的外观,突出了圆润的角和更加直观的动画效果。与之前的 Windows 版本相比,Windows 11 将任务栏居中对齐,提供了更加集中和居中的布局,为用户提供了更大的工作区;引入了新的任务视图,使用户可以更轻松地管理和切换多个应用程序和虚拟桌面。用户可以在任务视图中创建和组织不同的工作环境,使得用户能够更加轻松、高效地使用计算机,并提供了更愉悦的用户体验。

2018 年 4 月,首个公开版本 AWTK 发布,它是由中国工程师周立功开发的开源项目,旨在为用户提供一个高效可靠、简单易用、功能强大的 GUI 引擎,支持跨平台同步开发,如图 2.6～图 2.8 所示。

随着计算机硬件性能的提高和图形处理能力的增强,可视化界面在数据可视化和信息可视化领域得到广泛应用。现代的可视化界面逐渐发展出各种图表、热力图、地图、可视化编程工具等,用于呈现和分析各种数据和信息。

可视化界面具有以下优点。

图 2.5　Windows 11 界面示例

图 2.6　ZLG 开源 GUI 引擎 AWTK 音乐播放器演示 Demo

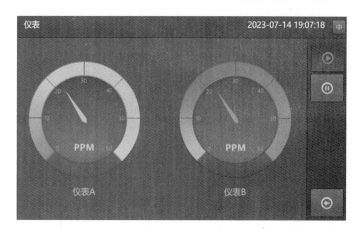

图 2.7　ZLG 开源 GUI 引擎 AWTK 仪表盘演示 Demo

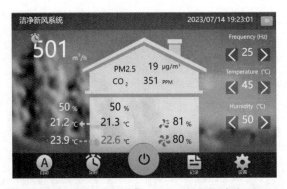

图 2.8　ZLG 开源 GUI 引擎 AWTK 新风系统演示 Demo

(1) 直观易懂。可视化界面使用图形和图像等可视元素,使复杂的信息和数据变得直观易懂,降低了用户的认知负担。

(2) 提升效率。通过可视化方式展示数据和操作功能,用户可以更快速地理解和操作系统,提高了操作效率。

(3) 更好的用户体验。可视化界面提供了更丰富、更生动的用户体验,使用户更容易产生共鸣和情感连接。

(4) 数据发现和分析。可视化界面可以帮助用户发现数据中的模式、趋势和关联性,帮助组织或个人更好地理解数据、发现问题、做出决策,并实现预期的目标。

可视化界面具有以下缺点。

(1) 设计和开发成本高。设计和开发复杂的可视化界面需要专业的技能和工具,增加了开发成本和时间。

(2) 可视化误导。不正确或不恰当的可视化设计可能会误导用户,导致错误的理解和决策。

(3) 信息过载。过多的可视化元素和复杂的图表可能会导致信息过载,使用户难以理解和识别重要信息。

(4) 兼容性问题。不同的设备和平台上的可视化界面可能存在兼容性问题,需要适配和优化。

总的来说,可视化界面通过图形化呈现信息和交互,提供了直观、易懂和高效的用户体验。然而,设计和开发成本高、信息过载和可视化误导是可视化界面潜在的问题,需要慎重处理。

2.3　人机交互设备

2.3.1　输入设备

1. 键盘

文本输入的主要设备目前仍为键盘,键盘是最常见的输入设备之一,用户可以通过按下键盘上的按键来输入文本、命令和各种操作。

QWERTY 键盘是一种常见的键盘布局,得名于键盘上从左上角开始的前 6 个字母。它是最常见和广泛使用的键盘布局之一,用于大多数英语和许多其他语言的计算机键盘上。

最初在 19 世纪 70 年代由克里斯托弗·蒂定(Christopher Latham Sholes)设计,旨在解决当时打字机的机械问题。该键盘布局被设计为将常用的字符分散在键盘上,以减少相邻键的频繁按键和机械卡住的问题。这种布局成为标准,最终被广泛接受和采用。但其布局也有一些争议,一些人认为它并不是最优的布局,并提出了其他键盘布局,例如 Dvorak 和 Colemak。这些布局旨在提高输入效率和减少手指的移动。尽管 QWERTY 键盘布局存在一些效率和人体工程学方面的缺点,但由于使用习惯和普及程度等因素,它仍然是主流的键盘布局。无论是物理键盘还是虚拟键盘,很多设备都采用了 QWERTY 键盘布局,如图 2.9 所示为联想笔记本键盘。

图 2.9　联想笔记本的 QWERTY 键盘

2019 年,国产键盘品牌阿米洛推出了阿米洛"中国娘"主题系列产品,如图 2.10 所示,这一系列产品将古典国风与现代审美视角融合,以键盘作为呈现载体。通过这些产品,阿米洛为其键盘产品赋予了独特的视觉特点,展现了中国的创新能力和审美观念。这一创新举措不仅凸显了阿米洛作为本土品牌的身份和文化背景,也满足了用户对本土化产品的需求。

图 2.10　阿米洛花旦娘系列 QWERTY 蓝牙机械键盘

除了传统的物理键盘布局和之前提到的 Dvorak、Colemak 等替代键盘布局,还有一些其他类型的键盘,如虚拟键盘、投影键盘和和弦键盘。

虚拟键盘在触摸屏设备如智能手机、平板电脑等上广泛使用,它可以在屏幕上显示一个完整的键盘布局,如图 2.11 所示,用户可以通过触摸屏上的手指或外部触摸笔来模拟按键动作。由于设备尺寸限制,物理键盘往往不实用,虚拟键盘在这种情况下提供了一种方便的输入方式。在一些特定的嵌入式系统中,虚拟键盘可以提供交互界面,使用户能够输入命令或文本。可以根据需要在屏幕上显示,并根据不同的应用程序或语言进行布局调整。这种灵活性使得虚拟键盘适应性较强,不需要实际占用物理空间,因此可以使设备更加轻薄,增加屏幕的有效使用区域。但是,虚拟键盘没有物理按键,因此用户无法通过按键的触感来确定是否正确按键。这可能导致输入错误或需要更多的注意力进行校正。

投影键盘是一种虚拟键盘,通过将键盘影像投影到平面表面上,使用户能够进行输入。如图 2.12 所示,虚拟键盘通常使用激光或红外线技术进行投影,并通过图像识别或传感器捕捉用户的按键动作。该键盘适用于需要进行移动或有限空间的场景,例如,在移动设备上进行文本输入、在会议室中进行演示时使用投影键盘等,具有便携性和可定制性的优势。但可能受到外部环境的干扰,例如,光线强度、表面质量等。此外,因为没有实际物理键盘,用户可能需要适应虚拟键盘的触感和反馈。

图 2.11　智能手机上的虚拟键盘

图 2.12　投影键盘产品

根据市场调研在线网发布的 2023—2029 年中国激光投影键盘行业经营模式分析及投资机会预测报告分析,截至 2020 年,中国激光投影键盘行业市场规模约为 27.6 亿元,同比增长 17.6%。随着技术的进步,激光投影键盘的功能将会越来越完善,并且会有更多的应用场景发挥出来,激光投影键盘行业市场规模也将不断攀升。未来,中国激光投影键盘行业将会迎来一个辉煌的发展期。

和弦键盘是一种输入设备,使用手指按压"和弦"形状的按键组合来输入字符。每个手指可以负责一个或多个按键,允许进行并行按键,从而提高输入速度,如图 2.13 所示。该键盘通常用于特定的应用领域,例如,在语音受限或身体行动受限的情况下的辅助技术或数据输入等。因为多个手指可以同时按下按键,和弦键盘可以提供较高的输入速度和效率,但需要用户进行学习和训练,以熟悉按键组合和手指的运动。另外,和弦键盘具有尺寸小和便携性的优势。和弦键盘的适用性有限,可能不适合普通办公和常规输入需求。

2. 鼠标

鼠标是另一个常见的输入设备,通过移动和单击鼠标来控制光标在屏幕上的位置,

图 2.13　和弦键盘

并执行各种操作。最常见的使用场景是桌面计算机。鼠标提供了更精确的指针控制,使精细的操作更容易实现,通过鼠标操作,用户可以在屏幕上移动光标、单击、拖动和选择对象。相对于触摸屏或触摸板,鼠标通常可以更快速地移动光标,并且可以调整鼠标灵敏度以适应个人喜好。鼠标通常提供多按钮功能,这些按钮可以根据应用程序和用户的需求进行自定义和编程,提供额外的功能和快捷操作。但鼠标作为一种外部设备,需要与计算机或其他设备进行连接。它需要无线或有线连接,一旦连接出现问题,鼠标的功能可能受到影响。

鼠标是一种广泛使用的人机交互设备,受到大多数用户的青睐。许多用户认为鼠标提供了方便、快速和准确的控制,使得他们能够更轻松地进行计算机操作和各种任务。鼠标的多按钮功能和可编程性也提高了工作效率和操作灵活性。

3. 触摸屏

触摸屏允许用户通过触摸显示屏幕来进行交互。用户可以用手指或触控笔在屏幕上滑动、单击和进行手势操作。大多数笔记本配备了内置触摸板,但许多用户更喜欢使用外部鼠标来获得更精确和方便的控制。

目前,触摸屏作为智能手机和平板最主要的输入方式,同时广泛应用于公共信息亭、自助服务机和自助支付终端等场景。触摸屏操作直接,用户可以通过触摸屏直接与内容和界面进行交互,无须外部输入设备的中介。触摸屏将输入和输出合并在同一个设备上,无需额外的鼠标和键盘,节省桌面空间。触摸屏支持多点触控,用户可以使用多个手指同时进行操作,如放大缩小、旋转和拖动等,提供更丰富的操作体验。触摸屏适合进行多任务操作,用户可以通过手势和快捷方式快速切换应用程序和窗口。但是,相对于鼠标或触摸笔,触摸屏的操作精确度稍低,尤其对于需要精细定位的任务,如图形设计和游戏等。由于直接触摸屏幕,触摸屏容易留下指纹和污渍,需要定期清洁。长时间使用触摸屏可能导致手指疲劳,尤其在大屏幕上进行操作时。

如图 2.14 所示的地铁售票机触控屏已经广泛应用于各个城市的地铁系统中,为人们的生活带来许多便利,使地铁购票变得更加简单、快捷和智能化。触控屏技术的不断发展和应用也为未来交通系统的便利提供了更多的可能性,将进一步改善人们的出行体验。

触控屏具备多点触控、高清显示和流畅音视频等功能,被广泛应用于博物馆场景中。现今,在博物馆游览过程中可以看到触控屏与高清显示屏、中控等硬件相结合,实现高度人机

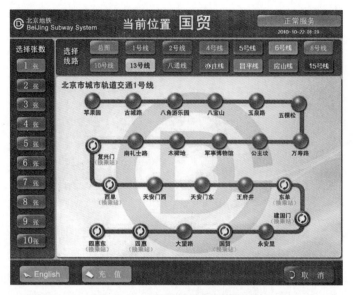

图 2.14　北京地铁售票机触控屏

交互,为游客提供丰富的信息和互动体验。通过直接触摸屏幕进行操作,游客可以轻松选择展品、浏览多媒体内容、获取详细信息并参与互动活动。触控屏的多点触控功能使得多个游客可以同时进行操作,并且通过高清显示屏的清晰展示,游客能够更直观地观看图像、视频和文本信息,如图 2.15 所示。

图 2.15　内蒙古自然博物馆展厅内触控一体机

4. 触控笔和手写板

触控笔(如图 2.16 所示)与手写板(也称为数位板、绘图板,如图 2.17 所示)是与计算机或其他电子设备连接的输入设备,允许用户使用笔在平板上进行手写和绘画。它可用于数学和科学学习,让学生更直观地进行数学公式、图形和科学实验的绘制与展示;也可用于电子笔记和文书处理,让用户以自然的书写方式轻松记录和编辑文字。

手写板能够模拟纸和笔的质感,让用户拥有自然、流畅的书写感觉。可以将手写内容转

图 2.16　HUAWEI M-Pencil 触控笔

图 2.17　数位板和数位笔作为输入设备

换为电子文档,方便编辑、存储和分享。但是手写板需要与计算机或其他电子设备连接使用,如果设备出现故障或电量不足,使用体验可能受到影响。

5. 语音识别输入设备

语音识别输入设备允许用户通过说话将语音转换为文字或命令,用于输入文本和控制计算机系统。小米小爱音箱作为一个语音识别输入设备,可通过识别用户的语音命令进而实现交互,为用户提供更加便捷和自然的交互方式。用户可以通过简单的口头指令来实现丰富的功能,如播放音乐、控制智能家居设备、查询信息等。用户可以直接向音箱提出问题,而音箱会通过云端和其他数据源获取信息并给出回答。此外,用户可以通过一个语音识别输入设备来管理和控制多个智能设备。它的应用也为智能家居和人机交互技术的发展提供了新的动力和机会。

6. 手势识别输入设备

手势识别输入设备使用摄像头或传感器来捕捉用户的手势,并将其转换为命令或操作,可用于游戏控制、智能家居控制、智能车辆控制,让用户能够以自然的方式进行交互,降低学习操作的门槛。手势识别技术获得许多用户的积极评价,人们认为手势识别提供了一种直观、灵活且创新的交互方式,能够带来沉浸式的体验。

7. 运动感应器

运动感应器,如加速度计和陀螺仪,是一种能够检测和捕捉人体或物体运动的设备。它在各个领域都有广泛的应用,如游戏与娱乐、健康与健身、运动训练与体育、安防监控等领域,可以实时捕捉并反馈人体或物体的运动状态,提供精准的数据和指导,同时能够带来更具互动性和沉浸感的体验,使用户更加投入于游戏、健身等活动中。

诺亦腾的 Hi5 2.0 VR 交互手套(如图 2.18 所示)是一款优秀的动作捕捉设备,可以实现精准、自然的手势交互效果。通过穿戴这款手套,用户可以在虚拟现实环境中进行自由的手部动作,并将这些动作精确地传输到虚拟世界中的角色或者操作对象上。这为用户提供了更加沉浸式的交互体验,使得他们能够更加自如地操控虚拟环境中的物体并进行互动。无论是在游戏中操控角色、进行虚拟手术训练,还是进行运动评估和康复,诺亦腾的动作捕捉设备都能够提供高度准确和自然的交互效果。

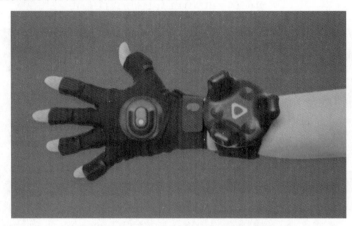

图 2.18　诺亦腾 Hi5 2.0 VR 交互手套

8. 生物识别设备

生物识别设备是一种利用人体生物特征进行身份验证和认证的设备。它通过检测和分析人体的唯一生物特征,如指纹、虹膜、声纹、面部等,来实现一系列的应用,如移动支付、身份认证、健康医疗等,具有高度安全性,难以伪造和篡改。通常只需要短时间和简单触摸,更加方便和快捷。用户无须记忆密码,可以摆脱记忆复杂密码的麻烦。

维沃(Vivo)公司的 Vivo X20 Plus UD 是首个应用屏幕内指纹识别的设备,如图 2.19所示,用户可以通过触摸屏幕识别指纹,提供了更符合现代消费者需求的身份验证解决方案。

2.3.2　输出设备

人机交互的输出设备用于将计算机或其他电子设备的处理结果以可感知的方式呈现给用户。

1. 显示器

显示器是最常见的输出设备之一,用于在屏幕上显示文字、图像和视频等内容,供用户进行交互操作和信息观察,广泛应用于观看电影、玩游戏等娱乐活动,提供更大的屏幕和更

图 2.19　Vivo X20 Plus UD 指纹识别

高质量的图像显示。

　　显示器在人们的日常生活和工作中扮演着重要的角色,其评价因个人需求和使用体验而有所不同。一般来说,人们对于显示器的评价可以包括以下几方面。

　　(1)分辨率和画质。高分辨率和优质的画质受到用户的好评,可以呈现细腻、清晰的图像和文字。

　　(2)亮度和色彩表现。亮度调节范围广、色彩鲜艳、色彩准确度高的显示器被认为是优秀的选择。

　　(3)可视角度。较大的可视角度可以确保在观看时获得一致的图像质量,避免视角偏移带来的色彩和亮度变化。

　　液晶显示器是目前最普遍和常见的显示器类型之一,如图 2.20 所示。液晶显示器使用液晶技术来调节光的传播,将图像显示在屏幕上,具有广泛的应用领域,包括计算机显示器、电视显示器和移动设备屏幕。它们通常具有较高的分辨率、亮度和色彩准确性。

图 2.20　华为 MateView SE 广色域显示器

第2章

人机交互基础

34

电子墨水显示器,如图 2.21 所示,也被称为"电子纸",应用先进的电子墨水技术,采用白色和黑色的带电墨滴,在电压的驱动下,墨滴可以上下运动,形成清晰的画面。显示效果类似于纸张,具有出色的模拟纸张的质感和观感。这种显示方式使得电子墨水屏显示的内容更易于阅读,更接近纸质书籍的阅读体验。电子墨水屏本身不会发光,而是依赖环境光的照射来显示图案。相较于 LCD 发光屏,电子墨水屏没有强光刺激、频闪和蓝光辐射等危害,可以更好地保护眼睛,在长时间阅读或使用时减轻眼睛疲劳和眩光不适。

图 2.21 大上 Paperlike 253 电子墨水显示器

2. 扬声器

扬声器用于播放声音和音频。它可以连接到计算机或其他设备,使用户能够听到音乐、语音、系统声音等。

动圈扬声器是最常见的扬声器类型,它使用一个磁场和一个振动膜来产生声音。这种扬声器具有坚固耐用、价格适中和广泛适用的特点。应用动圈扬声器的产品有很多。例如,华为手机中使用的扬声器单元、小米音箱中的动圈扬声器等,如图 2.22 所示。

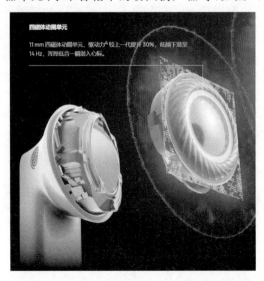

图 2.22 华为 FreeBuds Pro2 采用动圈扬声器

电容式扬声器使用电容器和震膜来产生声音,具有更快的响应速度和更高的音频解析度,适用于高保真音频应用提供高保真音频表现。

磁电式扬声器(也称为压电扬声器)使用压电材料来产生声音。它具有体积小、功耗低和频率响应范围广的特点,常用于移动设备和低功率应用。

高音喇叭和低音炮是扬声器的特殊类型,用于增强高音和低音频率的表现,以提供更全面的音频体验。

3. 打印机

打印机可以将电子文档或图像转换为纸质输出。它可以打印文字、图像和表格等内容,并提供不同的打印质量和速度选项。

喷墨打印机是最常见的打印机类型之一,如图 2.23 所示。它使用喷墨技术将彩色墨水或黑色墨水喷射到纸张上,形成图像或文本。喷墨打印机通常价格相对较低,适用于家庭和办公室打印需求。它们可以打印高质量的彩色和黑白文件,并且具有较快的打印速度。

图 2.23　华为 PixLab V1 彩色喷墨多功能打印机

激光打印机使用激光技术将墨粉黏附在纸上。它们通常具有较高的打印速度和印刷质量,适用于大量打印和商业应用,如图 2.24 所示。激光打印机适用于打印文档、报告和高分辨率图像,如照片和插图。它们在办公环境中非常常见。

虽然已经被喷墨和激光打印机所替代,但点阵式打印机在一些特殊场合仍然有一定应用。它使用小针头通过撞击方式将墨水或颜料印在纸上。点阵式打印机通常用于打印票据、发票和其他需要连续纸张的应用,如图 2.25 所示。

4. 投影仪

投影仪是一种将图像或视频投射到屏幕或其他平面上的设备,通常用于演示、会议或家庭影院等场景。目前主流的投影仪有两类:DLP 投影仪和 LCD 投影仪。

DLP 投影仪使用微型镜片阵列来投射图像,适用于教育、商务和家庭娱乐等场景。其优点有:①较高的对比度和色彩鲜明度,能够显示深黑色和饱和的色彩;②快速刷新率,适合显示动态图像和视频内容,如图 2.26 所示;③易于维护,没有液晶面板可能出现的像素损坏问题。缺点有:①DLP 投影仪在某些情况下可能产生"彩虹效应",即观众在快速移动目光过程中会看到红色、绿色和蓝色的分离光影;②某些 DLP 投影仪可能会出现"虚像"问题,即在投影的图像周围出现不清晰的轮廓。

人机交互基础

图 2.24　华为 PixLab X1 激光多功能打印机

图 2.25　Xprinter 9 针撞击点阵式打印机

图 2.26　当贝 X5 DLP 投影仪

LCD 投影仪(液晶显示器投影仪)使用液晶显示屏来过滤光源形成图像。其优点有:①较高的亮度,适合在较亮的环境下使用;②色彩准确度高,能够显示逼真和饱和的色彩;③投影图像的轮廓和细节较为清晰;④LCD 投影仪对于静态图像的表现效果较好。缺点有:①较低的对比度,黑色显示效果可能不够深沉;②液晶面板可能出现亮度不均匀或像素损坏的问题;③动态图像显示不如 DLP 投影仪流畅,不适合显示高速运动的内容。

2.3.3　虚拟环境下的交互设备

在虚拟环境下,常见的交互设备包括虚拟现实(Virtual Reality,VR)头显、手柄、追踪装置(Trackers)、体感装置等,它们与虚拟现实技术相结合,为用户提供身临其境的交互体验。

1. 虚拟现实头显

虚拟现实头显,常用于游戏、培训、教育、模拟体验等领域,使用户完全沉浸到虚拟世界中。2023年4月19日,PICO正式上市了VR一体机PICO 4 Pro,如图2.27所示,支持眼动追踪和面部追踪技术,可以实现智能无级瞳距调节、真人表情模拟、视线交互及视线追踪渲染等前沿功能。

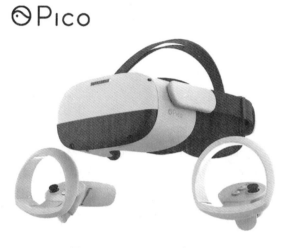

图 2.27　PICO 4 Pro 产品图

在2023年全球开发者大会上,Apple首代混合现实头显Vision Pro终于亮相。Apple Vision Pro头显采用滑雪镜式头显的一般形式,外观简洁大方。这款头显可以将现实和数字世界融合起来,使用户可以同时看到现实世界和虚拟世界的内容。该头显可以通过头盔内的摄像头进行手势和眼睛追踪,如图2.28所示,而无须使用其他控制器。通过眨眼控制鼠标进行单击,用户可以轻松地选择菜单,编写操作命令。Apple Vision Pro头显与其他设备相比,拥有更优秀的交互体验。例如,用户可以使用一种名为EyeSight的系统向周围的人显示他们的眼睛,这使得人们的沟通更加真实自然。同时,Apple Vision Pro头显还支持语音助手,用户可以通过语音操作来执行任务。

图 2.28　Apple Vision Pro 产品概念图

2. 手柄

手柄(控制器)常用于虚拟现实游戏,用于模拟物体抓取、操作和互动等,提供更直观的控制方式,用户可以进行自由的手部操作,增加交互的乐趣和真实感。手柄或控制器在虚拟现实游戏中得到了广泛应用,其能够提供更自由、直观的手部交互方式,增强了游戏的沉浸感。但是,一些复杂的手柄或控制器可能需要一定的学习和适应时间,用户需要熟悉控制器上的各种按钮和手势,并学会在虚拟环境中灵活操作。手柄或控制器的操作仅限于手部和手指的交互,对于全身动作或非手部交互可能有限。一些特定的应用需求可能需要其他类型的输入设备来提供更自由和多样化的交互方式。

手柄在游戏和娱乐领域已经得到广泛应用,如图 2.29 所示的游戏手柄,同时在其他行业也有着巨大的潜力。例如,医疗保健领域可以利用手柄进行模拟手术、康复训练等应用;设计与工程领域可以通过手柄进行虚拟设计、模型操控等任务;教育领域可以应用手柄进行沉浸式的虚拟实验和学习等。

图 2.29 北通宙斯 2 精英手柄

3. 体感装置

体感装置用于追踪用户身体的运动和姿态,将其实时反馈到虚拟环境中,使用户可以进行全身动作的交互和控制,适用于体育训练、健身、虚拟现实游戏等领域。虚拟现实体感装置的发展前景非常广阔,在游戏和娱乐领域、教育和健康与康复领域、联机社交和协作、工业和训练领域具有广泛的发展前景。

总体而言,虚拟环境下的交互设备为用户提供了更身临其境的交互体验,广泛应用于游戏、教育、培训和模拟等领域。尽管存在一些硬件和使用限制,用户对这些设备的评价通常是积极的,认为它们能够提供更真实、沉浸式的交互体验,给他们带来新的乐趣和学习方式。

尽管虚拟现实技术已经取得了一些进展,但仍有一些挑战需要克服,如设备成本、体积重量、图形渲染和交互方式等。不过,随着技术的不断进步和应用场景的拓展,虚拟现实头显设备有望在未来得到更广泛的应用,并为人们带来更多创新和沉浸式的体验。

2.4 认知交互

2.4.1 什么是认知

认知是指人类的知觉、思维、记忆、理解和推理等心理过程,以及通过这些过程获取和处理信息的能力。它涉及人们对世界的感知、理解和解释,包括人们对外界事物的意识、注意、记忆、判断和解决问题的能力。

认知过程包括以下几个主要方面。

1. 注意力

注意力是日常生活的中心,它涉及在某个时间点从可选择的范围中确定要集中的事情,使人们可以关注与正在做的事情相关的信息。这个过程取决于目标明确与否和信息在环境中突出与否。

1）明确的目标

如果确切地知道需要什么信息,就可以将获取的信息与目标进行比较。例如,使用搜索引擎或查阅相关的体育资料来获取有关世界杯冠军的信息。假设搜索到的信息中包含每届世界杯的冠军国家和年份。目标是找到最近一届世界杯的冠军。可以逐一比较搜索到的信息与目标。如果目标是找到2022年世界杯的冠军,可以通过比较年份是否与2022相匹配来确定是否找到了正确的信息。然后,可以查看该年份的冠军国家,看是否与期望一致。假设搜索到的信息显示2022年世界杯的冠军是法国,那么就可以确定法国赢得了最近一届世界杯。通过将获取到的信息与目标进行比较,我们能够确定信息的准确性,并得出正确的答案。

2）信息呈现

信息的呈现方式也会极大地影响人们捕捉信息的难易程度。假设有两种不同的方式呈现相同的统计数据,一种是通过文字报告,另一种是通过可视化图表。

在文字报告中,数据以文本形式呈现,列出数字和描述性信息。读者需要阅读并理解文本,以提取关键信息。这对于那些喜欢阅读和文本分析的人可能是有效的,但对于某些人来说,可能需要更多的时间和认知努力来提取出数据的整体趋势和关系。

而在可视化图表中,数据以图形和图表的形式展示,通过直观的可视化模式传达信息。例如,可以使用柱状图、折线图或饼图来呈现数据。这种可视化方式可以帮助人们快速理解数据的分布、变化趋势和相对比例,而无须深入阅读和分析大量的文本。如表2.1所示,有以下统计数据,描述了一家公司在2017—2021年的销售情况。

表2.1 销售情况统计表

年　　份	销售额/百万美元
2017	10
2018	12
2019	8
2020	15
2021	18

（1）文字报告呈现方式。

公司在2017年的销售额为10百万美元。

公司在2018年的销售额为12百万美元。

公司在2019年的销售额为8百万美元。

公司在2020年的销售额为15百万美元。

公司在2021年的销售额为18百万美元。

这种文字报告提供了每年的销售额数据,但读者需要逐一读取每个年份的销售额,然后进行比较和分析,以了解销售情况的变化和趋势。这可能需要一些时间和认知努力。

（2）可视化图表呈现方式,如图2.30所示。

每个年份对应一个柱子,柱子的高度表示对应年份的销售额。通过比较柱子的高度,可以直观地看出销售额的变化和趋势。例如,销售额从2017年到2020年有增长,并在2021年达到最高点。

通过可视化图表,可以更快地捕捉到销售情况的变化和趋势,无须逐一读取和分析每个

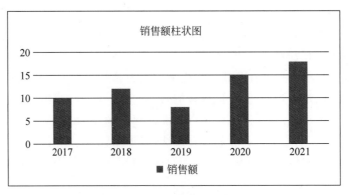

图 2.30　销售额柱状图

年份的销售额。图表提供了一种快速、直观的方式来理解数据。

2. 感知

通过感官接收外界的刺激和信息,如视觉、听觉、触觉、味觉和嗅觉等。感知过程使人们能够获得关于外界世界的感知和理解。

当人们处于不同的背景环境中时,这些背景因素会对感知产生影响。假设有两个人,一个是音乐家,另一个是建筑师,他们参观了一座音乐厅:由于音乐家对音乐具有深入的了解和专业知识,当他进入音乐厅时,他可能会注意到很多与音乐相关的细节。他可能会特别关注音乐厅的声学效果、舞台布置、音响设备和座位布局等与他的专业领域相关的方面。他对音乐厅的感知可能会更加敏锐,因为他的专业背景提供了更多的知识和经验,帮助他理解音乐厅的设计和功能。相比之下,建筑师的背景和专业领域与建筑和空间设计相关。当建筑师参观音乐厅时,他可能会更加关注建筑的结构、材料、室内设计、灯光设计等方面。他可能会注意到音乐厅的建筑风格、形状、色彩和比例等特征,以及与他的专业知识相关的问题。他的感知可能更加注重建筑和环境的方面。

可以看出,不同背景的人在相同环境下的感知会有所不同。他们会根据自己的专业知识和经验,注意和关注与他们专业领域相关的细节。这些因素有利于感知,因为他们能够将注意力集中在与自己的知识和经验相关的方面,并深入理解和解释所感知的事物。

在感知中,有利于感知的因素包括以下几个方面。

(1)个人专业背景和知识。与感知对象相关的专业知识和经验能够帮助人们更深入地理解和解释所感知的事物。

(2)经验和训练。在特定领域有丰富经验和训练的人们可能会更敏锐地感知和理解与其专业领域相关的细节。

(3)兴趣和关注点。对特定主题或领域有浓厚兴趣的人们可能会更加注意和关注与其兴趣相关的方面。

3. 记忆

通过记忆过程,能够保留和回忆已经获得的知识和经验。记忆对于学习、问题解决和决策等认知活动至关重要。

记忆可以分为不同类型,其中包括短时记忆和长时记忆。

(1)短时记忆。短时记忆是指人们在短暂时间内存储和处理信息的能力。它充当了处理和操作正在进行的任务所需信息的临时存储区域。短时记忆的容量有限,可以在几秒到几分钟的时间段内保持信息。例如,当你暂时记住一个电话号码或一个问题的要求时,就正在使用短时记忆。短时记忆的容量可以通过注意力、重复操作和信息组织来增强。

(2)长时记忆。长时记忆是相对较长时间保留和存储信息的记忆系统。它是从过去的经验和学习中积累的知识、事实和经历的存储库。长时记忆的容量和持久性相对较大,可以存储大量信息,并可持续几个小时、几天、几年,甚至一生。长时记忆可以分为以下4种主要类型。

① 声音记忆。指基于个体对声音和语言的理解和记忆的能力。例如,记住某人说的话或歌曲的旋律。

② 视觉记忆。指个体对图像、形状、颜色和空间排列等信息的编码和记忆能力。例如,记住一个画面、一个人的面部特征或在一个城市中的导航路径。

③ 表观记忆。指回顾和回忆个人经历的能力,包括特定时间、地点和情境下的事件。它涉及记忆事件的上下文、情感和个人体验。例如,回忆去年的生日派对或度假时的旅行经历。

④ 语义记忆。指存储所学的事实、概念、语言和常识知识的能力。它与事物之间的关系、定义和意义有关,而不涉及特定的时间和地点。例如,记住首都的名称、数学公式、历史事件和科学原理等。

4. 学习

学习是获取新知识和经验的过程。它可以通过经验、观察、研读、实践和思考等方式进行,对认知发展具有重要作用。

在认知心理学中,学习可以分为偶然学习(Incidental Learning)和有意学习(Intentional Learning)。

(1)偶然学习。偶然学习指的是在进行某项任务或活动的过程中,不经意地获取和记住信息或知识。这种学习通常不是有意为之,而是通过环境和经验的不经意的影响发生的。假设你正在观看电视节目,而在节目中突然出现一则广告。尽管你的关注点主要在电视节目上,但仍然可能通过关注广告内容或声音,偶然地学到关于某个品牌的信息或新产品的特点。在这种情况下,你的学习是偶然发生的,因为它并不是你观看电视的主要目的。

(2)有意学习。有意学习指的是有目的地、有意识地致力于获取和记住信息或知识。这种学习通常是有目标、有计划的,需要主动的注意力和努力来实现。假设你正在为考试做准备,你有意识地使用课本和笔记来学习考试所需的概念和知识。你可能会分配专门的时间和精力来阅读、理解和记忆相关的主题和概念。在这种情况下,你的学习是有意识的,因为你有目的地努力学习以达到特定的学习目标。

在支持有意学习过程中,可以使用多种交互手段来帮助学习者更好地理解和记忆信息。通过使用虚拟实验室或模拟软件,学习者可以实践和应用他们所学的知识。这种实践经验可以帮助他们将抽象的概念转换为具体的经验,提高记忆和理解的效果。当人们合作学习时,他们可以通过相互交流、分享观点和共同解决问题来更有效地学习。

5. 阅读、说话和聆听

语言和符号系统是人类思维和交流的重要工具。通过阅读、说话和聆听,能够表达思想、理解他人的思想,并进行有效的沟通和交流。

(1)阅读是通过视觉方式理解文字信息的能力。通过阅读,可以获取他人的思想、知识和经验。阅读能够帮助人们在个人时间和空间的限制下获得信息,进行独立的思考和学习。阅读可以涉及各种文本形式,包括书籍、报纸、杂志、网页等。

(2)说话是通过口头方式表达思想和意见。通过说话,可以表达观点、需求和情感。说话是一种主动的交流形式,通过声音传递信息。它可以在实时交流中发挥作用,与他人进行对话、辩论和合作。

(3)聆听是通过听觉接收并理解他人的信息。它包括倾听他人说话、听取他们的观点和体验,并通过有效的沟通与之互动。聆听是一种被动的交流形式,但对于有效的交流和理解他人至关重要。

当人们开发应用程序时,往往会利用这三种形式中的一种或多种,以促进更好的交流和思维体验。例如,社交媒体应用程序通过阅读和说话的形式,以文字、图像和视频的方式为用户提供表达自己思想和与他人交流的平台;语音助手应用程序利用说话和聆听的形式,通过语音命令与计算机进行交互,实现语音识别和语音合成的功能;电子书阅读应用程序通过阅读的形式,提供各种文字作品的电子版本,让用户可以通过手机、平板电脑等设备进行阅读,并提供一些增强的功能,如调整字体、添加书签等。

6. 问题解决、规划、推理和决策

问题解决、规划、推理和决策涉及逻辑思维和推理能力,用于解决问题、制定规划、推理和做出决策。它们依赖于思维能力和知识储备。

(1)问题解决是通过分析和思考来找到解决方案的过程。例如,假设你在家中遇到了一个家用电器的故障,如电视无法开机。你需要通过逻辑思维来检查可能的原因,例如,电源线是否插好、电池是否耗尽等。然后,你可以根据这些分析结果来采取适当的措施,如更换电池或检查电源线的连接,以解决这个问题。

(2)规划是指有目的地制定行动计划和策略来实现特定目标的过程。例如,想象一下,你计划在家庭聚会上烹饪一顿丰盛的晚餐。在制定烹饪计划时,需要通过逻辑推理和规划来确定所需的食材,预估所需的时间,选择合适的烹饪方式,并组织好各项任务,以确保能按时准备出美味的晚餐。

(3)推理是基于逻辑和推理能力从已有的信息中得出结论或推断的过程。例如,当你听到朋友提到他们最近迁居至新的城市,并且他们很兴奋,你可以基于这些信息进行推理,假设他们对新的城市环境表示满意,并开始提问关于他们新生活的细节。

(4)决策是在面临多个选项时选择最佳行动方案的过程。例如,假设你正在考虑购买一台新的电视。在做出决策之前,可以通过逻辑思维和推理来评估不同的品牌和型号,考虑自己的预算、电视的功能、性能和用户评价等因素,然后做出明智的决策。

认知是人类思维和行为的基础,它使人们能够感知和理解世界、处理信息、做出决策,并参与各种认知活动。需要注意的是,其中很多认知过程是相互依赖的:一个特定的活动可能涉及多个认知过程。例如,表演乐曲需要注意力来集中在音符、节奏和演奏技巧上。感知过程通过听觉感知音高、音色和节奏,同时通过触觉感知手指在乐器上的位置和压力。记忆过程帮助记忆乐谱和乐曲结构,以及技巧和练习的过程。学习过程使人们能够逐步掌握乐器技能和艺术表达。问题解决过程用于解决演奏中的困难和挑战,推理过程用于探索不同的演奏形式和表达方式。

2.4.2 心智模型

在认知心理学中,心智模型(Mental Model)是指个体对于某个事物、事态或情境的认知表示或内在表征。当人们需要进行推理时,尤其是在遇到意外的事情,或者第一次遇到不熟悉的产品时,人们会使用心智模型来试图思考该怎么做,一个人对产品及其功能了解得越多,他的心智模型就越发散。如果人们对于某个事物缺乏一定的认知,那么就只能依靠死记硬背来完成动作。如果某处出了差错,他们也不知道为什么,也就没法进行修复。人们使用软件系统时经常这样,因此设计中至关重要的原则就是设计的东西要让人们能够对它们如何做和做什么形成一个正确且有益的心智模型。

一个良好的心智模型是非常重要的,对设计和评估用户界面以及用户体验起着关键的作用。

心智模型帮助了解用户如何理解和解释信息,并在人机交互中采取行动。通过研究和理解用户的心智模型,可以更好地设计用户界面,使其与用户的心智模型相匹配,从而提供更好的用户体验。

心智模型允许推断用户在特定情境下可能的行为和决策。通过了解用户的心智模型,可以预测他们对界面的反应、需要和期望,从而更好地满足他们的需求。

心智模型帮助设计有效的交互方式和界面布局。通过对用户心智模型的理解,可以确定有效的信息组织、导航结构和交互流程,使用户能够轻松、自然地与系统进行交互。

心智模型有助于预测和纠正用户可能的误解和错误行为。通过了解用户的心智模型,可以设计界面和交互方式以避免用户产生误解,并提供明确的反馈和解释,以减少用户的错误操作。

心智模型可以帮助理解用户对界面、功能和内容的反馈,并根据用户的反馈进行调整和改进。通过了解用户的心智模型,可以更好地解释用户反馈的背后原因,并根据用户的期望和需求做出相应的调整。

2.4.3 信息处理模型

信息处理模型是研究人类对外界信息进行接收、存储、集成、检索和使用的过程的框架。通过这个模型,可以预测人们在执行特定任务时的效率,例如,感知和响应特定刺激所需的时间,以及在面临信息过载时可能会遇到的瓶颈等问题。为了深入了解人类的信息处理过程,研究人员提出了多种比喻和理论。

一种著名的信息处理模型是"人类处理机"模型,如图2.31所示。这个模型描述了人们从感知信息到采取行动的认知过程,它对人机交互具有指导作用。

人类处理机模型包含三个交互式组件,每

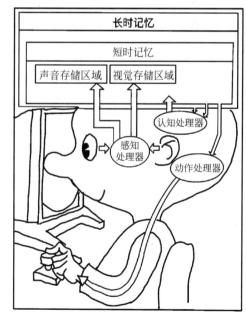

图 2.31　人类处理机模型

个组件都拥有自己独立的记忆空间和处理器。

(1)感知处理器。其信息将被输出到声音存储区域和视觉存储区域。

(2)认知处理器。其信息将被输出到短时记忆,同时它能够访问短时记忆和长时记忆中的信息。

(3)动作处理器。用于执行动作。

有人对人类处理机模型提出了反对意见:首先,人类处理机模型把认知过程描述为一系列处理步骤。其次,它仅关注单个人和任务的执行过程,忽视了复杂执行中人与人之间和任务与任务之间的互动。再次,它是对人行为过程的简化描述,忽视了环境和其他人可能对此带来的影响。

为了突出环境和上下文对认知过程的重要性,研究人员提出了分布式认知模型。大多数认知活动都涉及人们与外部类型的表示进行交互,以及人与人间相互的交互,强调人类认知不仅局限于个体的大脑内部,而是与外部环境和其他个体之间的交互紧密相关。例如,设计一个新的产品。在传统的个体认知观点下,每个人会单独思考和解决问题,然后将个人的想法与团队分享。然而,根据分布式认知模型,认知过程是通过团队成员之间的互动和信息共享来进行的。团队成员可以互相交流、讨论和分享他们的观点、想法和知识。他们可以使用白板、脑图或其他协作工具来共同记录和展示他们的想法,也可以利用互联网搜索相关信息、查看案例研究或参考他人的经验。这种协作和信息共享的过程可以促进成员之间的思考和理解,并整合不同的观点和知识。

在这个分布式认知模型中,个体的认知资源不仅限于个体大脑内部,而是扩展到了外部环境和其他人的资源。团队成员通过环境中的工具和其他人的知识来辅助他们的思考和问题解决,共同构建了一个集体智慧的认知系统。

分布式认知的资源包括知识的内部表示和外部表示。内部表示指的是存储在个体内部的知识和思维模型,它可以包括个人的经验、学习和记忆,以及内部思维过程中的概念、关联和认知策略等。外部表示是指在外部环境中支持认知活动的物体、工具或信息载体,这些资源可以是任何能够帮助个体进行认知活动的事物。示例包括手势(如手势沟通)、物体布局(如在工作区域中安排物体的位置)、便签(如写下重要信息)、图标(如在界面上使用图标表示操作或功能)以及计算机读物(如书籍、文档、在线资料等)。这些都是认知过程的重要部分,因为它们提供了外部支持和辅助,帮助个体进行思考、解决问题、记忆和决策等认知活动。通过利用外部资源,个体能够扩展自己的认知能力和信息处理能力,使得认知过程更加高效和有效。因此,分布式认知理论强调认知是个体与外部环境之间相互作用和协同的结果。

2.4.4 执行与评估模型

著名心理学家唐纳德·诺曼提出了七阶段模型,如图 2.32 所示。该模型描述了一个个体怎样完成一个活动,从抽象的层面理解人与系统互动时产生的种种行动。诺曼认为人们先从一个目标出发,如开车时在下一个路口左转。要达成目标,所需的行动有两个步骤:执行动作,然后评估结果、给出解释。如果刚学会开车不久,可能需要一步一步地分解动作再逐一执行:转弯前先刹车,然后观察车后面的状况,以及与周围车辆、行人的关系,有没有交通标志和信号灯。你的脚必须在油门和刹车之间来回切换,双手还要打开转向信号灯,然后转动方向盘。这一系列的动作需要全身感官配合,不断进行认知处理、决策、行动,每一个行动都会产生结果,然后根据结果再调整行动。

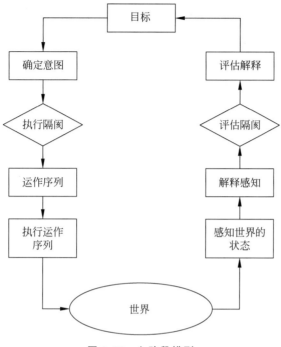

图 2.32　七阶段模型

如图 2.33 所示,执行隔阂指的是个体将意图转换为动作过程存在的问题。相反,评估隔阂指的是个体如何理解和评估动作的效果和目标什么时候能够被满足。执行隔阂描述了从用户到物理系统的距离,而评估隔阂是从物理系统到用户的距离。

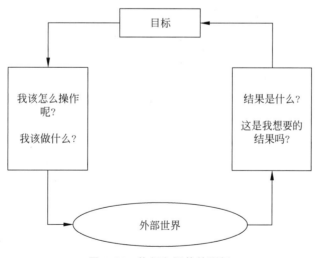

图 2.33　执行和评估的隔阂

用户会面对两个心理鸿沟:执行鸿沟与评估鸿沟。执行鸿沟是用户的意图与系统可以做什么之间的差异。面对执行鸿沟,用户试图弄清楚要做些什么来完成目标。举个例子,如果你需要在计算机上录制一段教别人如何使用演示文稿软件的视频,你想到的方法可能是

人机交互基础

下载一个录屏软件,然后单击开始录制的按钮。不过这个录屏软件还需要知道更多信息才能开始工作:要录制屏幕的哪个区域、录制多长时间、录制的文件保存在哪里等。这个时候,用户的心理模型与软件的实际运行方式之间存在差距,也就是说,执行鸿沟很大。用户的想法很简单——单击"开始"按钮,但是录屏软件的实际工作方式可能是:

(1)单击"开始"按钮。

(2)指定录制区域的形状。如果是矩形,则设置左上角屏幕坐标和右下角屏幕坐标。

(3)指定录制视频保存在计算机中的路径。

(4)指定结束方式(例如,是输入指令结束,还是到达一定时长后停止)。

(5)开始录制。

评估鸿沟是指能否达到目标,以及达到目标的程度如何。面对评估鸿沟,用户试图弄清楚设备处于什么状态,他们采取的行动是否达到了目标。想跨越评估鸿沟,就要考虑如何表示系统当前状态,以及如何让人准确地理解这一状态。如果系统不能清楚地表示当前状态,用户就必须付出大量的认知资源来理解到底发生了什么,并且推测之前的操作有没有更接近目标、离目标还有多远。

执行与评估模型是用于设计和评估用户界面的工具或方法。这种模型的目标是提供一种系统的框架,帮助设计师理解用户在使用界面时的行为和体验,并用于评估界面的效果和用户满意度。

在执行与评估模型中,"执行"是指用户在界面上执行各种操作和任务的过程。这可以包括单击按钮、输入文本、浏览内容或执行特定的交互行为。执行阶段关注用户如何与界面进行交互以完成任务,并关注用户在这个过程中可能遇到的困难或挑战。

而"评估"阶段则是关注用户对界面的评价和反馈,以及界面的性能和效果如何被设计师所评估。评估可以通过使用定量或定性的研究方法,例如,用户调查、用户测试、任务绩效测量等,来了解用户对界面的使用体验、效率、易用性以及满意度。

执行与评估模型在人机交互中的应用非常广泛。它们可以帮助设计师改进界面,以提供更好的用户体验。在设计阶段,执行与评估模型可以帮助设计师了解用户的需求和行为,并将这些信息应用于界面的设计。通过对用户的行为和任务的理解,设计师可以确定何时提供适当的指导和帮助,使界面更加友好和易于使用。

在评估阶段,执行与评估模型可以用于评估界面的性能和用户满意度。设计师可以使用用户测试和其他研究方法来收集数据,了解用户与界面的交互过程和体验。通过分析这些数据,设计师可以识别和解决界面上存在的问题,并进行必要的改进,以提高用户满意度和界面的效果。

2.5 社会化交互

2.5.1 社交

社交指人与人之间彼此互动,人们的日常生活离不开社交:一起工作、一起学习、一起玩耍、进行互动和交谈。人们已经专门研发了许多技术,使得人们突破物理距离而保持社交状态。在人机交互中,研究社会化交互,为人们在社交、工作和日常生活中的面对面的远程沟通和协作提供模型、见解和指导原则,以指导设计"社交"技术,从而可以更好地支持和扩展它们。社会化交互是指通过人类与机器之间的互动,模拟和支持人与人之间的社会交互行为,以实现更加自然、有趣和富有情感的交流体验。

随着网络技术的发展,线上办公学习越来越普及。以远程学习为例,通过腾讯会议,学生可以在家中与教师和同学进行实时的远程学习和讨论。腾讯会议为学生提供了全新的学习体验,成为远程学习中连接学生与教师之间的桥梁。通过腾讯会议,成员可以同时聚集在一个虚拟会议室里,并通过视频和音频进行互动。他们分享计划和想法、商讨活动细节,并能够即时提供反馈和建议。此外,通过腾讯会议的文件共享功能,组织成员可以共同编辑文档,并实时查看进度。

这个例子也揭示了社交媒体在当前主流生活中的重要地位。社交媒体平台和工具已经成为人们沟通、协作、学习和社交的主要渠道之一,在日常生活中扮演着不可或缺的角色。它们带来便利、互联性和社交连接,使人们能够跨越时空限制,与他人保持联系,在各个领域取得学习和合作的成果。

社会化交互的发展可以追溯到早期计算机界面的设计,从简单的命令行交互到图形用户界面的出现。随着技术进步和社交心理学研究的深入,社会化交互变得越来越重要。例如,现在人们出行游玩离不开的移动应用程序,它旨在帮助人们相互分享和评论他们的出行体验,例如餐厅体验,允许用户发布评论、上传照片、评分和推荐店铺。

通过社会化交互,用户可以查看其他人对餐厅的评论和评分,以了解其他人的真实体验,评估该餐厅的可靠性。如果该应用程序没有社交功能,用户可能只能依靠少量的、不够全面的信息来做出决策。社交功能促使应用程序的用户之间建立起社区感和互动性。用户可以对其他用户的评论进行回复,提出问题、分享建议或交流经验。这种社会化的互动增加了用户的参与度,使他们感到更加受欢迎和重视。通过社会化交互,应用程序可以收集用户的喜好和偏好信息,例如,他们的口味、饮食习惯和兴趣。基于这些信息,应用程序可以提供个性化的餐厅推荐,使用户能够更快地找到符合他们偏好的餐厅,提高用户体验和满意度;也可以鼓励用户积极参与、分享自己的餐厅体验,并参与热门话题和讨论。

通过以上例子,可以看到社会化交互对于该餐厅分享应用程序的重要性。它不仅增强了用户之间的互动和参与感,还提供了可靠的、个性化的推荐,增加了用户的信任和忠诚度。社会化交互在这样的应用程序中是至关重要的,它为用户创造了更好的体验,并推动了应用程序的成功和发展。

2.5.2 共现

在现实生活中,共现是人与人互动和参与社交活动的常见情况,支持人们在相同的物理空间内交互。共享技术是实现共现的一种方式,目前,共享技术的发展在过去几年中取得了显著的进展。例如,金山文档,一种在线协作文档工具,应用共享技术,使人们能够在界面上进行实时的协作和交互,如图2.34所示。它允许多个用户同时编辑同一份文档,实现实时的协作和编辑。用户可以即时看到其他协作者的修改和标注,实时更新文档内容,为跨地域、跨团队的协作提供了便利,提高了团队的沟通效率和工作效率。用户可以在文档中进行多人在线评论和讨论,方便团队成员之间的交流和反馈。评论可以针对具体内容进行标注和讨论,使得讨论和意见的交流更加集中和高效。这种共享的评论功能有助于团队成员共同协作和改进文档内容。腾讯文档的共享技术应用促进了团队成员之间的密切交流与合作,提高了工作效率和协同效能。

图 2.34 金山文档协作功能

2.5.3 社会参与

社会参与是指参与一个社会群体的活动。它通常涉及某种形式的社会交换,即向他人提供或从他人那里接受一些东西。互联网平台为志愿者和公益组织提供在线招募和组织志愿者活动以支持社会参与,一个具体的网站是"腾讯公益"(https://gongyi.qq.com/),旨在连接公益组织和志愿者,为用户提供参与公益项目的机会。在腾讯公益上,用户可以浏览各种公益项目的介绍,包括环保、教育、健康、扶贫等多个领域。用户可以根据自己的兴趣和能力选择合适的项目,参与其中。

通过腾讯公益,用户可以在线报名成为志愿者,并参与具体的志愿者活动。平台提供了志愿者准备、培训和沟通的工具。志愿者可以与其他志愿者进行交流和协作,分享经验和资源,在线上共同努力,增加公益活动的效果和影响力。

同时,腾讯公益还提供了公益捐款的功能,用户可以直接通过平台进行在线捐款,支持公益事业的发展和项目的实施。这种捐款方式方便快捷,可以让更多的人参与到公益事业中。

腾讯公益作为一个具体的互联网公益平台,如图 2.35 所示,为公民提供了参与志愿活动和捐款的机会。它通过互联网技术和工具的应用,打破了时空的限制,让更多的人可以参与到公益事业中,推动社会参与和公益行动的广泛发展。

图 2.35 腾讯公益网站

2.6　情感化交互

2.6.1　情绪与用户体验

　　情感化交互涉及思考什么让人们快乐、悲伤、生气、沮丧、积极等,并且用这些知识来指导用户体验设计的不同方面。情感化交互通过情感表达和感知来传递情感信息、引发情感共鸣和建立情感联系,强调情感和情绪在交互中的重要性,致力于在交互过程中创造积极的情绪体验和情感连接。

　　情感化交互可以涉及多种元素和方式,包括声音、语言、面部表情、肢体动作、图像、图标、颜色等。通过这些元素和方式,人们能够在交互中表达和感受情感,进一步促进沟通、理解和共鸣。例如,语音助手可以通过语调、音量和音色的变化来模拟人类的情感表达,让用户感受到亲切和友好;虚拟角色或机器人可以通过面部表情和肢体动作来传达情感信息,增加互动的情感魅力。

　　情感化交互在社交媒体、游戏、教育和医疗等领域中得到广泛应用。例如,在社交媒体平台上,用户可以使用表情符号、贴纸和动画表达自己的情感和情绪,加强与他人的情感连接和沟通;在游戏中,情感化交互可以通过虚拟角色的行为和反应,让玩家对游戏产生情感共鸣和参与感。

　　作为用户在使用商品系统或服务过程中形成的一种主观感受,用户体验具有一定的个体差异性特点,常被用来作为评判产品或系统能否成功的重要影响因素。事实上,一个产品或系统的评价优劣标准也往往取决于该产品或系统带给用户怎样的体验和感受,优秀的产品或系统往往从人的角度出发,遵循以人为本的设计理念,致力于给人良好的用户体验和美的享受。用户体验是用户评价一个产品或系统设计成功与否的重要因素,是设计师从事设计活动过程中必须纳入考量的关键要素,是践行以人为本设计理念过程中不可缺少的重要一环。

　　情绪与用户体验之间存在密切的关系。用户体验是指人们在使用产品、服务或与系统进行交互时所感受到的整体体验。情绪则是用户在特定时刻或特定情景下所体验到的主观情感状态。用户的情绪状态可以影响他们对产品或服务的感知和评价。积极的情绪,如愉悦、兴奋、满足,会使用户对体验有更积极的评价。相反,消极的情绪,如不满、厌烦、沮丧,可能会降低用户对体验的评价。用户的情绪状态也会对他们的行为产生影响。积极的情绪可以增加用户的参与度和忠诚度,促使他们更频繁地使用产品或服务,并积极地参与其中。相反,消极的情绪可能导致用户的流失或转向竞争对手。情绪对用户的记忆和评价也有重要影响。研究表明,与积极情绪相关的体验更容易被记住,并且会在用户的回忆中获得更高的评价。情绪导向设计是一种考虑用户情绪的设计方法。它旨在通过创造和引导用户情绪,增强用户的参与感、情感联结和满意度。情绪导向设计可以借助颜色、声音、视觉效果、动画等元素,创造出与用户情绪契合的体验,提升用户体验的质量。

2.6.2　富有表现力的界面和令人厌烦的界面

　　界面作为用户与设备交互的第一门面,是影响用户体验的重要因素。它的重要性不言而喻。一个良好设计的界面能够提供直观、易用和愉悦的用户体验,从而促进用户对设备或应用程序的接受和使用。

富有表现力的界面和情感化设计是指界面设计通过视觉、交互和声音等元素表达情感，从而能够建立情感连接、引发情感共鸣和创造积极的用户体验。界面元素的形状与其功能或表达的情感意义相符。例如，圆形的按钮通常被认为更为友好和温暖，而尖锐的形状可能会造成紧迫和严肃的感觉。不同的色彩可以激发不同的情绪和情感反应。例如，鲜艳的颜色可以带来兴奋和活力，而柔和的颜色则传递出温暖和舒适的感觉。通过选择合适的色彩方案，可以与目标用户产生积极的情感共鸣；使用动画和过渡效果，可以为用户提供丰富的交互体验。通过运用流畅的动效和独特的过渡方式，界面可以传达动感、活力和创意，并引发用户的兴趣和好奇；通过使用语音和音效，界面可以增添趣味和情感。合适的语音提示和音效，可以帮助用户更好地理解界面反馈，同时在交互过程中传递出友好、愉悦的情感。

高德地图利用树木和楼高的数据，配合天气太阳角度的计算，在夏天时为选择骑行的用户提供有林荫和楼阴的"清凉导航路线"，如图 2.36 所示，利用行为层的情感化设计，对用户的行为进行预判和引导，利用细节处理打动用户，让用户对产品产生信任感和依赖感。

相反，令人厌烦的界面通常存在以下问题。如图 2.37 所示的界面，采用了复杂和混乱的布局，界面设计缺乏清晰的层次结构和有序的布局，使用户难以理解和操作；过度使用过多的色彩、字体和图标等视觉元素会造成视觉混乱，引起用户的疲劳和不适；界面的反应速度过慢或存在延迟，会使用户感到不满和沮丧；界面没有提供足够的反馈和指引，导致用户迷失方向，产生挫败感。

2.6.3 说服技术与行为改变

说服技术是指利用心理学和通信原理来影响和改变人们的态度、信念和行为的技术。说服技术的目标是通过巧妙的设计和有效的沟通来激发人们采取特定的行动或改变他们的习惯。行为改变是指通过各种方法和策略来促使个人改变他们的行为模式、习惯或决策。说服技术可以在行为改变中发挥重要的作用，因为它可以帮助识别和利用影响人们选择和行动的心理机制。

图 2.36　富有表现力的界面和情感化设计

在情感化交互的领域，通过使用动画、色彩、音效和情感化的图形元素，可以创造出更加吸引人的用户界面。这有助于引起用户的情感共鸣，提高用户的参与度和兴趣，从而促使他们更有动机与系统进行互动和行为改变。说服技术可以根据用户的情感状态和需求来个性化地调整交互体验。通过情感识别和情感计算，系统可以了解用户的情绪、偏好和态度，并

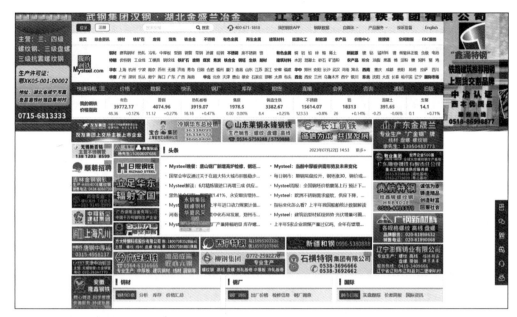

图 2.37　令人厌烦的界面

相应地调整界面、反馈和推荐。这种个性化的情感建模可以提供更加人性化和情感化的交互体验,增强用户的情感参与和情感满足。利用说服技术和行为改变原理,系统可以提供情感化的反馈和鼓励,以促使用户采取特定的行动或改变行为习惯。例如,在健康和健身应用中,系统可以提供积极的声音、动画和文字反馈,以激励用户坚持锻炼或达成健康目标。

虚拟代理人是一种人机交互形式,它可以在界面上以人的形象或动物形象的方式与用户进行对话和互动。通过情感计算和自然语言处理技术,虚拟代理人可以理解用户的情感状态,并相应地做出情感化的回应。这种情感化的交互增加了用户的情感连接和参与感。说服技术和行为改变可以用于情感化交互中的引导和提醒功能。系统可以提供个性化情感化的提示和提醒,帮助用户持续使用所需要的功能或服务。这些情感化的引导和提醒可以增强用户的情感投入。

健康和健身应用经常利用情感化交互来激励用户改变不健康的习惯。例如,"Keep"是一款健身和健康管理的应用程序,它通过情感化交互技术来改变用户的行为,促进他们的健身活动,激励用户坚持运动和完成目标。例如,如图 2.38 所示,当用户完成一项运动挑战或达到一定的运动时长,应用会通过弹出窗口、声音提示或动画效果来奖励用户并增加积分或徽章。这种积极的反馈和奖励可以让用户获得成就感,进而激励他们继续参与健身活动。

"Keep"应用利用情感化交互技术为用户提供个性化的健身建议和指导。如图 2.39 所示,通过用户的运动数据和兴趣偏好,应用可以推荐适合用户的训练计划、锻炼视频或健身课程。这种个性化建议可以提高用户的投入和满意度,促使他们更积极地参与锻炼和改变行为习惯。

总的来说,说服技术和行为改变在情感化交互中有广泛的应用。它们可以帮助创造出更加情感丰富和个性化的交互体验,从而增强用户的情感连接和参与度,并促使他们采取行为改变。然而,在应用这些技术时,需要注意用户隐私、道德和情感需求的平衡,以确保交互体验的互动并尊重用户的权益。

人机交互基础

图 2.38 Keep 徽章奖牌奖励机制

图 2.39 Keep 的定制健身计划

2.6.4 拟人论

情感化交互拟人论,也称为情感化人机交互拟人化理论,是指在人机交互系统中,通过模拟人类情感、表情和行为,创造出拟人化的交互体验。这个理论的核心思想是通过模仿人类的情感和行为,增强用户与计算机交互的人性化和情感化程度。

情感化交互拟人论的主要观点是人与人之间的交往和情感连接在人机交互中也是重要的。通过拟人化的方式设计界面、交互和系统反馈,可以在用户与计算机之间建立更加亲近和情感化的关系,提供更好的用户体验。

该理论认为,人们与拟人化的界面或代理人进行交互时,会产生情感上的亲近感,并更容易建立情感联系。这种情感联系可以通过模拟人类表情、肢体语言和语音表达来实现。例如,设计一个虚拟助手时,可以利用情感化的设计来模拟其微笑、鼓励的语气以及友好的肢体语言,从而增强用户的情感参与和满意度。

2003年1月,QQ秀正式上线,如图2.40所示。该平台采用了情感化交互拟人的设计。每个QQ用户都可以自定义自己的虚拟用户形象,并在虚拟世界中布置和装饰自己的小家。用户可以通过DIY表情来展示自己的情感,也可以借助虚拟形象来实现类似戳一戳等聊天功能。超级QQ秀则引入了用户可自行定制的小窝系统和可以走动聊天的室外场景。除了虚拟形象外,用户还可以邀请其他用户来访问他们的虚拟小窝,这是一种不同于虚拟形象的用户形象表达方式。

图2.40 使用QQ秀的虚拟人物进行情感化交互

情感化交互拟人论对于人机交互领域具有重要意义。它提供了一种新的设计方法和思路,使用户与计算机之间的交互更加自然、亲近和情感化。通过拟人化的交互体验,人们可以更轻松地理解和使用技术,提高了系统的可用性和用户满意度。

然而,尽管情感化交互拟人论在人机交互领域有一定的影响力,但同时也面临着一些挑战。其中最主要的一个挑战是在设计拟人化界面或代理人时,需要平衡人类情感的模拟和用户隐私的保护,以及道德和伦理问题。在确保用户的隐私和权益不受侵犯的前提下,实现有效的情感化交互,是在情感化交互拟人论中需要注意的问题。

此外,拟人化交互在人脸支付过程中的道德和伦理问题也需要被关注。例如,如何确保用户对人脸支付的使用具有明确的授权和知情同意,以及如何避免滥用人脸识别技术实施追踪、监控或歧视等不当行为。设计者需要考虑这些问题,并采取适当的措施来确保技术的合理用途。

在设计拟人化界面或代理人时,需考虑这样的挑战,以平衡情感化交互的实现和用户隐私权、道德伦理等方面的考虑。这需要综合考虑技术的可行性、用户需求、法律法规和社会伦理等多个因素,以确保情感化交互的设计是合理、负责任的。

思考与实践

1. 名词解释。

（1）认知。

（2）短时记忆。

（3）长时记忆。

（4）心智模型。

（5）执行与评估模型。

2. 想一想最近备受欢迎的某个数字产品或服务中整体交互性高的例子,简述为什么它的交互性高。

3. 假设你正在设计一个语音助手应用程序,该应用程序可以回答用户的问题并执行相关任务。请简要说明心智模型的组成部分,并解释它们如何与你的语音助手应用相关联。

（1）感知:说明语音助手应用程序如何感知用户的输入。考虑到语音助手的特性,你会采用哪些感知技术来接收和理解用户的语音输入。

（2）认知:阐述语音助手应用程序如何处理和存储用户的问题与上下文信息,以生成准确地回答和执行相应任务的指令。你会如何利用人工智能技术,如自然语言处理和机器学习,来实现认知功能?

（3）决策:讨论语音助手应用程序如何基于用户的问题和上下文信息做出决策并提供合适的回答或执行操作。你会采用什么策略或算法来做出决策。

（4）行动:描述语音助手应用程序如何通过音频或文本输出与用户进行交互,提供回答、执行任务或提供反馈。

4. 假设你是一个项目经理,正在领导一个软件开发项目。请回答以下问题,以展示你对执行与评估模型的理解。

（1）执行模型是什么?请描述执行模型在项目管理中的作用和目标。

（2）评估模型是什么?请描述评估模型在项目管理中的作用和目标。

（3）执行与评估模型之间有何关联?请解释在项目执行和评估过程中这两个模型之间的交互并提供示例。

第 3 章 人机交互设计过程

3.1 引　　言

想画好一幅画需要很多步骤,例如,先想清楚一幅画整体给人的效果,再勾勒出大体的线条,最后进行细节的补充和色彩的填充。新的交互产品的开发与绘画一样,是由一系列基本开发过程构成的。想科学地进行交互式系统的开发,需要了解交互设计过程的基本活动和关键特征,真正做到以用户为中心进行开发,准备候选设计方案,等等。

同时,如果开发者具有一定的软件开发经验,应当已经对术语"生命周期"有一定的了解。与传统软件的生命周期模型类似,交互设计领域的生命周期模型也能合理地指导人机交互系统的设计与实现。生命周期模型体现了所涉及的各种活动之间的关系,复杂模型的建立还可以辅以文字说明,包括但不限于在何种情况下,系统应该怎样操作、每个活动的输入输出等。而一旦设计者真正学会用生命周期模型指导开发过程,会发现自己从宏观上把握开发过程、分配资源、进行更新和修正的能力有所提升。根据过往的设计经验来看,每个设计者平均有 50% 的时间花费在用户界面与交互的编码设计上,因此,理解掌握交互式设计过程和技术是必要的,本章将展开对上述过程和技术的讨论。

本章的主要内容包括:
- 介绍人机交互设计的活动和特征。
- 理解交互设计领域的生命周期模型。
- 学习通过框架科学地进行交互设计。
- 了解如何对已有设计进行测试和改进。

3.2　人机交互设计的基本活动

3.2.1　4 项基本活动

交互设计的基本活动关注用户与系统之间的交互过程。人机交互设计有以下 4 项基本活动,如图 3.1 所示。

1. 标识用户需要并建立需求

了解了目标用户和用户的主要需求,才能明白交互产品应该提供哪些支持,怎样开发出更符合用户需求的系统产品。在以用户为中心的方法中,想了解用户的主要需求就需要做好需求获取,可以采用访谈法、调查问卷法、联合小组分析等方法。假设一个设计团队正在

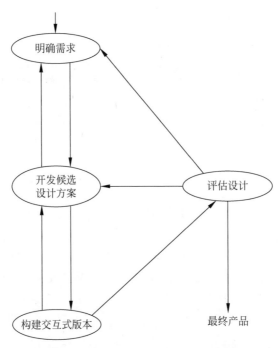

图 3.1　人机交互设计的 4 项基本活动

开发一个电子商务网站。他们可以进行用户调研,通过问卷调查和用户访谈来了解用户的购物习惯、偏好和当前需求。他们还可以观察用户在其他类似网站上的行为,以获取更多的参考信息。除此之外,设计团队还可以通过编写用户故事和用户场景来进一步明确需求。用户故事和用户场景用来描述用户在特定情境下的需求和期望。用户故事较为简短,用户场景则是更详细的情境描述,在其中可以包括用户的目标、行为和期望结果。

2. 开发满足需要的设计候选方案

在确认好需求后,可以考虑符合当前要求的设计方法,并可根据具体需要设计多个方案进行选择和调整。这一核心活动包括两个子活动:概念设计和物理设计。概念设计致力于描述产品应该做什么、如何操作,同时会对产品的外观等进行介绍。在物理设计中,可以具体写明产品实现的部分细节,如要使用的色彩、图像、图标、交互行为等内容。

3. 构建设计的交互式版本

设计者在长期工作中发现,让用户与产品进行交互,能更好地发现问题,进行评估。但实际能运行的脚本语言和高保真原型设计的成本又太高,在此时就可以选择线框图、草图等保真程度不高的演示形式。在本阶段的活动中,目的不是提供可运行的程序,而是大致地演示流程,并在其中发现问题。

4. 评估设计

在交互设计领域及其他众多设计领域,大量的精力都被投入评估设计中。作为设计中的重要一环,评估设计用来降低系统的错误率,提高系统的可操作性和可用性,包括发现在使用时出现的各种错误,如输入输出错误、显示错误、跳转路径错误等。也可以考虑对满足需求程度低的功能模块进行修改,让系统更吸引人,提高用户对当前系统的黏性。当评估交互系统的设计案例时,可以考虑以下几个方面。

1）用户体验

以系统的用户界面和交互流程是否直观、易用、符合用户期望为标准，通过进行用户测试、问卷调查或使用专家评审等方法来收集用户反馈。

2）功能完整性

评估系统是否提供了所需的功能，并且这些功能是否能够满足用户的需求，可以通过功能测试、功能需求分析等方法来评估。

3）性能和效率

交互产品的性能和效率也是影响使用体验的重要一环。性能和效率包括响应时间、加载速度、数据处理能力等，可以通过性能测试、负载测试等方法来评估。

4）安全性和隐私保护

评估系统的安全性和隐私保护措施是否得当，以保护用户的数据和个人信息，可以通过安全性测试、隐私风险评估等方法来评估。

5）可维护性

评估系统的可维护性包括代码结构、文档、扩展等方面。可维护性好的系统易于修改和拓展，利于产品中后期的开发，同时能提升交互产品的重复使用率。

任何交互产品的设计都包括一系列活动，由一系列流程组成，包括明确需求、开发候选设计方案、构建交互式设计版本、进行评估设计等步骤。这些步骤没有强制的顺序，而是在系统设计过程中不断进行重复，以最大限度地提升系统的可用性。这是一种通用的交互设计生命周期模型，易于学习和掌握，因而在交互设计领域有较为广泛的应用。

3.2.2 关键特征

在设计过程中，设计者应时刻把握交互设计的关键特征，才能使设计最大程度地满足项目前期获取的用户需求。三个关键特征包括以用户为中心、制定稳定的可用性标准、进行迭代。

在设计过程中，用户无法直接参与系统的开发，但设计者应当让用户尽可能多地参与到反馈和评估中。这不仅能强调用户的需求和感受在设计中的重要性，更能发现设计中偏离需求的部分，及时进行修改和调整。

此外，制定稳定的可用性标准，有利于设计人员选择当前最合适的候选方案，并在产品开发过程中及时发现问题。可用性标准应当尽量准确、具体，可以从可用性和用户体验目标的角度进行考虑。在制定标准时可以参考以下几项内容。

1. 参考行业标准和最佳实践

了解相关行业的可用性标准和最佳实践，例如，ISO 标准、Web Content Accessibility Guidelines（WCAG）等。这些标准可以提供一个基准，帮助设计者制定自己的可用性标准。

2. 确定关键指标

确定关键的可用性指标，以衡量产品或服务的用户体验。这些指标可以包括任务完成时间、错误率、用户满意度等。设计者需要确保这些指标与服务的特定目标和用户的需求相一致。

3. 设定可接受的阈值

为每个可用性指标设定可接受的阈值或目标值。这些阈值应该基于用户需求、行业标准和最佳实践。例如,任务完成时间应该在一定范围内,错误率应该低于某个百分比等。

4. 进行用户测试和评估

可以通过用户测试和评估来验证和调整可用性标准。收集用户的反馈和数据,了解用户的体验和需求,并根据实际情况对可用性标准进行修订和改进。

5. 持续监测和改进

持续监测产品或服务的可用性指标,并进行定期的评估和改进。

没有设计者能一次性设计出不存在问题的系统,因此迭代是不可避免的。针对设计过程中已经发现的问题,设计者应对交互系统进行迭代。例如,创建的想要解决某个问题的思路并不总是十分完善且可以实施的,它需要通过不断反复地发现问题、进行迭代来发现问题的最优解决路径和形式。成熟的设计者应该做到不逃避必要的修改。

现在以一个电子商务网站的购物车设计为例,说明如何开发一个符合交互设计关键特征的界面。购物车界面应该简单明了,用户可以轻松地将商品添加到购物车中,并查看已添加的商品列表。购物车界面应该有明确的按钮和标签,让用户能够直观地执行添加、删除和修改商品数量等操作。在视觉上,购物车界面应该与整个网站的设计风格保持一致,包括颜色、字体和布局等方面。用户在不同页面之间切换时,购物车的界面应该保持一致,让用户感到熟悉和舒适。当用户将商品添加到购物车或执行其他操作时,购物车界面应该及时给予反馈,让用户知道操作是否成功。例如,添加商品后,购物车图标上显示添加的商品数量,或者弹出提示框显示成功添加的信息。不仅如此,购物车界面应该考虑到不同用户的需求,包括残障人士。例如,提供辅助功能,如屏幕阅读器支持键盘导航,以确保所有用户都能够方便地使用它。购物车的功能也应该具备可扩展性,能够适应未来的需求和变化。例如,允许用户添加多个商品到购物车,支持优惠券和促销活动等功能的扩展。此外,购物车界面应该提供适当的引导和帮助,帮助用户了解如何使用购物车功能。例如,提供购物车使用指南、常见问题解答和联系客服的方式,以解决用户可能遇到的问题。将问题考虑全面后,设计的购物车界面将能提供非常好的用户体验

3.2.3 以用户为中心

华为的任正非曾经说过,"我们要建立一系列以客户为中心、以生存为底线的管理体系,而不是依赖于企业家个人的决策制度。在这个管理体系规范运作时,企业之魂就不再是企业家,而变成了客户需求。牢记客户永远是企业之魂。"这也是华为成功的奥秘所在。

事实上,不管是企业文化还是产品设计,只有真正做到"以用户为中心",才能受到用户支持,有蓬勃的生命力。

亚马逊真正把客户至上作为最高准则,围绕"客户体验"进行战略的制定和业务的发展,给客户提供绝佳的综合体验。其创始人贝索斯在开会的时候经常会在他的旁边放一把空椅子,这把空椅子并不为某位特邀嘉宾或者部门主管设置,而是专为消费者设计。在亚马逊的内部讨论中,贝索斯告诉经理们:如果工作有分歧,最终的评判标准是从"客户的角度出发",有利于客户的一方胜出。不仅如此,贝索斯在给股东的一封信中曾写道:在亚马逊刚刚成立的时候,我们就给用户开通了评论商品的功能,结果就收到了一些供应商的抱怨:这样做有没有考虑过对自身的影响,商品有了负面的评论,不会影响销售和营利吗?亚马逊也做过一些市场调研,通过很多用户的反馈,的确负面的消息会影响用户对商品的购买。但贝

索斯说,"我们不是靠卖东西赚钱的,我们是靠帮用户做好的消费决策来赚钱的"。商品的负面评论虽然意味着亚马逊要承受更多压力与质疑,但毫无疑问的是,这一决策体现了"以用户为中心"的思想,在经受时间的考验后成为广受用户称赞的一项制度并为亚马逊带来了更多的收益。

人机交互领域的以用户为中心是一种设计和开发技术的理念,旨在将用户的需求、行为和体验置于首位,以提供更好的交互体验来满足用户的期望。在这种交互方式中,设计师和开发者将关注用户的需求、习惯、能力和偏好,并将这些因素融入系统的设计和功能中。

在人机交互领域,如果想真正做到"以用户为中心",需要考虑如下内容。

1. 用户需求分析

通过调研和用户研究,了解用户的需求、目标和期望,以便设计出符合用户期望的系统。在进行分析时应当紧密与用户结合,除了运用严谨的需求获取方法如访谈法、调查问卷法等,还可以构建场景和人物角色,这有助于设计师更好地理解目标用户,并在设计过程中保持用户的视角。

创建场景首先需要确定设计产品服务的目标用户群体,这可以是特定的人群、用户类型。然后设计者需要选择一个具体的使用场景或情境,这个场景应该与产品或服务密切相关。例如,如果正在设计一个旅行预订应用,场景可以是用户计划一次旅行。接着要为场景中的用户角色创建一个简要的描述,参考后文即将介绍的人物角色,这有助于设计者更好地理解用户的行为和期望。详细描述用户在该场景中的行为流程,包括他们的起始点、目标和所需的步骤。例如,在旅行预订应用的场景中,用户可能会搜索目的地、选择日期、选择酒店、预订机票等。了解了上述需求就可以开始设计相应的解决方案。这包括界面设计、功能设计、交互设计等,以满足用户在该场景中的需求。最后将设计方案应用于实际场景中,并进行用户测试和反馈收集。根据用户的反馈和需求,不断迭代和改进设计。

通过创建场景,设计者可以更好地理解用户在特定情境中的需求和行为,从而设计出更符合用户期望的解决方案。这有助于确保设计出的产品或服务能够满足用户的实际需求,并提供良好的用户体验。

创建人物角色需要描述用户的特征、目标、需求和行为。为了达到这个目标,设计者必须获取角色的一些信息,以此为参考来推断他们如何做出决策。对于规模不太大的交互系统可以构建一个主要人物角色、一个次要人物角色。在构建时可以考虑:影响人物角色愿望的态度、经历、渴望,以及他对社会、文化、环境的认知因素。通过这些推断人物角色在与产品交互时对产品行为的期待和愿望。另外,设计者需要构建人物角色与当前界面进行交互的心智模型,这有利于在设计过程中为数据选择合适的组织形式。

需要注意的是,了解并迎合用户需求并不意味着无条件地满足用户的要求,要始终把握产品的目标来判断用户的提议是否可以采纳。

2. 用户界面设计

用户界面设计是指设计者通过布局、视觉元素、交互方式等手段,为用户提供友好、直观、高效的界面,使用户能够轻松地与软件、应用程序或网站进行交互。

一个好的页面设计应当具有清晰的布局、对重要内容的强调、一致的风格、简化的输入和易于理解的反馈等。

在具体设计时可以从以下几个方面入手。例如,设计一个直观和易于导航的布局,使用户能够快速找到他们需要的功能和信息;使用明确的标题、分组和层次结构来组织内容;使用色彩、大小和对比度等视觉元素来突出显示重要的功能和信息,这可以帮助用户快速识别和理解界面的关键部分;确保整个界面在视觉上保持一致,包括颜色、字体、图标和按钮样式等,这可以帮助用户建立对界面的熟悉感,并提供一致的用户体验;尽量减少用户的输入工作量,通过使用自动填充、下拉菜单和默认选项等方式来简化表单及输入过程;为用户提供明确和及时的反馈,以确保他们知道他们的操作是否成功,这可以包括弹出消息、状态指示器和动画效果等。

总的来讲,为了使页面易于使用,用户能够快速理解和操作,设计师需要考虑用户的需求和行为模式,确保界面的布局和导航方式符合用户的直觉;界面的各个部分应该保持一致,包括颜色、字体、图标等,以提高用户的学习效率,使用户更容易理解和使用界面;界面上的元素应该清晰可见,用户能够快速找到所需的功能和信息。

3. 用户参与和个性化

设计者应该鼓励用户参与界面的设计过程。这可以通过用户调研、用户测试和用户反馈等方式实现。用户参与可以帮助设计者了解用户需求和偏好,从而更好地满足用户的期望。在参与的同时要为用户提供反馈机制,让用户知道他们的操作是否成功,以及如何纠正错误。例如,当用户提交表单时,显示一个成功的提示消息或错误的提示消息,帮助用户了解他们的操作结果。

设计者还应为用户提供个性化的界面体验,根据用户的偏好和习惯进行定制。这可以通过用户配置选项、主题选择、语言选择等方式来实现。

4. 用户体验评估

通过用户调研、用户测试等方法,评估用户对系统的满意度和体验,并根据反馈不断改进和优化系统。

通过完成上述工作,交互产品能提供用户友好的交互方式,使用户能够更轻松、高效地使用系统,并获得满意的体验。也就是说,关注用户需求和体验,可以提高系统的可用性、用户满意度和用户忠诚度。

3.2.4 候选设计方案

想要得到合适的候选方案,需要先进行设计,再对已有的设计进行筛选和修改。设计方案主要来源于三个途径:其他相似的设计,设计人员的积累以及其他人的构思。

在设计时可以参考其他类似产品的构思,尤其是对于已经获得大众认可的产品的设计。使用与之前已有作品相似设计的优点在于:相似页面的页面布局和处理逻辑比较固定,这也意味着用户在使用时将花费更少的时间成本,更容易从新手用户变为稳定的中间用户,也就更容易对当前的交互产品产生信任和依赖。已有设计的另一优点是:经受过时间的考验。留存下来可以被看到的必然是以往很多个版本的设计中相对优秀的,是符合用户的期望的。从一定程度上可以说,已经获得广泛推广的交互产品都是"不太差"的。但不太差并不等于最优,这也就需要有新鲜的想法和创造,不断对产品的设计进行丰富和升级。

总有人能在其他人还在冥思苦想、不得其要点的时候就提出非常好的想法,业界也不否认这些人的存在,鼓励设计人员在交互的各个方面进行创新。在创新后,可以邀请其他设计人员和涉众对新的设计进行评价和测试。如果能获得认可,不但可以为当前交互产品增添新意,也能推动整个交互设计领域的发展和变革。

当然,仅有创意是不够的,设计是严谨的、有约束的,不能随意将任何想法都盲目地添加到其中,而需要遵守一定的规则。例如,在系统的设计中,不仅需要保证每一处设计的风格一致,在面向用户时,还需要做到使产品的各个部分保持一致。

针对前期设计出的方案,需要进行筛选,即从两类指标入手来对方案进行设计决策。一是可以被直观感知和测量的特征,称其为外部特征;二是不可以被直观感知的,需要对系统进行解构和分析才可见的特征,称其为内部特征。

在筛选时,要继续遵循以用户为中心的设计原则,尊重用户需求,同时考虑技术的可行性。例如,在考虑文件保存功能时,设计者可以思考以下几个问题:是否只能手动对文档进行保存;是否为文档提供自动保存功能;如果提供自动保存的功能,时间间隔又该设定为多少。

交互式产品的外部因素可以通俗地理解为直接面向用户的设计,所以外部因素是否有优良的性能是筛选交互产品候选方案的重要标准。例如,打开一个网站,加载页面中的信息需要 10s,后台的工作可能是对各种各样的图片信息进行缓冲,对大量数据进行处理。但在用户角度,关注的仅仅是此网站加载时间为 10s,所以设计者可以把开发设计的时间精力适当集中在可见、可测量的外部行为上,让用户与产品的交互推动产品的设计和开发的进行。在选择候选方案时,仍然需要让产品与涉众交互,并听取用户在体验过程中的感受和意见。所以在表示设计的过程中,应当尽量采用易于用户理解的方式,尽量使用通俗直观的语言,避免专业性术语等用户无法理解的语言。一个应用广泛的表示设计的方法是原型,原型的直观是语言描述无法相比的。

另一个选择和衡量候选设计方案的重要标准是交互产品的质量。人们在使用交互系统时,通常不会有成文的标准规定某项功能的执行标准,但却在有意识无意识间将不符合自己期望的产品淘汰。例如,在网络状况相同时,一个视频网站可以清晰流畅地播放,而另一个却出现了不清晰或频繁卡顿的情况。又例如,某个设备连接外设时只需打开功能键,而另一个设备在连接外设时需要使用复杂的组合键,人们会理所应当地选择前者。

3.2.5　交互设计生命周期

软件工程生命周期和交互设计生命周期都包含一个产品从开始研制到最终被废弃的全部流程,二者互为参考。同时,软件工程生命周期中的设计和开发阶段与交互设计生命周期密切相关,交互设计团队需要与开发团队紧密合作,确保设计的可行性。所以,一个优秀的交互设计师不仅应当深入学习交互设计生命周期,对软件工程领域常见的生命周期模型也应有所了解。

1. 软件工程生命周期

一个软件产品或软件系统要经历孕育、诞生、成熟、衰亡等阶段。软件生命周期是指人们为更好地开发软件而归纳总结的软件生命周期的典型实践参考。一般来说,软件生命周期包括以下几个阶段。

1）需求分析阶段

在这个阶段,开发团队与客户合作,收集和理解用户需求,确定软件系统的功能和特性。

2）设计阶段

在需求分析的基础上,开发团队开始设计软件系统的架构和组件。这包括确定系统的模块划分,选择数据结构,进行算法、界面设计等。

3）编码阶段

在设计完成后,开发团队开始实现软件系统的代码。开发人员将设计文档转换为可执行的软件程序,并进行单元测试以验证代码的正确性。

4）测试阶段

在编码完成后,软件系统需要进行更全面的测试,包括单元测试、集成测试和系统测试等,以发现和修复潜在的问题和错误。

5）部署和维护阶段

在测试通过后,软件系统可以部署到生产环境中供用户使用。同时,开发团队需要继续监控和维护系统,及时修复漏洞和错误,并根据用户反馈进行功能的更新和改进。

这些阶段通常被认为是软件开发的基本生命周期,不同的开发方法和模型可能会有一些变化和调整,但总体上遵循类似的过程。软件生命周期的目标是确保软件开发过程的可控性和质量,以提供满足用户需求的可靠软件系统。常见的软件工程领域的生命周期模型有瀑布模型、螺旋模型、快速应用开发、原型法等。

（1）瀑布模型。

瀑布模型是软件开发中最经典的开发模型之一,它以线性顺序推进软件的开发。模型包括需求分析、设计、编码、测试和维护等阶段。

在瀑布模型中,每个阶段都是严格按照顺序进行的,前一阶段的输出作为后一阶段的输入。首先,需求分析阶段通过与客户沟通和收集需求,明确软件系统的功能和特性。然后,设计阶段根据需求分析的结果,制定软件系统的架构和组件设计。接下来,编码阶段将设计文档转换为可执行的代码,并进行单元测试。测试阶段对编码完成的软件进行各种测试,包括单元测试、集成测试和系统测试,以确保软件的质量和稳定性。最后,部署和维护阶段将测试通过的软件部署到生产环境中,同时继续监控和维护系统,修复错误和漏洞,并根据用户反馈进行功能的更新和改进。

瀑布模型的优点是结构清晰,易于理解和管理,适用于需求变化较少的项目,其结构如图 3.2 所示。然而,它也存在缺点,如刚性的阶段顺序导致需求变更困难等。因此,在实际开发中,可以根据项目需求选择适合的开发模型,如敏捷开发等。

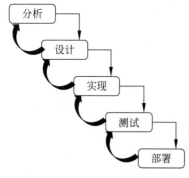

图 3.2　瀑布模型

（2）螺旋模型。

螺旋模型是一种迭代式的软件开发模型,它结合了瀑布模型和迭代开发的特点,如图 3.3 所示。螺旋模型强调风险管理和迭代开发的概念,适用于大型、复杂且风险较高的项目。

螺旋模型的开发过程由多个循环组成,每个循环包括 4 个主要阶段:计划、风险分析、工程开发和评估。在计划阶段,确定项目目标、约束条件和可行性分析。在风险分析阶段,评估项目的风险,并制定相应的风险管理策略。在工程开发阶段,根据计划和风险分析的结

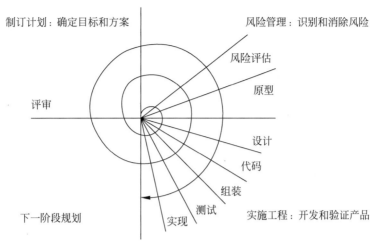

制订计划：确定目标和方案　　　　　　　　风险管理：识别和消除风险

风险评估

原型

评审

设计

代码

组装

下一阶段规划　　　　　实现　测试　　实施工程：开发和验证产品

图 3.3　螺旋模型

果,进行需求分析、设计、编码和测试等开发活动。在评估阶段,评估前一个循环的结果,并决定是否继续下一个循环。

螺旋模型的优点是强调风险管理,能够及时识别和解决问题,降低项目失败的风险。同时,迭代开发的特点使得项目可以根据用户反馈和需求变化进行调整和改进。然而,螺旋模型也存在一些挑战,如需要更多的资源和时间、管理复杂度较高等。

总的来说,螺旋模型适用于大型、复杂且风险较高的项目,可以帮助团队更好地管理和控制项目开发过程。

（3）快速应用开发。

快速应用开发（Rational Application Develop,RAD）是一种软件开发方法,旨在通过迅速构建原型和迭代开发来快速交付软件应用程序,如图 3.4 所示。RAD 的目标是加快开发周期、提高开发效率和灵活性。RAD 的关键特点包括以下几点。

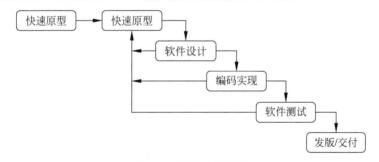

图 3.4　快速应用开发

① 快速原型开发。RAD 强调快速构建原型,以便快速获取用户反馈和验证需求。原型可以是简化的、功能有限的版本,用于演示和验证设计概念。

② 迭代开发。RAD 采用迭代的方式进行开发,每个迭代周期都会增加新的功能和特性。通过迭代,开发团队可以快速响应需求变化,并逐步完善软件系统。

③ 可视化开发工具。RAD 使用可视化开发工具和技术,如图形化界面设计工具、代码生成器等,以提高开发效率和降低编码工作量。

④ 高度协作。RAD 鼓励开发团队和利益相关者之间的紧密合作和沟通,以确保需求的准确理解和及时反馈。

RAD 的优点是快速交付、灵活性高和用户参与度高。它适用于需求变化频繁、时间紧迫的项目,以及小型和中型的软件开发。然而,RAD 也面临一些挑战,如需求管理和控制、可维护性和系统性能等方面的问题。

总体而言,RAD 是一种适应快速变化和迅速交付的软件开发方法,可以帮助开发团队更快速地构建和交付高质量的软件应用程序。

(4)原型法。

随着计算机软件技术的发展,人们在 20 世纪 80 年代正式提出了原型法这个概念。它是一种全新的系统开发方法,与一步步进行分析、逐步整理出文字档案、进行整合后再让用户看到结果的方法相比,原型法相对来讲并不烦琐且非常直观,因而也被广泛地应用到设计开发的过程中。原型法能从视觉上直接将产品展示给用户,使用户可以直接参与到系统开发中,最终的产品自然更贴近用户期望,有较好的用户满意度。同时,原型法相对方便快捷,能缩短开发周期,控制开发成本。图 3.5 所示是一个视频播放平台的原型。

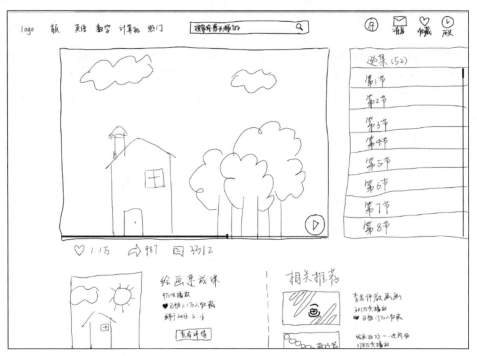

图 3.5 原型实例

但原型法的缺点也是固有的,例如,它不适合大规模开发,难以模拟运算量大、逻辑性强的系统,在遇到这一类系统时,使用原型法不仅会花费大量的时间精力,最终的原型也不能很好地向用户还原系统的使用体验。

2. 交互设计生命周期

1)可用性工程生命周期

可用性工程是以提高产品可用性为目标的多学科交叉领域,综合了技术学科、心理学、工业设计、人类工效学、社会学等学科的方法,强调在产品开发过程中以用户需求作为出发点,提高用户的参与度,以便能及时获得用户的反馈并据此反复改进设计。"可用性工程生命周期"这个概念,是将可用性工程与软件生命周期模型结合起来而提出的。它详细描述了如何执行可用性任务,并且说明了如何把可用性任务集成到传统软件开发的生命周期中,如图3.6所示。在缺乏经验时使用快速原型开发法可以将可用性任务与传统软件的开发步骤相联系。可用性工程生命周期模型包含几个基本任务:需求分析、设计/测试/开发、安装,在中间的设计开发和测试阶段涉及较多的子过程。此模型需要首先提出一组可用性目标,并按照这些目标进行开发,以确保开发不偏离预设的轨道,防止在大部分工作都已经完成后才发现不符合标准或预期的情况。

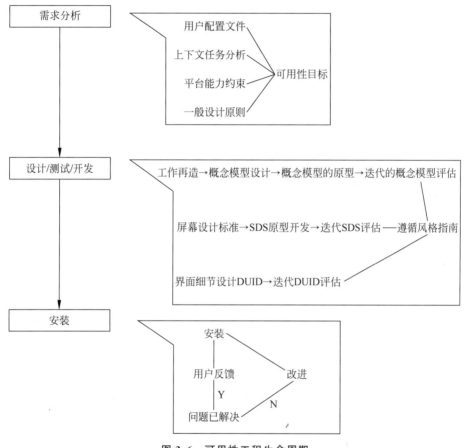

图3.6 可用性工程生命周期

2)星状生命周期

星状生命周期以评估为核心,同时反复进行实践、任务分析/功能分析、制作原型、需求规范、概念设计/正式设计表示等。值得注意的是,星状生命周期模型没有为任何活动指定次序,使用者可以选择合适的活动来开启设计工作,也可以自由地从一个活动切换到另一个活动,但在一项任务完成后必须对其结果进行评估之后才能进行下一项,如图3.7所示。一般来讲,星状生命周期有两种活动模式:分析模式和合成模式。分析模式是从系统到用户的方法,是自上而下的,在执行过程中强调正式性和规范性。合成模式是从用户到系统的方法,是自下而上的,在执行过程中强调创造性。设计人员在开发过程中通常让两种模式交替进行。

人机交互设计过程

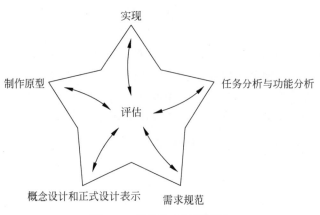

图 3.7　星状生命周期模型

3. 软件工程生命周期与交互设计生命周期

尽管两种生命周期都是人们为开发更好的产品而归纳总结的典型实践参考,软件工程生命周期与交互设计生命周期仍存在一些不同之处。软件工程生命周期的目标是开发和交付高质量的软件产品,而交互设计生命周期的目标是设计和开发用户友好的界面和交互体验;软件工程生命周期通常包括需求分析、设计、编码、测试和维护等阶段,而交互设计生命周期通常包括用户研究、需求分析、设计、评估和迭代等阶段;软件工程生命周期中的参与者通常包括开发人员、测试人员和项目经理等,而交互设计生命周期中的参与者则要包含用户。

需要注意的是,交互设计领域的生命周期模型较少。已经介绍的两个模型:可用性工程生命周期模型、星状生命周期模型都以评估为核心。其中,可用性生命周期模型流程规范,星状设计模型没有指定任何活动次序。两种模型在应用时都需要把握"自下而上"分析,"自上而下"合成的原则。

3.3　人机交互设计框架

3.3.1　创建设计框架

像海报的设计一样,往往是先拥有设计的版式,再向其中填充内容。在设计的最初阶段,设计者应该先关注海报在整体上给读者带来的效果。例如,各个位置的功能、布局和预留的空间,而不必考虑每个位置具体的内容和情节。交互设计以目标为导向,在具体环节的实现中与其他设计类似,应从大至小进行设计而非在最初就进入细节设计。

设计框架包括交互框架和视觉设计框架、工业设计框架、服务设计框架等。交互框架要求设计者能对用户的需求和使用场景进行充分考量,并在此基础上进行屏幕和行为设计。视觉设计框架则需要利用视觉语言研究开发视觉设计框架。此外,在复杂的工业设计中,也可以提前设计工业设计框架和服务设计框架,这些框架将在开发后期填充细节时起到指导作用。通过上述方式设计的设计结构可以起到规范用户体验结构的作用,也能使系统在功能性、主要业务流程、产品信息、传递的信息、语言等方面有可以参照的标准。

了解了框架开发的基本情况,还需要处理好框架开发中抽象和细节的关系,学习与"修改"有关的知识和技巧,理解如何通过可用性测试指导框架研究。

过于关注细节会导致设计过程中各个阶段的投入失衡,造成本末倒置和不必要的重复工作。应当采用先考虑"抽象",再考虑细节的设计方法,自上而下地进行设计。遵循这种科学的设计顺序,不但能从初始阶段就开始以目标为导向设计,还能大大降低出错率,提升工作效率,减少开发成本。因此,越是规范的工业产业开发,框架设计显得越重要。

修改是设计的一部分,一个好的设计师应当不惧怕修改,因为修改是无法避免且有益于设计本身的。但对必要细节进行锤炼和修改,并不等于花时间打磨所有细节,其中,冗余的部分和在迭代中不断变更的细节在框架设计阶段完全可以不考虑。在不确定如何对系统进行有效的修改时,可以通过反复演示设计方案中涉及的过程,让参与其中的开发者或用户获取新的灵感,从而实现对系统的整改。此外,夹杂叙事场景的故事本草图也可以作为反复演示的替代方案,让开发和体验在场景中进行,避免了过于细致的要求对于设计的阻滞作用。

多项研究表明,在开发过程中演示图的绘制能协助开发者和涉众对系统有更好的了解,更直观生动地理解系统的功能模块,进一步明确开发者的规划。用于演示的图的保真程度的选择则依赖于当前所处的开发阶段,在初期可以选择耗时少、易修改的低保真原型图进行设计,随着设计与开发不断深入,逐步提高演示图的保真程度,如按从先到后的开发阶段分别选择草图、线框图和高保真原型图。此外,在必要时及时地进行用户反馈和可用性测试,也能大幅提高开发质量。

下面以具体的 6 个步骤来描述交互框架的定义方法。

1. 定义形式要素、姿态和输入方法

设计者可以将自己代入用户的使用场景,以更好地理解形式要素对产品设计产生的影响。例如,在地铁站的场景,则大致可以推断周围环境嘈杂,无稳定的网络信号,环境开放,对用户个人隐私保护程度低;如果场景是在办公室,则可以认为用户对于设备或系统有安静的操作环境和稳定的操作条件。在有具体场景时,设计者会很容易明白产品应当更需要哪种品质,是灵敏、快捷还是方便易携带。产品姿态是指用户将会投入多大的注意力和产品互动,以及产品的行为将会对用户投入的注意力做出何种反应。主要用户和次要用户可以通过键盘、鼠标、遥控器等与产品进行互动,这些互动称为输入方法。如果某种情况下用户的需求不同,需要使用多种输入方法进行操作,设计者应区分主要输入方法和次要输入方法。

2. 定义功能性和数据元素

数据元素代表着界面中要展示给用户的数据,如图片、声音、使用记录、账号信息等,是用户可以访问、反应、操作的基本个体。数据元素的设计过程中有几点注意事项:需要对人物模型关心的数据模型有所了解,这样可以使创建的数据模型更符合人物的心理预期,降低用户的使用难度,节约学习成本;一些显著的属性应当被重点关注,如文档的最新修改时间、文档的创建者等,这涉及产品功能的定义和使用;关注数据之间的联系也是必不可少的一个环节,如根文件夹下有子文件夹和其他文件,如何处理这些数据元素之间的结构和联系,都是需要提前考虑的地方。功能性代表着页面为用户提供的功能和交互,具体地讲,是对已定义的数据元素进行显示和操作,如视频的播放功能、文档的保存功能等,设计功能时应紧密结合需求调研的成果。通过功能元素的编写,能让场景剧本中的设想在系统中得以实现。需要注意的是,往往不能通过一个功能元素实现一个完整的需求,而需要多个功能元素配合来完成。以发送电子邮件为例,需要的功能元素包括但不限于:使用与"联系人"有关的数据元素作为收件人或手动输入收件人邮箱号,发送电子邮件按钮,电子邮件内容选择区(可以通过外设输入,也可以导入计算机内部的数据和文件)等。

在数据元素和功能元素的设计出现问题时,可以从以下两个方面入手进行改进和设计。

1)将交互系统想象成一位得力助手

澳大利亚南昆士兰大学研究的 Echo 被瑞典斯德哥尔摩的阿玛兰登号角酒店使用,并充当管家,该机器具有的功能能很好地协助酒店管理,如帮助客人请求客房服务、提供在线信息援助等。一个好的系统应当像 Echo 一样,能为使用该交互产品的用户带来便利。假如一位教师在使用系统,设计者就可以把系统当成一位班助,为了协助教师更好地进行工作,班助会在教师发布通知时帮忙@所有人;在教师需要统一上交材料时,班助会统计班级中没有按时上交的人的名单并反馈给教师。与此相对应,在进行系统开发时,设计者将系统想象成一位得力助手,不仅可以帮设计者厘清设计思路,还能提升用户使用系统的满意度。

2)采用已有的设计原则和模式

这些原则和模式都是前人不断在错误中改进和提炼的,用户也已经对现有的设计模式有了自己的心智模型,贸然改动只会使设计者的设计成本和用户的学习成本增加。

3. 确定功能组和层级

确定功能组和层级是设计交互框架的重要一步,在功能元素和数据元素设计得相对比较完善时,就可以进行层级的划分和功能组的确定。最初建立这些关系的时候,可以用缩略图或韦恩图进行简单的记录,在绘制时应当尽可能采用易于修改和重做的方法,如用铅笔绘图或用可擦笔在白板上绘图。在对功能和数据元素进行分组时,可以根据产品大小、姿态、屏幕大小、输入输出方法等条件考虑如何组织和安排。例如,在设计过程中,可以思考哪些元素能够容纳其他元素,如何组织这些元素才能优化工作流,各种元素需要规划多大位置等。和前面提到过的各种设计一样,功能组和层级也会随着设计的进行不断变化,设计者需要密切关注设计的推进情况,及时对变化的部分做出相应的调整。以下是一个示例的功能组和层级结构。

1)主要功能组

(1)信息查询。提供用户所需的信息查询功能,例如,搜索、查找、浏览等。

(2)问题解答。回答用户提出的问题,并提供相关的解释和信息。

(3)任务执行。执行特定的任务,例如,预订、购买、预约等。

(4)娱乐和休闲。提供娱乐和休闲相关的功能,例如,游戏、笑话、音乐等。

2)信息查询功能组的层级

(1)基本信息查询。提供基本的事实性信息查询,例如,定义、解释、统计数据等。

(2)实时信息查询。提供实时的信息查询,例如,天气、股票行情、新闻等。

(3)深入信息查询。提供更深入的信息查询,例如,学术研究、历史事件、文化知识等。

3)问题解答功能组的层级

(1)常见问题解答。回答常见的问题,例如,常识问题、技术问题等。

(2)领域专家问题解答。回答特定领域的问题,例如,医学、法律、科学等。

(3)推理和解释。提供推理和解释,帮助用户理解复杂问题和概念。

4）任务执行功能组的层级

（1）基本任务执行。执行基本的任务,例如,预订酒店、订购商品等。

（2）复杂任务执行。执行更复杂的任务,例如,旅行规划、项目管理等。

（3）个性化任务执行。根据用户的个性化需求执行任务,例如,定制化服务、个人助理等。

5）娱乐和休闲功能组的层级

（1）游戏。提供各种类型的游戏,例如,文字游戏、智力游戏等。

（2）娱乐内容。提供娱乐内容,例如,笑话、趣闻、音乐等。

（3）休闲活动。提供休闲活动建议,例如,旅行推荐、电影推荐等。

以上只是一个示例的功能组和层级结构,具体的功能组和层级结构可以根据项目需求和用户需求进行调整和扩展,确保功能组和层级结构的设计能够满足用户的需求,并使用户能够方便地找到所需的功能。

4. 勾画交互框架

"勾画"交互框架,即无须给出高保真的演示模型,只需利用手头现存的工具简要地绘制一下,如图 3.8 所示。可以为当前窗口（又称为视图）划分区域,并用线条勾勒出的方形区域,标识某个图标、控制部件等。在完成以上工作后,需要为绘制的"方块图"添加适当的注释和标签介绍,并描述每个分组或元素之间的联系,在最后还需要用箭头进行标注,以表示状态或者流程的改变。

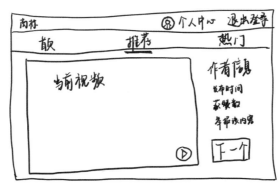

图 3.8　视频播放网站框架草图

5. 构建关键线路情景剧本

关键线路的使用频率高,且其往往是系统的核心功能。关键业务的流程和交互是否合理很大程度上影响着用户对于系统的满意度,所以关键线路对于一个交互设计来说是十分重要的。当使用视频播放软件时,更倾向于其播放视频的流程是否易用、流畅,而关注系统附带的社交功能比较少。与目标导向情景场景不同,关键路线场景以任务为导向。设计者可以将人物模型和已经设计好的交互框架代入具体场景中来删除不必要的任务,优化必要任务。但关键线路情景剧本必须严格地描述每项活动的交互行为,不可以粗略地一笔带过。

具体进行构建时,设计者无须制作高保真可以交互的系统,而可以只用几个静态的图片或者页面进行演示,辅以一定的解说来评估已有功能并设计其他功能。当构建关键线路情景剧本时,一般遵循以下交互设计的要点和步骤。

1）确定用户目标

首先,明确用户在该情景中的目标是什么。例如,用户可能想要查询信息、执行任务、解决问题等。理解用户的目标,才能设计一个符合用户期望的剧本。

2）确定系统角色

确定系统在剧本中的角色和功能。系统可以扮演一个信息提供者、问题解答者、任务执行者等。根据用户目标和系统角色,决定系统需要提供的功能和交互方式。

3）设计剧本流程

根据用户目标和系统角色,设计剧本流程。综合考虑用户可能的输入、行为和系统的回应,确保在具体场景下的剧本流程清晰、连贯,并能够满足用户的需求。可以使用流程图或类似的工具来可视化对话流程。

4）定义用户输入

参考之前定义的输入方式,判断在当前情景下用户可能选择的输入方式和格式。用户可以使用文本输入、语音输入、按钮选择等方式与系统进行交互。交互系统的设计需要确保用户输入的方式符合用户习惯,并能够方便地表达他们的意图。

5）定义系统回应

确定系统对用户输入的回应方式和内容。系统可以提供文本回复、语音回复、图形界面等,确保系统的回应能够清晰地传达信息,并满足用户的期望。

6）考虑错误处理

考虑用户可能的错误输入或系统无法处理的情况,使用户在遇到问题时能够得到适当的引导和支持。设计者可以设计相应的错误处理机制,例如,提示用户重新输入、提供帮助信息等。

7）用户反馈和迭代改进

在实际使用中,收集用户反馈并不断改进剧本,即通过用户反馈,可以了解用户的体验和需求,并进行相应的优化和改进。

以上是一个基本的交互设计构建关键线路情景剧本的过程。具体的设计步骤和方法可能因项目而异。在设计过程中,要始终关注用户体验和目标,并确保剧本能够满足用户的需求并提供良好的交互体验。

6. 运用验证性场景来检查设计

对于关键线路采用构建场景剧本的方法进行演示和评估,读者也许会有疑问,其他没这么重要的功能应该如何进行评估呢?场景剧本太过费时费力,而对功能的验证与演示几乎又是必不可少的,针对一些不被频繁使用或非核心任务,利用"验证性场景"来检查设计。验证性场景无须像场景剧本一样准确严格,可以进行较为粗略的记录,必要时还可以进行一些假设,以提高检查效率。那么如何从验证性的角度出发进行工作呢?以下进行简单介绍:首先可以考虑一些场景的替代场景,例如,在周围环境噪声较大时,用户更倾向于利用文字发送信息交流而不是用电话交流,此时发送文字信息就是语音通话的替代操作。其次,可以对一些必须要完成但频率不是很高的场景进行验证,如绑定用户手机号、清空历史记录及其他特别的请求。最后应该考虑边缘情形场景,边缘场景虽然并不会被频繁使用,也不涉及关键功能,但正因为如此,边缘场景容易被忽略导致系统漏洞。例如,当两文件重名时,系统应该如何解决这些冲突。需要注意的是,虽然设计时致力于解决边缘场景可能出现的问题以减少系统的漏洞,但工作的重心始终应该放在上述关键场景的完善上,设计者应该把握好在整个项目过程中为边缘场景分配的时间。

3.3.2　细化外形和行为

为了开发一个高质量的系统,首先需要开发出坚实的框架,在框架设计完成后再进行细节的填充。这样会使设计过程清晰、有逻辑,把大的不易完成的目标转换为小的清晰可行的目标。只要将每个阶段的过程分别完成,就能得到完整的系统产品。这个阶段,设计者已经可以看到设计的雏形,要做的是进行进一步的转换和提炼。此时要对用户界面有比较清晰的描绘,最好采用全分辨率的屏幕,从像素级进行描述,如图3.9所示。

图 3.9　华为商城像素级演示界面

在创建交互设计框架时,需要利用前面介绍过的 6 个步骤来指导设计者的设计,即定义形式要素、姿态和输入方法,定义功能性和数据元素,确定功能组和层级,勾画交互框架,构建关键线路情景剧本,运用验证性场景来检查设计。在对外形和行为进行完善和细化时,也可以使用与创建框架相似的步骤。需要注意的是,如果外设不存在意料之外的问题,如成本过高,在细化阶段将不再对外形因素和输入方法做出调整。在这个过程中,比起对于整体风格和布局的考虑,设计者更需要将注意力放在细节上,进一步对视觉、工业等设计进行填充。现在应该主要关注页面和窗格所在层次,利用场景进行模拟,在模拟过程中可以发现较为深层的容易被忽略的问题,而这些问题的发现往往能推动设计者对外形和行为的细化,提高交互产品的可用性,降低其出错率。

在细化过程中往往会出现一些问题,例如,众多的场景再加上详尽的对于外形和行为的检查和设计会使设计者的工作量陡增。如果这些工作全权由设计者完成,不但会使设计人员身心俱疲,还可能影响到最后交付的交互产品的质量,所以比起事事亲力亲为,设计者更应该做的是根据已有的设计,提炼出一套符合当前产品要求的风格指南。对于一些边缘化的、次要的部分,程序员可以直接参考这份指南来进行视觉设计元素的运用。

人机交互设计过程

需要注意的是,不仅在框架开发阶段需要遵守各项设计原则,在进行细节的填充时也需要注意以用户为中心、遵循交互设计的 4 项基本原则,把握关键特征。此外,在细节填充阶段需要与程序开发团队密切合作。因为需要把前期提出的概念和想法变为现实,只有与开发团队密切沟通,才能验证设计是否可行。例如,预设的想法能否呈现在程序中,怎样设计才能使已有的技术条件对交互设计的效果有加强作用。在确实出现问题时,可以与设计团队协调进行适当的修改,必要时可以邀请产品涉众参与其中,以确保修改不偏离设计目标,满足在用户体验方面的要求。

产品的交互设计理念和细节上的考量不能每次都依靠交互设计者口述。为了方便设计开发团队更好地进行交流与总结,需要提炼出一份规范的文档。在文档中应当给出底层的模式风格、原则和基本原理,包含整个产品的外形和行为规格。为了更好地起到解释作用,对于复杂的交互系统,在文档中还应添加描述行为的详细故事板和可交互的原型。此外,设计团队应注意与开发团队保持密切的沟通,按开发团队需要,对确实存在疑问的部分填充解释性的内容。

3.3.3 验证与测试设计

在这一阶段,设计框架已经完成,并且填充了一定的细节,系统设计逐渐趋于完善。这一阶段的目标是对已有内容进行评估与改进而非进行新的创造。对于系统可用性的测试已经不限于用人物模型和场景剧本进行演示,而是可以用更有效的方式进行。例如,向用户展示某个流程或界面,并要求用户就此提出意见和建议,这也是在设计后期仍要征求用户意见的原因——及时修改不恰当的设计,防止在设计后期没有时间发现的错误让设计开发团队陷入困境。

在此阶段仍要进行用户反馈和可用性测试,但与项目前期的反馈和测试不同的是,此时进行测试能发现细节问题并进行微调。例如,不合理的操作顺序,不符合用户心智模型的交互设计,过长的响应时间,不易用的输入输出方式等。无论如何,此时的验证仍存在一定的局限性,通过一定的试用和演示,虽然能发现新手用户在操作中的问题,但不能发现更深层次的问题。如果验证与测试仅停留在当前阶段,可能会导致中间用户和专家用户在使用时发现很多问题。为了发现这些问题,还需要继续进行进一步的检测以提高系统精度。

在和用户一起进行验证时大概有几种方法可以选择,设计团队可以根据当前的需要选择合适的方法。选择非正式的环境,则测试进行得更轻松;选择正式的环境,则测试进行得更精准。较为轻松的方式,如在不经解释的情况下,让用户利用交互产品完成特定的功能,并且引导用户在使用系统时说出自己的疑问和想法,设计团队对用户的意见进行记录。较为正式的方式,如以热点图调查被试者的视觉数据,以样本为底图,上面叠加收集到的视觉数据,颜色越深,则表示该部位注视点越多、注视时长越长。可用性测试,可以用来测试设计在多大程度上能辅助用户完成特定的功能。测试的范围越大,数据越具有代表性,更能反映功能可用性的一般程度。但也不是参与测试的人越多越好,在人数达到一定量后,测试的精度不会随着人数的增加而增加,所以需要设计者根据项目的规模选择合适的测试人数。

为了设计出用户满意度高的交互产品,需要进行充分的用户研究。用户研究包括进行访谈、发放问卷、任务分析等。虽然一般认为用户研究应该在框架搭建之前完成,但可用性测试也是用户研究的一种,与其他研究方式配合能达到更好的分析效果。在对于设计和测试所占比重进行安排时,设计者可以参考交互设计的一般规律:在项目花费的时间和投资一定的情况下,在产品初期,如框架搭建和设计中花费时间收获的效益要好于将这些时间投入测试中。也就是说测试是必不可少的,但具体安排多少时间、在项目中的占比如何,需要整个设计开发团队进行沟通和协调。

在选择研究方式时,设计者可以选择定性的研究方式或定量的研究方式。定性的研究方式是指根据社会现象或事物所具有的属性在运动中的矛盾和内在规律性来研究事物的一种方法或角度。例如,交互设计领域的观察法、访谈法等。定量的研究方式一般是为了对特定研究对象的总体得出统计结果而进行的。常见的如调查研究法和实验研究法,容易被忽略的如可用性测试,都是很好的定量测试方法。定性研究和定量研究各有优缺点。定性研究给出了问题大体的走势,方便快捷;定量研究给出了具体的统计量,准确,值得信赖。设计者可以根据需要选择合适的研究方式,接下来主要对可用性测试中的一些注意事项进行说明。

可用性测试能定量地给出数据,因此它十分适合进行不同方案之间的比较,从中选择一种或几种的情形。当需要对已有的交互设计进行验证和修改时,可用性测试给出的数据往往是用户使用感的真实反映,是很有价值且值得参考的。它作为一个广受认可的研究方法有诸多好处,但也存在其局限性:对于首次使用系统的用户的体验反映比较准确,而很难描述频繁使用系统的用户的体验。这也意味着,用这种方法进行测试更多地注重的是新手用户的感受,而在某种程度上忽略了群体最庞大的中间用户的需要,更是无法反映专家用户的感受。在测试中需要保证,所有标准都是可以被表示和测量的,它应当是具体的、无歧义的。在无从下手时,可以从以下几点入手进行测试:表意——按钮、组件、标签等的内容或命名是否合理,是否能清晰地传达当前的功能,用户在使用时有没有歧义;布局——各个功能模块的布局位置是否合理,页面的分区是否能帮助用户找到并完成相应功能;易学——对于新用户是否友好,如果之前没有使用过同类交互产品的经验,需多长时间能掌握当前产品的使用;有效——功能模块能否完成对应的任务;精度——交互产品是否有错误发生,是否能检测用户可能发生的错误(如输入/输出错误)并给出一定的提示。

为了更好地掌握测试的时机,设计者应当对形成性评价和最终性评价有一定的概念。在开发过程中对交互设计的某个部分进行的测试,称为形成性评价;在产品已经完成后对产品整体进行的测试会产生最终性评价。

形成性评价是一种定性的测试,它一般在项目有一定基础要进一步深挖时进行,具有便捷且快速等特点。在设计时要注意将问题描述准确,通常就用户在完成任务中的感受进行提问并引导用户用语言将这些感受描述出来。通过形成性评价可以了解系统功能的实现程度。通俗地讲,如果用户把交互产品当作一种工具,形成性评价可以反映这个工具能否顺利地帮助用户解决特定的问题。

相比形成性评价,最终性评价更具有宏观性,它的评价结果甚至能为交互产品的生命周期提供规划和参考。但这种方法也有其局限性,它的流程比其他评价方式更烦琐且即使发现了问题,因为交互系统的设计和开发已经到了中后期阶段,进行修改的时间成本和经济成本都会比较大,设计者应当对这种方法的缺点有所了解。

测试过程中可能出现很多问题,如无法核实量化标准是否符合事实,也可能陷入在项目后期仍要进行较为大量修改的麻烦。但无论如何在进行测试时有些问题需要格外注意,接下来给出一个案例,模拟在开发过程中进行测试的流程。首先,要选择合适的测试时机,过早会因为项目不够完整导致很多测试流程无法完成,影响测试效果;过晚会使后期的修改变得异常艰难,即使确实发现一些问题也没有时间进行调整。确定了合适的时机后设计者可以开始寻找用户,在寻找过程中可以以人物模型为参考,从产品目标群体中招募测试者。测试还需要协调者就过程中出现的问题进行调节和说明,为避免已有项目经历对工作立场的影响,最好选择当前项目无关人员进行测试。在测试前有关人员应该对产品需要完成的测试任务和用户的体验内容进行规划,在测试时引导用户描述在使用当前设备时的感受,并做好记录。在以上工作都完成后,可以组织观察者和设计者一起听取受试者操作的记录和使用时的感受,分析问题出现的位置和原因,从而找出对应的解决方案。

人在不同位置上看问题的角度不同,人和人之间也存在巨大的差异,所以不是所有用户与设计者都能进入互相信任的良性沟通状态。在与用户的沟通出现问题时,可以首先尝试用人物模型对用户的目标、期望和态度进行模拟,来辅助之后双方进行直接的交流。设计者作为测试活动的最大受益者,也应积极努力推动测试活动功能的进展。依据以往开发中的经验,设计者需要做到如下几点:将测试重点放到主要的功能和业务流程中,而非在细节问题上强调太多,花费较多时间;在过程中需要将设计阶段已有的人物模型代入主要场景中,指导用户进行测试;在用户受试过程中做好记录并与团队协商评价过程中出现的问题,方便后期回顾和解决这些问题,达到测试的最终目标。

思考与实践

1. 试解释"交互设计生命周期"的含义。

2. 试解释"交互设计的关键特征"的含义。

3. 交互设计的基本活动有哪些?请谈谈如何更好地获取用户需求。

4. 试将星状生命周期模型代入自身以往的交互设计中,并分析利用该模型的优点。

5. 交互设计生命周期模型与软件工程生命周期模型一个较为显著的区别是,在生命周期中用户的参与度。假设你正在开发一款跨平台的通信工具,这个产品支持单人、多人参与,能通过手机网络发送语音、图片、视频和文字。请谈谈怎样能让用户更好地参与到产品开发的整个生命周期中。

第 4 章 用户研究与建模

4.1 引　　言

人机交互旨在设计和开发用户友好、高效和满足用户需求的软件系统。在人机交互的软件工程方法中,用户研究与建模是至关重要的一环。通过深入理解用户的需求、行为和期望,开发人员能够设计出更加人性化和用户满意度更高的软件系统。

本章旨在探讨交互设计中的用户研究与建模。通过本章的阐述,读者将能够全面了解用户研究与建模的重要性及其应用。这将有助于软件工程师、设计师和开发团队更好地理解和满足用户需求,开发出更加人性化和用户友好的软件系统。用户研究与建模的实践和应用也将为软件工程领域的进一步发展和创新提供有力支持。

用户研究与建模在人机交互的设计中发挥重要的作用。首先,它可以帮助开发人员更好地理解用户需求和期望,从而设计出更加人性化和用户友好的软件系统。通过深入了解用户的行为和偏好,开发人员可以针对性地进行功能设计、界面设计和交互设计,提高用户满意度。其次,用户研究与建模可以降低开发成本和风险。通过在设计和开发早期阶段发现和解决潜在的问题,可以减少后期的重大修改和调整,从而节约时间和资源。此外,用户研究与建模还可以减少软件系统中的错误和缺陷,提高系统的质量和稳定性。最重要的是,用户研究与建模可以改进用户体验,使用户能够更轻松、高效地使用软件系统,从而增强用户对系统的认可和忠诚度。

用户研究与建模整体可以分为两大类——用户研究、人物建模。用户研究是一种通过观察和分析用户行为、需求和反馈来了解用户的过程,其包含的方法有用户观察、用户访谈、焦点小组、问卷调查、卡片分类、任务分析以及定性研究与定量研究。通过这些方法,开发团队能够准确地理解用户需求,优化用户体验。

在人物建模中,首先要确定和分析用户目标,通过深入了解用户的目标,设计和开发团队可以更好地满足用户需求,提供更好的用户体验。其次,根据确定的用户目标按照标准化建模流程构造出为软件系统"量身定制"的人物角色,提高用户的满意度。

在中国的电子商务行业中,用户研究与建模在设计和改进电商平台的用户界面上发挥着关键的作用。以阿里巴巴旗下的"淘宝网"为例,开发人员通过用户研究与建模来理解用户的购物行为、偏好和体验,以提供更好的用户体验和增加购物转化率。

首先,"淘宝网"通过用户访谈、问卷调查和用户观察等方法获取用户需求和行为数据。开发人员深入了解用户在购物过程中的需求,例如,喜好的商品种类、价格敏感度、购物习惯等。通过分析这些数据,开发人员可以得出用户的购物模式和偏好,进而设计更符合用户需求的界面和功能。

其次,"淘宝网"利用用户建模来模拟用户行为和决策过程。开发人员通过使用用户建模工具和技术,例如,用户画像、用户故事板和用户站点地图等,来建立用户的心理模型和行为模型。这些模型能够帮助设计师更好地理解用户的需求、期望和行为,从而指导界面设计和功能开发。

最后,"淘宝网"通过用户测试和评估来验证设计方案的有效性。开发人员邀请真实用户参与使用界面原型或新功能,并收集他们的反馈和意见。这些测试和评估能够帮助发现潜在的问题和改进空间,从而优化用户体验。

通过用户研究与建模,"淘宝网"不仅能够了解用户需求和行为,还能设计出更符合用户期望的界面和功能,提升用户满意度和购物转化率。这个例子充分展示了使用用户研究与建模的重要性,及其对于提升产品质量和商业价值的积极影响。

可见,用户研究与建模在人机交互中具有重要的地位和作用。通过深入了解用户的需求、行为和期望,开发人员可以设计出更加人性化、易用且满足用户需求的软件系统。用户研究与建模不仅可以提高用户满意度,还可以降低开发成本、减少错误和改进用户体验,它为软件工程领域的进一步发展和创新提供了有力的支持。因此,软件工程师、设计师和开发团队应重视用户研究与建模的实践和应用,以实现更好的用户体验和系统质量。

本章的主要内容包括:

- 介绍用户研究与建模的基础知识。
- 阐述用户研究常用的 7 种方法。
- 分析人物建模对交互设计的重要性。
- 解释人物建模的具体步骤。

4.2 用 户 研 究

用户研究是一种通过观察和分析用户行为、需求和反馈来了解用户的过程。它旨在帮助开发团队深入了解用户,并以此为基础设计和开发具有良好用户体验的软件系统。用户研究的目标是获取关于用户需求、期望、行为和偏好的可靠数据,以便指导软件设计和开发的决策。用户研究可以采用多种方法和技术,以获取用户的洞察和反馈。

一般来说,用户研究应该在软件工程的早期阶段就开始进行,以确保开发团队在设计和开发过程中始终将用户置于中心位置。具体地,在如下 4 种常见的情况和阶段下需要进行用户研究。

在软件项目的需求分析阶段,用户研究可以帮助开发团队深入了解用户需求、目标和期望,从而更好地定义系统的功能和特性。通过用户访谈、问卷调查和用户观察等方法,开发团队可以获取用户的真实需求和期望,避免开发出与用户期望不符的软件系统。

在用户界面设计阶段,用户研究可以帮助开发团队了解用户对界面布局、交互方式和可用性方面的偏好,以及对不同设计方案的反应。通过焦点小组讨论、原型测试和眼动追踪等方法,开发团队可以收集用户的反馈和意见,优化用户界面设计。

在创建初步原型或演示版本后的原型测试阶段,用户研究可以帮助评估原型的可用性和用户体验,发现潜在问题并进行改进。通过用户访谈、用户观察和用户测试等方法,开发团队可以了解用户在使用原型时的行为和反馈,发现潜在问题并进行改进。

在软件发布后的用户反馈和迭代阶段,用户研究可以帮助收集用户的反馈和意见,以便进行系统的改进和优化。通过问卷调查、用户访谈和日志分析等方法,开发团队可以了解用户对软件系统的满意度、问题和建议。

用户研究在人机交互中扮演重要的角色。除了上面提到的了解用户需求、优化用户体验、发现潜在问题等优点,通过用户研究,开发人员可以在软件设计和开发的早期阶段发现问题并进行调整,从而避免在后期进行昂贵的更改和修复,降低开发成本。

用户研究涵盖了多种方法和技术,用户观察、用户访谈、焦点小组讨论、问卷调查、卡片分类、任务分析、定性研究与定量研究是目前最常见的方法。除了这些常见的用户研究方法,还有其他更多的方法和技术可以使用,如用户日志分析、眼动追踪、个人或群体观察、用户日记、虚拟现实用户研究和情感分析等方法都可以提供更全面的用户洞察。接下来介绍7种常见的用户研究方法,从而走近"用户研究"。

4.2.1 用户观察

用户观察是用户研究中的一种重要方法,用于深入了解用户在使用软件系统时的行为、需求和反应。通过直接观察用户的行为,开发人员可以获取准确的用户反馈和行为数据,从而指导软件系统的设计和改进。

实现用户观察的常用方法有以下几种。

1. 自然观察法

这种方法是在用户的日常环境中进行观察,以获取真实和自然的用户行为。观察者不直接介入用户的行为,而是通过记录和分析用户在现实情境中的行为、动作和交互,来了解他们的需求和习惯。自然观察法适用于研究用户在特定环境中的行为,例如,办公室、家庭或公共场所等。

2. 实验室观察法

这种方法是在实验室环境中进行用户观察,通过模拟特定的使用情境来收集用户行为数据。观察者可以设置实验任务和条件,通过观察用户在实验室环境中的行为和反应,来评估用户对软件系统的使用情况。实验室观察法适用于控制实验条件和变量,以便更精确地观察和测量用户行为。

3. 认知任务分析法

这种方法主要关注用户在特定任务中的认知过程和决策过程。观察者通过观察用户在执行任务时的思考过程、决策过程和问题解决过程,来了解他们的认知需求和行为模式。认知任务分析法适用于探索用户的心理模型和思维过程,以指导软件系统的界面设计和交互流程。

4. 长期观察法

这种方法是通过长期观察用户在时间跨度较长的周期内的行为和反馈,以了解他们的使用习惯、演变和变化。观察者可以跟踪用户的行为轨迹、使用频率和用户反馈,从而发现用户在使用软件系统时的变化和需求演变。长期观察法适用于研究用户的长期使用体验和用户行为的演变趋势。这种方法一般耗时长,资源消耗大,很少被使用。

用户观察可以直接观察用户在实际使用环境中的行为,提供真实、准确的用户反馈和行为数据。相比仅依靠用户回忆或自我报告的方法,用户观察能够捕捉到用户的实际行为和需求,更加客观可靠。

通过观察用户在使用软件系统时的行为和反应,开发人员可以深入了解用户的需求、偏好和使用习惯。这有助于设计出更符合用户期望的界面和功能,提高用户满意度和系统的可用性。

用户观察可以帮助开发人员发现潜在的问题和改进空间。通过观察用户在使用过程中遇到的困难、错误和挑战,开发人员可以及时调整设计和功能,以提供更好的用户体验和系统性能。

用户观察为开发人员提供洞察用户需求和行为的基础,可以指导设计和改进决策。通过观察用户在实际使用情境中的行为,开发人员可以优化软件系统的界面设计、交互流程和功能设置,以更好地满足用户的期望和需求。

随着移动互联网的迅速发展,社交媒体和通信应用程序成为人们日常生活中不可或缺的一部分。其中,"微信"作为中国最受欢迎的社交媒体和通信应用程序之一,它的成功得益于对用户观察的重视和应用。

"微信"团队深刻意识到用户观察在交互设计过程中的重要性。因此,他们积极开展了大量的用户观察活动。通过实地访谈和观察用户使用"微信"的行为,团队深入了解到用户的需求、使用习惯和行为模式。这些观察数据为产品的优化和改进提供了宝贵的指导。

首先,团队观察了用户在日常生活中使用"微信"的场景。他们发现用户会在不同的场景下使用微信,如工作、学习、社交和娱乐等。针对不同场景的使用习惯,团队优化了界面设计,使得用户能够更便捷地完成各种操作,从而提高了用户满意度。

其次,通过用户观察,团队了解了用户与"微信"交互的方式。他们观察用户如何浏览朋友圈、发送消息、创建群组等行为。通过对交互方式的深入理解,团队不断优化微信的交互设计,使用户在使用时更加得心应手,减少了学习成本,提高了用户黏性。

最重要的是,用户观察还揭示了用户的真实需求。团队通过观察用户在使用过程中的痛点和需求反馈,不断增加新功能和改进现有功能,以满足用户的期望。例如,当发现用户对视频通话的需求日益增长时,团队积极开发了高质量的视频通话功能,满足了用户对更加真实沟通的渴望。

其实,"微信"之所以成为中国最受欢迎的社交媒体和通信应用程序之一,离不开用户观察在人机交互方法中的重要作用。团队通过实地访谈和观察,深入了解用户需求和使用习惯,优化了界面设计,增加了新功能,并持续改进用户体验。通过不断关注用户的反馈和行为,团队成功地将"微信"打造成为一款深受用户喜爱的应用程序。这个案例充分说明了在软件工程方法中,用户观察是打造成功产品的关键一环。

总而言之,用户观察作为用户研究中的重要方法,通过直接观察用户在使用软件系统时的行为和反应,提供准确的用户反馈和行为数据。用户观察可以深入了解用户需求和行为,发现问题和改进空间,并指导设计和改进决策。开发人员可以结合其他用户研究方法,如用户调查和用户测试,来全面了解用户需求,以设计和构建更加人性化、易用和用户满意的软件系统。

4.2.2　用户访谈

用户访谈是人机交互方法中一种常用的用户研究方法,通过与用户进行面对面的交流和对话,深入了解他们的需求、期望和体验。

用户访谈从访谈形式上分为结构化访谈和半结构化访谈,个别访谈和群体访谈。这两类访谈各有优势,研究人员需要根据所设计的系统个性化定制适合的问题。

结构化访谈是一种有预先设计的问卷或指导性问题的访谈形式。研究人员会提前准备一份问题清单,按照特定的顺序逐个提问,以收集用户对特定主题或任务的看法和反馈。这种访谈通常用于收集定量数据,如用户满意度评价、功能需求等。在结构化访谈中,问题通常是封闭性的,用户需要从给定选项中选择答案或给出评分。

半结构化访谈是在一定的框架下进行的,但也允许研究人员根据用户的回答进行追问和深入探讨。研究人员会准备一份开放式的问题清单,以引导访谈过程,同时也允许用户自由发表意见和观点。这种访谈通常用于收集定性数据,如用户体验、行为模式等。在半结构化访谈中,问题通常是开放性的,用户可以自由发表意见、分享经验和提供建议。

个别访谈是一对一的访谈形式,需要研究人员与单个用户进行深入交流和探讨。这种访谈形式可以提供详细和个性化的信息,更好地了解用户的需求和期望。个别访谈通常采用半结构化的方式,以便根据用户的回答进行灵活的追问和深入交流。个别访谈可以在实验室或用户自然环境中进行,以更好地观察用户行为和获取真实反馈。

群体访谈是在一组用户之间进行的访谈,旨在收集群体间的观点和互动。研究人员可以引导讨论并观察群体成员之间的交流和互动,以获取更多的见解和洞察。群体访谈通常用于收集用户对特定主题的共享意见、社交需求等,一般可以在焦点小组形式下进行,通过小组动力和协作来激发新奇的想法和见解。

用户访谈可以深入了解用户的需求、期望和体验。研究人员可以直接与用户互动,探索他们的思考过程、意图和行为模式,从而更好地理解用户的真实需求。除此之外,用户访谈可以同时收集定性和定量数据。通过结构化访谈,可以获得可量化的数据,帮助评估用户满意度、需求优先级等;通过半结构化访谈和个别访谈,可以获得丰富的定性数据,帮助深入理解用户体验和行为背后的动机。

用户访谈可以促进用户的参与和共创,让用户成为软件开发过程的积极参与者。通过与用户进行访谈,研究人员可以建立信任关系,与用户合作,共同探索和设计出更好的软件系统。另外,用户访谈可以发现用户在使用过程中遇到的问题和改进机会。通过与用户直接交流,研究人员可以了解用户在特定任务中的困难和挑战,及时调整设计和功能,提供更好的用户体验。

用户访谈适用于交互设计的各个阶段和环节,包括需求分析、设计评估、用户测试等。在需求分析阶段,用户访谈可以帮助收集用户需求和期望,明确软件系统的功能和界面设计。在设计评估阶段,用户访谈可以用于评估设计方案的可行性和用户接受度。在用户测试阶段,用户访谈可以帮助验证软件系统的可用性和用户满意度。

“支付宝”是中国领先的移动支付应用程序,拥有庞大而多样化的用户群体。在“支付宝”的产品设计中,用户访谈被赋予关键作用。“支付宝”团队通过与用户进行面对面的访谈,深入了解他们对移动支付的使用体验、支付安全和界面设计的看法。这些访谈为“支付宝"的持续改进和成功发展提供宝贵的洞察和指导。

通过用户访谈,团队能够直接与真实用户进行沟通,了解他们在使用"支付宝"时遇到的问题和困惑,以及他们的期望和需求。用户访谈提供了与用户直接交流的机会,比起通过问卷调查等方式收集数据,访谈可以更加深入地了解用户的真实感受和想法。

在访谈过程中,团队特别关注用户的支付体验。他们询问用户在支付过程中是否遇到过任何不便之处,是否理解支付流程,以及是否容易找到所需功能等。通过收集这些反馈,团队能够发现用户使用"支付宝"时的痛点和体验问题,并据此进行相应的优化和改进。

除了支付体验,团队着重关注支付安全。他们询问用户对"支付宝"的安全措施是否满意,是否感觉自己的资金和个人信息得到了充分保护。这些问题的回答可以帮助团队识别潜在的安全风险,并采取相应的措施来增强支付平台的安全性,从而增加用户对"支付宝"的信任。

此外,用户访谈还有助于团队改进界面设计。他们向用户展示"支付宝"界面的不同版本或原型,征求用户的意见和建议。用户的反馈可以帮助团队优化界面布局、调整功能排列和改进可用性,使"支付宝"的界面更加直观、易用和符合用户的期望。

通过与用户进行面对面的访谈,"支付宝"团队能够深入了解用户的真实需求和反馈,发现问题和改进空间。这种交互设计为"支付宝"的优化和发展提供坚实的基础。通过不断倾听用户的声音,优化支付流程,增加安全措施,并提升用户的支付体验,"支付宝"得以保持其在中国移动支付市场的领先地位,并持续满足用户的需求。

总的来说,用户访谈作为交互设计中的重要研究方法,通过与用户进行面对面的交流和对话,深入了解他们的需求、期望和体验。结构化访谈、半结构化访谈、个别访谈和群体访谈是常用的用户访谈方法。通过用户访谈,研究人员可以深入了解用户需求,收集定性和定量数据,促进用户参与和共创,发现问题和改进机会。这将为开发人员提供有价值的洞察和指导,以设计和构建更加友好、满足用户需求的软件系统。

4.2.3 焦点小组讨论

在交互设计中,焦点小组讨论是一种常用的用户研究方法,旨在通过组织一组特定用户进行讨论和互动,深入了解他们的需求、意见和体验。组建焦点小组的 6 个研究步骤如图 4.1 所示。

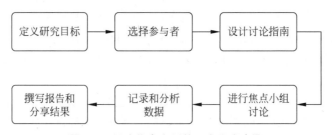

图 4.1 组建焦点小组的 6 个研究步骤

1. 定义研究目标

在进行焦点小组讨论之前,首先需要明确研究的目标和需要解决的问题。确定需要讨论的主题和关注点,以便为焦点小组的讨论提供指导。

2. 选择参与者

根据研究目标和需要解决的问题,选择一组具有代表性的参与者。参与者可以是目标用户、潜在用户或特定用户群体。研究人员应该确保参与者的数量适中,通常为 6~12 人,这样可以保持讨论的活跃和参与度。

3. 设计讨论指南

研究人员需要准备一个讨论指南,包括一系列开放式的问题和主题,以引导焦点小组的讨论。这些问题应该围绕研究目标和关注点展开,帮助参与者深入讨论和表达意见。

4. 进行焦点小组讨论

在焦点小组讨论会议上,研究人员担任主持人的角色,引导讨论并促进参与者之间的互动和交流。研究人员应该鼓励参与者自由发表意见,共享经验和观点,并确保讨论的平衡和公正。但是,主持人需要注意参与者发表的话题不要"偏离轨道",保证整个讨论过程是在受控的情况下进行,以便在规定的时间内讨论的结果能够得到最大利益。

5. 记录和分析数据

焦点小组的整个讨论过程应该被录音或录像,以便后续分析。研究人员需要记录参与者的发言和关键观点,捕捉重要的见解和洞察。然后,通过对数据进行综合分析和归纳,再提取出关键主题和模式。

6. 撰写报告和分享结果

最后,研究人员应该撰写一份报告,总结焦点小组的讨论结果和分析的见解。报告应该包括参与者的特征、关键主题和洞察,并提供相关的建议和推荐。研究人员还可以通过演示、演讲或会议等方式与利益相关者及时分享研究结果。

焦点小组可以涵盖不同背景、经验和观点的参与者,从而探索多样性和异质性的用户需求。这有助于确保软件系统的设计和功能可以适应不同用户群体的需求,提高系统的可用性和用户满意度。通过组织一组特定用户进行讨论和互动,为研究人员提供了深入洞察和理解用户需求、意见和体验的机会。参与者之间的互动和交流可以激发新的见解和观点,帮助研究人员获取更全面的用户反馈。另外,焦点小组讨论还可以促进参与者之间的群体智慧和共创。通过集思广益地讨论和互动,参与者可以共同探索和提出解决方案,为软件系统的设计和改进提供有价值的建议和意见。

焦点小组可以收集丰富的定性数据,包括参与者的意见、观点、体验和情感等。这些数据可以提供深入的用户理解,帮助研究人员了解用户的行为模式、需求优先级和使用环境等因素。

相较其他用户研究方法,焦点小组讨论具有相对低成本和高效率的优势。通过一次小组讨论,可以获得多个参与者的意见和观点,节省了时间和资源,提高了研究的效率。

"哔哩哔哩"是中国知名的弹幕视频网站,以动画、漫画、游戏、音乐等内容受到年轻用户的喜爱。在产品设计中,"哔哩哔哩"团队使用焦点小组讨论方法来获取用户的反馈和建议。他们邀请一小组用户来参与讨论,讨论关于视频播放体验、弹幕功能、社区互动等方面的问题。通过焦点小组的互动和讨论,团队能够获得用户对产品的深入见解,进而改进界面设计,优化用户体验,满足用户的需求。同样,在产品设计中融入了焦点小组讨论的还有"美团外卖"。"美团外卖"作为中国领先的在线外卖订餐平台,其设计团队通过组织焦点小组,邀请一小组用户参与讨论,探讨他们对外卖订餐流程、搜索功能、支付方式等方面的看法和建

用户研究与建模

议,能够了解用户需求和期望,优化用户界面,改进订单流程,提升用户的订餐体验。

总而言之,焦点小组讨论作为交互设计的重要研究方法,通过组织一组特定用户进行讨论和互动,提供了深入洞察和理解用户需求、意见和体验的机会。焦点小组讨论的研究步骤包括定义研究目标、选择参与者、设计讨论指南、进行焦点小组讨论、记录和分析数据,以及撰写报告和分享结果。焦点小组讨论具有可探索多样性和异质性、提供深入洞察、促进群体智慧、收集丰富定性数据、相对低成本和高效率等优点。通过运用焦点小组讨论,研究人员可以更好地理解用户需求,为软件系统的设计和构建提供有价值的指导和支持。

4.2.4 问卷调查

用户研究中的问卷调查是交互设计中常用的一种方法,旨在通过向用户提供一系列问题,收集他们的观点、意见和行为数据。问卷调查的 7 个研究步骤如图 4.2 所示。

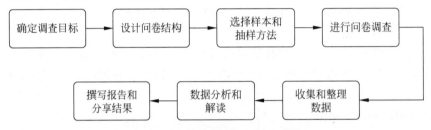

图 4.2 问卷调查的 7 个研究步骤

1. 确定调查目标

在进行问卷调查之前,研究人员需要明确调查的目标和研究的问题。确定要探索的主题和关注点,以便为问卷设计提供指导。

2. 设计问卷结构

研究人员根据调查目标,设计问卷的结构和内容,包括选择合适的问题类型(如单选题、多选题、开放式问题等),编写清晰、简洁的问题,设置适当的选项和量表,确保问题的逻辑和连贯性。

3. 选择样本和抽样方法

研究人员根据研究目的,选择合适的样本和抽样方法。样本应该具有代表性,能够代表目标用户群体的特征和需求。抽样方法可以是随机抽样、系统抽样、分层抽样等。

4. 进行问卷调查

研究人员将设计好的问卷分发给被调查者,可以通过在线调查平台、电子邮件、纸质调查等方式进行。在调查过程中,研究人员要始终确保问卷的清晰易懂,提供必要的说明和指导,同时鼓励被调查者认真回答问题。

5. 收集和整理数据

一旦问卷调查完成,研究人员应该及时收集并整理回收的问卷数据。数据可以是定量数据(如统计数字、评分等)或者定性数据(如开放式问题的回答)。研究人员应该及时对数据进行清洗和编码,以便后续的分析和处理。

6. 数据分析和解读

根据收集的数据,研究人员需要进行数据分析和解读。可以使用统计分析方法、可视化工具等,识别出关键的趋势、模式和洞察。根据分析结果,研究人员要回答研究问题,提取有价值的结论和见解。

7. 撰写报告和分享结果

最后,研究人员可以根据数据分析的结果,撰写一份报告,总结问卷调查的结果和研究发现。报告应该包括样本特征、分析结果、关键洞察和推荐建议。

问卷调查通过覆盖大量的用户群体,获取多样化的观点和意见。通过大样本的调查,可以获得更全面和广泛的用户反馈,提高研究结果的代表性。同时,问卷调查可以保证被调查者的匿名性和隐私保护。在这种情况下,被调查者可以更自由地表达意见和观点,而不受他人评判或影响。

问卷调查收集的数据可进行量化和统计分析。通过统计分析,可以获得数据的可靠性和相关性,帮助研究人员得出客观的结论和见解。另外,可在各个领域和阶段中应用问卷调查法,包括需求调研、用户满意度评估、功能评估等。问卷调查可以为设计和改进软件系统提供有价值的指导和反馈。

相对于其他用户研究方法,问卷调查具有高效和经济的优势。因为一次设计好的问卷可以同时分发给多个被调查者,不仅节省时间,而且资源也不会浪费。

阿里巴巴作为中国最大的电子商务公司之一,旗下拥有"淘宝""天猫"等知名平台。在其产品设计中,阿里巴巴团队经常使用问卷调查来了解用户的购物习惯、对搜索和浏览功能的需求及对支付和物流体验的评价。通过问卷调查,阿里巴巴能够收集到大量用户的反馈数据,并据此优化平台的功能和用户界面,提供更好的购物体验。无独有偶,"网易云音乐"通过问卷调查了解用户对音乐推荐、个性化歌单、社交互动等功能的满意度和建议。他们收集用户的喜好和偏好信息,通过数据分析和用户反馈,不断优化音乐推荐算法和用户界面,提供更符合用户口味的音乐推荐和个性化体验。

问卷调查作为交互设计中的重要用户研究方法,通过向用户提供一系列问题,收集他们的观点、意见和行为数据。问卷调查的研究步骤包括确定调查目标、设计问卷结构、选择样本和抽样方法、进行问卷调查、收集和整理数据、数据分析和解读,以及撰写报告和分享结果。问卷调查具有覆盖广泛用户群体、匿名性和隐私保护、数据量化和统计分析、高效经济等优点。通过运用问卷调查方法,研究人员可以获得多样化的用户反馈,为软件系统的设计和改进提供有价值的指导和支持。

4.2.5　卡片分类

卡片分类是用户研究中常用的一种方法,通过将用户需求、特点或反馈等信息记录在人物卡片上,并进行分类和整理,以便分析和归纳用户群体的共性和差异。卡片分类的 8 个研究步骤如图 4.3 所示。

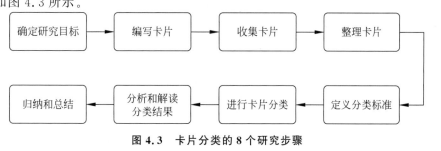

图 4.3　卡片分类的 8 个研究步骤

用户研究与建模

1. 确定研究目标

在进行卡片分类之前,研究人员需要明确研究的目标和关注点。确定要探索的问题或主题,以便为卡片分类提供指导。

2. 编写卡片

研究人员根据研究目标,设计并编写卡片。每张卡片应包含一个用户需求、特点或反馈等信息,确保简明扼要、清晰易懂。

3. 收集卡片

研究人员将编写好的卡片分发给参与用户研究的人群,可以是用户、专家或研究团队成员。鼓励他们根据自身经验和观察,将相关的信息写在卡片上。

4. 整理卡片

收集回来的卡片需要研究人员进行整理和分类。首先,研究人员可以对卡片进行初步的整理,去除重复、无关或不适合的卡片。然后,根据相似性或共性,将卡片进行分类。

5. 定义分类标准

为了保证分类的准确性和一致性,研究人员需要定义明确的分类标准。根据研究目标和卡片内容,确定分类标准,并对每个分类进行描述和说明。

6. 进行卡片分类

根据定义的分类标准,研究人员应该将卡片进行分类。可以使用物理方式,如将卡片放入不同的文件夹或盒子中;也可以使用电子方式,如使用卡片分类软件或工具。

7. 分析和解读分类结果

一旦完成卡片分类,研究人员需要进行分析和解读分类结果。观察不同类别中卡片的分布情况和比例,发现共性和差异,识别重要的用户需求和行为模式。

8. 归纳和总结

根据分析结果,研究人员应该进行归纳和总结。将相似的需求或特点归为一类,提取出用户群体的共性特征,并撰写一份卡片分类的报告或总结。

卡片分类通过整理和分类卡片,将大量的用户需求和反馈信息结构化,这有助于研究人员更好地理解用户群体的特点和行为模式。通过卡片分类,可以发现用户群体的共性和差异。将卡片进行分类和比较,可以识别用户需求的重要性和优先级,为软件系统的设计和开发提供指导。

卡片分类的结果可以为需求分析和功能设计提供依据。通过分析卡片分类的结果,研究人员可以确定关键功能和优化方向,确保软件系统符合用户的期望和需求。另外,卡片分类以可视化的形式展示用户需求和特点。将卡片分类结果可视化,例如,使用图表、图形或矩阵,可以更好地传达和分享研究结果,促进团队成员的交流和理解。

下面以几个国内成功产品的例子来说明卡片分类的重要性。"百度文库"作为中国最大的在线文档共享平台之一,为了改进用户体验和文档组织方式,其团队使用了卡片分类方法。他们向用户提供一系列文档,并要求用户将这些文档按照自己的分类方式进行组织和归类。通过收集用户的卡片分类结果,"百度文库"团队可以了解用户对文档内容的理解和组织方式,从而优化平台的搜索功能和文档推荐算法,提供更准确和个性化的文档推荐。

同样,使用卡片分类方法来进行用户研究的成功产品还有"小红书""去哪儿网"。"小红书"是中国一款知名的社交电商平台,用户可以在这个平台上分享和购买商品。为了解用户对商品喜好和兴趣的分类,"小红书"团队使用了卡片分类方法。他们向用户展示一系列商品,并要求用户将这些商品按照自己的分类标准进行归类。通过分析用户的卡片分类结果,"小红书"可以洞察用户对不同类别商品的需求和喜好,进而提供更精准的商品推荐和个性化购物体验。"去哪儿网"是中国领先的在线旅游服务平台,用户可以在平台上搜索和预订机票、酒店等旅行产品。为了理解用户对旅行偏好和需求的分类,"去哪儿网"团队使用了卡片分类方法。他们向用户展示不同类型的旅行目的地和旅行主题,并要求用户将这些选项按照自己的偏好进行分类。通过分析用户的卡片分类结果,"去哪儿网"可以了解用户对旅行体验的不同需求,优化搜索和推荐算法,提供更符合用户兴趣的旅行推荐。

这些例子展示了国内一些成功产品使用卡片分类方法来完善自身产品的重要性。通过让用户将相关内容进行卡片分类,产品团队可以了解用户的思维过程、信息组织方式和偏好,从而优化产品的搜索功能、推荐算法和个性化体验,提供更好的用户体验。

卡片分类是交互设计中常用的用户研究方法之一,通过编写、收集、整理和分类卡片,可以结构化和整理用户需求和反馈信息,并发现用户群体的共性和差异。卡片分类支持需求分析和功能设计,提供指导并支持软件系统的设计和开发。通过可视化和可交互的方式展示卡片分类结果,可以促进团队的交流和理解。总的来说,卡片分类方法是一个强大的工具,可以为人机交互领域的研究和实践提供有价值的用户洞察和决策依据。

4.2.6　任务分析

任务分析是交互设计中的重要环节,旨在深入了解用户在特定任务或工作流程中的需求、行为和目标,为软件系统的设计和开发提供指导和支持。

进行任务分析前需要通过观察用户在完成特定任务时的行为和操作,记录他们的活动、决策和问题。对用户的观察可以使用观察记录表、摄像设备或行为记录工具来收集相关数据。然后研究人员需要与用户进行访谈和讨论,了解他们在任务执行过程中的思考、感受和反馈。这里可以使用半结构化或开放式的访谈方式,引导用户描述他们的工作流程和需求。设计人员还可以设计问卷调查,向用户提供特定任务的相关问题,了解他们的任务目标、偏好和困难。问卷可以包括单选题、多选题、开放式问题等形式,以获得定量和定性数据。

在进行任务执行时,研究人员需要考虑任务执行的环境和条件,了解环境因素对任务执行的影响,观察和记录任务执行的物理环境、工具和设备,以及相关的文档、规程或流程。他们还需要识别和分析用户在任务执行中可能遇到的异常情况和问题。通过观察、访谈或讨论,了解用户在处理异常情况时的策略和需求,以提供相应的支持和解决方案。

想要利用好任务分析这一用户研究的方法,研究人员需要将复杂任务分解为更小的子任务,并确定任务之间的层次关系和依赖。通过任务分解和层次划分,研究人员可以更好地理解任务的组成部分和执行顺序。另外,根据收集到的数据和信息,研究人员能分析用户的需求和期望。将任务执行过程中的关键步骤、决策点和问题点识别出来,并理解用户对系统功能、界面和交互的需求。

通过任务分析,研究人员可以深入理解用户在特定任务或工作流程中的需求、行为和目标。从用户的角度出发,关注任务执行的过程和细节,帮助研究人员把握用户的真实需求。任务分析结果可以为软件系统的设计和开发提供指导和支持。通过分析用户的任务和需求,可以确定关键功能、界面布局和交互方式,从而提升用户体验和系统效果。

任务分析方法同时结合定性和定量的数据收集方式。用户观察和记录提供了直接的定性数据,用户访谈和问卷调查则提供了定量数据,使研究人员能够综合分析和解释用户的行为和反馈。任务分析还为用户需求分析和系统评估提供了重要依据。通过深入了解用户的任务和需求,可以准确地捕捉用户的期望,从而更好地设计和评估人机交互系统。

任务分析不仅关注任务本身,还考虑了任务执行的环境和可能出现的异常情况。这有助于设计系统能够适应不同环境和应对用户可能遇到的问题。

再以前面提到的"微信"为例,在"微信"的产品设计中,任务分析是一个关键的方法。这种方法用于研究用户在日常通信中的任务和行为,而那正是"微信"主要功能的核心。团队通过观察和访谈用户,深入了解用户在发送消息、添加好友、创建群组等任务中的需求和痛点。这样的任务分析帮助"微信"团队优化用户界面、通信工具和功能,提供更简单、高效的通信体验。

通过观察用户的行为,团队能够了解用户在使用"微信"时的交互方式和习惯。例如,他们发现用户在发送消息时常使用语音消息而非文字,这样的观察有助于团队优化语音消息的录制和播放功能,提供更好的语音交流体验。

除了观察,团队还通过用户访谈来收集更加详细的反馈。通过与用户直接交流使用"微信"时遇到的问题和瓶颈,团队能够了解用户的真实需求和痛点。例如,用户反映添加好友的过程不够直观,于是团队可以重新设计添加好友的界面,使其更加易于操作。

任务分析还有助于团队发现潜在的改进空间。团队可以根据用户在完成任务时的难易程度,对任务进行分类,将相对复杂的任务简化或优化,以提高整体用户体验。例如,如果团队发现创建群组的流程较复杂,他们可以考虑引入快速创建群组的功能,减少用户的操作步骤。

通过深入了解用户的任务和目标,团队能够针对性地改进"微信"的功能和界面设计,以满足用户的需求。这种基于任务分析的软件工程方法使得"微信"在竞争激烈的通信应用市场中脱颖而出,并持续提供简单、高效的通信体验。任务分析不仅帮助团队构建用户喜爱的产品,还为用户提供更愉悦的使用体验,增强了用户对"微信"的黏性和忠诚度。

总而言之,任务分析是人机交互中不可或缺的用户研究方法。通过多种方法和技术,任务分析帮助研究人员深入了解用户的任务、需求和行为,并为软件系统的设计和开发提供指导和支持。任务分析方法综合考虑了定性和定量数据,关注任务环境和异常情况,为用户需求分析和系统评估提供了有力的依据。

4.2.7 定性研究与定量研究

在用户研究中,定性研究和定量研究是常用的方法。定性研究旨在深入理解用户的主观体验、态度和行为背后的原因和动机,提供丰富的描述性数据。定量研究旨在收集和分析可量化的数据,以验证假设、发现模式和关系,并进行统计推断。

常用的定性研究方法有如下 5 种,各种研究方法的具体内容如下。

(1)用户访谈。

研究人员通过面对面或远程访谈,与用户进行开放式、半结构化或结构化的交流,了解他们的观点、经历和需求。访谈可以深入探索用户的主观感受和思考过程。

（2）用户观察。

研究人员通过直接观察用户在特定场景或任务中的行为和交互，记录他们的动作、决策和问题。观察可以揭示用户实际行为和需求之间的差异。

（3）焦点小组讨论。

研究人员组织一组用户参与小组讨论，引导他们分享意见、观点和经验。焦点小组能够帮助发现用户之间的共同模式、观点的多样性和潜在的需求。

（4）场景建模。

研究人员设计和演示虚拟或真实的场景，模拟用户的使用情境和交互过程。场景建模可以帮助研究人员更好地理解用户的需求和期望。

（5）日志分析。

研究人员分析用户在使用软件系统时生成的日志数据，了解他们的行为模式、频率和偏好。日志分析能够提供大量的定性信息，揭示用户的实际使用情况。

常用的定量研究方法有如下 5 种，各种研究方法的具体内容如下。

（1）问卷调查。

研究人员设计和分发标准化的问卷，通过闭合式问题收集用户的观点、评价和行为数据。问卷调查可以收集大量的数据，用于描述用户群体的特征和趋势。

（2）实验设计。

研究人员通过控制和操作特定变量，对用户的行为和反应进行系统的观察和测量。实验设计可以帮助验证因果关系和确定特定因素对用户体验的影响。

（3）用户测试。

研究人员邀请用户完成特定任务，观察和记录他们的行为和反馈。用户测试可以直接评估系统的可用性和用户满意度。

（4）数据分析。

研究人员采用统计分析方法对收集到的数据进行处理和解释，包括描述统计、相关分析、回归分析等。这种方法可以帮助发现用户群体之间的差异和关联。

（5）眼动追踪。

研究人员使用专门的设备追踪用户的眼动轨迹，了解他们在界面上的注意力分布和关注点。眼动追踪可以提供定量的眼动数据，帮助评估用户的信息处理和视觉注意。这种方法价格昂贵，很少使用。

"滴滴出行"作为中国领先的打车平台，为持续提供优质的出行服务，团队需要深入了解用户对出行体验的满意度和需求。为此，"滴滴出行"团队采用定性和定量研究相结合的方法，利用深度访谈和观察用户行为进行定性研究，以及进行乘客满意度调查和用户行为数据分析进行定量研究。这样的综合研究方法使得团队能够更全面地了解用户需求，优化乘客界面、调度算法，并提供更便捷、安全的打车服务。

定性研究通过深度访谈和观察用户行为来收集关于用户需求、行为和体验的详细信息。例如，研究团队可能与一些用户进行面对面的访谈，询问他们使用"滴滴出行"的目的、感受、满意度和建议。同时，通过观察用户使用平台的行为，能够揭示用户在叫车过程中的具体行为习惯和痛点。这样的定性研究帮助"滴滴出行"团队深入了解用户的真实需求和期望，为定量研究提供了重要的研究问题和方向。

定量研究通过乘客满意度调查和用户行为数据分析,以数字化和量化的方式收集大量用户反馈和行为信息。乘客满意度调查可以通过问卷或调查表等形式,对大量用户进行调查,了解他们对"滴滴出行"服务的满意度、评价和意见。此外,通过分析用户行为数据,团队可以了解用户在平台上的使用习惯、叫车频率、乘车偏好等。这些数据的分析可以揭示用户的乘车习惯和使用行为,为优化打车服务和改进算法提供数据支持。

将定性和定量研究相结合,有助于"滴滴出行"团队综合评估用户需求和体验。例如,定性研究可能揭示用户在某一功能上的痛点,而定量研究可以补充提供大量用户反馈,验证这一问题的普遍性和重要性。综合分析定性和定量数据后,团队可以针对性地改进乘客界面,优化调度算法,增加更多的安全措施,从而提升用户的出行体验,增加用户满意度和忠诚度。而这种综合研究方法使得"滴滴出行"能够持续优化其打车平台,提供更便捷、安全和满意的出行体验,巩固其在中国出行服务市场的领先地位。

定性研究和定量研究在用户研究中起到互补的作用。定性研究深入理解用户的主观体验和动机,提供丰富的描述性数据。定量研究则收集和分析可量化的数据,用于验证假设、发现模式和关系。定性研究能够揭示用户需求和期望背后的原因和动机,而定量研究则可以提供大量的统计信息,帮助描述用户群体的特征和趋势。综合应用定性研究和定量研究的方法,可以更全面地了解用户,为软件系统的设计和开发提供有力的支持和指导。

4.3 用户目标与人物模型

4.3.1 用户目标

在交互设计中,用户研究与建模的关键环节是确定和分析用户的目标。用户目标是指用户在使用软件系统时所追求的具体目标和期望,包括他们想要实现的任务、达到的成果以及他们对系统的期望和要求。通过深入了解用户的目标,设计和开发团队可以更好地满足用户需求,提供更好的用户体验。获取用户目标可以通过独立的定性研究、定量研究或者结合两者使用。

定性研究是通过深入访谈、观察和交互来收集和分析关于用户目标的质性数据。一些常用的定性研究方法有用户访谈、用户观察、原型演示。用户访谈和用户观察方法前面有所提及,此处不再赘述。原型演示方法是通过制作和展示交互原型,让用户模拟使用系统并描述他们的目标和期望。使用原型演示方法可以帮助用户更好地表达他们的需求和期望,并提供反馈和建议。

定性研究方法的优势在于可以深入了解用户的动机、态度和感受,揭示出用户背后的真实需求和期望。通过这些方法获得的数据可以提供详细的用户情境描述,为设计和开发团队提供有价值的洞察。

定量研究是通过收集和分析量化的数据,以数值化的方式来了解用户目标。一些常用的定量研究方法有问卷调查、实验研究、用户行为分析等。问卷调查方法此处不再赘述;实验研究方法通过控制变量、随机分组和测量指标等方法,对用户在不同情境下的目标和行为进行实验研究。实验研究可以提供量化的数据,以验证和支持设计决策;用户行为分析方法通过分析用户在系统中的行为和交互数据,获取关于用户目标的定量信息。例如,研究人员可以分析用户的点击率、页面停留时间、路径分析等指标,来了解用户对系统的使用方式和目标的实现情况。

定量研究方法的优势在于可以提供统计和可量化的数据,帮助设计和开发团队进行客观的分析和决策。定量研究方法通常需要大样本量和较为标准化的数据收集方式。但在实际的用户研究中,定性研究和定量研究并不是相互独立的,而是可以相互结合应用,以获取更全面和深入的用户理解。下面是一些常见的定性和定量相结合研究的方法。

数据三角法是将不同来源和类型的数据进行对比和交叉验证的方法。通过同时进行定性研究和定量研究,研究人员可以通过定性研究的深度理解和定量研究的广泛数据收集来相互补充和验证。例如,通过定性研究获得用户的主要目标和期望,然后通过定量研究在更大样本的用户中验证和量化这些目标。

数据三角化是通过不同的数据收集方法来获取关于用户目标的多个角度的数据。例如,通过访谈和观察获得用户的直接反馈和行为数据,然后通过问卷调查获取更广泛的用户意见和评价。这种综合应用可以提供更全面和多维度的用户洞察。

混合方法研究是将定性研究和定量研究相结合的研究方法。这种方法可以同时收集和分析质性和量化数据,以更全面地理解用户目标。例如,可以在访谈中获取用户的主观目标和期望,并在问卷调查中收集用户对不同目标的评级和优先级排序。

综合应用定性研究和定量研究的方法可以帮助设计和开发团队更好地理解用户目标,同时提供客观和全面的数据支持。这种综合应用可以帮助团队更准确地把握用户需求,设计出更符合用户期望的软件系统。

在国内一些成功产品的设计中,使用获取用户目标方法的例子相当多。如前面提到的"支付宝"和"美团"。为获取用户目标,"支付宝"团队进行了大量的用户研究。他们通过用户访谈、焦点小组讨论和用户行为数据分析等方法,了解用户在使用"支付宝"时的主要目标和需求,如便捷支付、转账安全等。通过获取用户目标,"支付宝"团队可以针对用户需求进行产品设计和功能优化,提供更好的支付体验。同样,为了获取用户目标,"美团"团队进行了综合的用户研究。他们使用用户观察、访谈和数据分析等方法,了解用户在生活服务领域的主要目标和需求,例如,快速订餐、选择优质商家等。通过获取用户目标,"美团"团队可以提供更方便、多样化的服务,并持续改进用户界面和体验。

用户目标的确定和分析在交互设计中发挥重要的作用。通过深入了解用户目标,设计和开发团队可以更好地满足用户需求,提供良好的用户体验。本节介绍了用户研究中用户目标的确定和分析的方法,包括用户访谈和观察、原型演示等定性研究方法,以及问卷调查、实验研究、用户行为分析和使用案例等分析方法。此外,还介绍了定性研究和定量研究的方法,并探讨了二者的综合应用。

通过用户目标的明确和分析,设计和开发团队可以更好地理解用户需求,设计出更加用户友好和符合用户期望的软件系统。同时,综合应用定性研究和定量研究的方法可以提供更全面和深入的用户洞察,为设计和开发决策提供更可靠的依据。通过不断改进和优化用户研究和建模方法,可以不断提升交互设计的效果和用户体验,实现用户与系统之间的良好互动。

4.3.2 人物模型

人物建模作为其中的核心环节,通过对用户需求、行为和期望进行深入理解,为软件系统的设计和开发提供指引。本节将全面阐述人物建模在软件工程中的重要作用以及带来的优点,并且根据业界内一般使用的 Cooper 公司的标准化建模过程的步骤举出贴合生活的实例，以此加深读者对人物建模的理解。

1. 人物建模的重要性

（1）用户体验是软件成功的关键因素之一，直接影响用户对软件的满意度和忠诚度。

一个良好的用户体验可以为软件带来好口碑以及口碑传播，从而吸引更多用户。人物建模在实现良好用户体验中发挥重要作用。

通过人物建模，开发团队不但可以针对不同的用户类型构建典型的人物角色，从而更深入地了解不同用户的需求和期望。这包括对用户行为、喜好、痛点、目标等方面的研究，帮助团队在设计和开发过程中更加关注用户的真实需求。并且，团队还可以根据不同人物的特点和偏好，为不同用户提供个性化定制的功能和界面设计。个性化定制能够增强用户对软件的归属感和满意度，使用户更愿意长期使用软件。用户体验良好的软件通常能够吸引用户的参与和互动。

通过人物建模，团队还可以了解用户的参与偏好，从而在软件设计中增加社交化元素、用户反馈机制等，提高用户的参与度和忠诚度。

（2）在软件开发过程中，项目风险的管理是至关重要的。

项目风险包括但不限于需求变更、开发延期、功能缺陷等。而人物建模有助于降低项目风险，确保软件开发过程的顺利进行。

人物建模使得团队能够更加全面地理解用户的需求和期望。通过对不同人物角色的需求分析，团队可以在早期阶段发现和纠正需求理解错误，避免后期大规模修改和重做，从而节约时间和资源。在人物建模中，团队通过模拟不同人物在特定情境下的使用行为，从而可以预测潜在的风险和问题。这有助于制定相应的风险规避和应对策略，降低项目风险。

人物建模还可以为项目规划和管理提供有力支持。通过深入了解用户需求和期望，团队可以更好地制订项目计划和阶段目标，有针对性地安排开发工作，提高项目的整体效率和质量。

（3）软件的创新是推动行业进步的关键驱动力之一。

人物建模可以帮助开发团队从用户的角度出发，发现用户真正的需求和痛点，从而推动软件的用户导向创新。

人物建模不仅关注用户表面的需求，还能深入挖掘用户潜在的需求。通过与用户进行交互和观察，团队可以发现用户可能未曾意识到的需求和问题，从而为创新提供更多可能性。通过了解用户的日常生活、工作场景和需求，团队可以获得更多创新灵感。人物建模可以帮助设计师和开发者更好地站在用户的角度思考问题，找到更贴切、前瞻的解决方案。

人物建模让开发团队始终关注用户体验，将用户需求放在设计和开发的首要位置。这有助于推动团队持续改进和优化用户体验，实现用户满意度的提升。

2. 标准化人物建模的过程

在实际的产品开发中，一般参考 Robert Reimann、Kim Goodwin 和 Lane Halley 在 Cooper 公司期间开发的方法作为一套人物建模的标准化建模过程，其步骤如图 4.4 所示。

图 4.4　标准化人物建模的步骤

第一步是定义人物类型和特征,即从广泛的用户群体中提取共性和差异,创造出具有代表性的人物角色。这需要深入研究不同用户的特点和行为模式,包括年龄、性别、教育背景和技能水平、职业和兴趣、地域和文化差异等方面,具体内容如下。

1）年龄和性别

不同年龄段和性别的用户在使用软件时可能有不同的需求和喜好。例如,年轻用户可能更偏爱时尚和便捷的界面,而年长用户则更倾向于简单易用的功能。

2）教育背景和技能水平

用户的教育程度和技能水平会影响他们对软件的理解和使用能力。团队需要考虑不同用户的知识水平,以确保软件对所有用户来说都易于操作。

3）职业和兴趣

不同职业和兴趣领域的用户对软件的需求也会有所不同。例如,专业设计师可能需要更强大的功能和工具,而普通用户更关注简单和快捷的体验。

4）地域和文化差异

用户的地域和文化背景也会对软件的使用习惯和需求产生影响。团队应该考虑到这些差异,确保软件在全球范围内都能提供良好的用户体验。

团队可以通过用户调研、访谈和数据分析等方法,收集用户信息,并将其归类整理,从而构建出不同人物类型的特征描述。在这一步骤中,团队应该形成一份详细的人物特征清单,包括不同人物类型的描述、特点和区别。这有助于团队深入了解用户群体,为后续的人物建模提供基础数据。

第二步是选择代表性的人物角色,这些人物角色能够代表不同类型的用户,覆盖广泛的用户需求和期望。因为人物角色不是真实的人,他是基于观察到的那些真实人的行为和动机,并且在整个设计过程中代表真实的人,他是在人口统计学调查收集到的实际用户的行为数据的基础上形成的综合原型。故而在选择代表性人物角色时,团队需要考虑不同用户群体的权重和重要性,以确保选取的人物角色能够涵盖绝大部分用户。在这一步骤中,团队应该确定一组代表性人物角色,每个角色都代表不同用户类型和特点。这些人物角色将成为后续人物建模的具体对象。

在开展对人物角色的信息组织时,一般需要构成一组人物角色卡片,里面应说明这些代表性人物角色的关键差异,他们的姓名、照片、基础的个人信息、行业信息等。原则上来说,人物角色卡片上的信息越详细丰富,越有助于产品针对不同的人群开发,达到更好的用户体验效果。下面就一些关键信息进行解释。

代表性人物角色的关键差异是让人物变得独一无二的属性,故一般会出现在人物卡片的显眼位置,以达到区分目的。在人物建模过程中,可以用同样的方式给出其他人物角色的关键差异,使用"总体目标;知识层次;观点态度"此类格式来完成关键差异的构建。

在个人信息的组织上,需要注意人物的姓名应该是常见姓名,不要与团队成员同名,并且人物角色的名字要相互区别。照片的使用应该注意使用正面高清,不带水印,以便提高真实感。

因为代表性的人物角色可以有多个,但开发人员精力有限,因此需要确定人物角色的优先级。将最具商业价值的一个或者两个人物角色划分为首要等级,将能够尽量满足需求的其他人物角色划分为次要等级,将值得考虑的人物角色划分为不重要等级,最后是排斥等级。

第三步是构建人物角色故事,即通过故事情节描述人物在特定情景下的使用行为和需求。这些故事情节应该包括人物的目标、痛点、喜好以及使用软件系统的具体场景。在这一步骤中,团队应该创建一系列人物角色故事,每个故事都描述一个人物在特定情境下的使用行为和体验。这有助于团队更好地理解用户需求和使用场景,为后续的人物建模提供具体参考。这部分主要属于情景剧本的创建,具体可参考第 5 章。

第四步是验证人物角色模型,即通过实际用户调研和用户测试来验证所构建的人物角色是否准确和有效。在验证过程中,团队可以收集用户反馈和意见,了解用户对人物角色的认可度和可信度。在这一步骤中,团队应该根据用户反馈对人物角色模型进行修正和优化,确保人物角色模型能够真实地反映用户需求和行为。

第五步是应用人物角色模型,即将构建的人物角色模型应用到软件系统的设计和开发中。团队可以根据不同人物角色的需求和行为,进行界面设计、交互方式选择等工作。在这一步骤中,团队应该根据人物角色模型指导软件系统的设计和开发,确保软件系统能够满足不同用户的需求和期望。

根据上述标准化建模过程,这里给出一个具体的贴近生活的人物建模实例(以房地产经纪人为实例),来帮助读者更好地理解整个过程。

(1) 定义人物类型和特征。

在房地产经纪人的人物建模实例中,首先需要定义人物类型和特征。房地产经纪人作为用户角色,其特征可以包括以下几个方面。

① 年龄:30~50 岁。

② 性别:男性和女性均有。

③ 教育背景:大学本科及以上学历。

④ 技能水平:熟练运用房地产交易相关软件。

⑤ 职业:从事房地产经纪行业多年,对房地产市场有深入了解。

(2) 选择代表性的人物角色。

在房地产经纪人的人物建模实例中,需要选择代表性的人物角色。假设选择了以下两位代表性的人物角色。

① 张建国:男,48 岁,已婚,有一个儿子张林。他是上海市的一名经验丰富的房地产经纪人,有 10 年以上的房地产经纪工作经验。他擅长寻找高品质的房源,善于与客户沟通,目标是为客户提供满意的购房体验。

② 李晓萍:32 岁,女,未婚。她是上海市的一名积极进取的房地产经纪人,有 5 年的房地产经纪工作经验。她善于利用社交媒体拓展客户资源,目标是提高自己的销售业绩。

(3) 构建人物角色故事。

接下来,为每位代表性人物角色构建人物角色故事,描述他们在特定情景下的使用行为和需求。

① 张建国的故事:张建国最近接到了一位客户的购房需求,客户希望购买一处位于市中心的高品质公寓。张建国使用房地产交易软件,根据客户的需求筛选了多个房源,然后通过软件将这些房源信息发送给客户。在与客户进行沟通后,张建国及时更新了房源信息,满足客户的要求,最终成功为客户找到了理想的房屋。

② 李晓萍的故事：李晓萍希望通过社交媒体拓展客户资源,她使用房地产交易软件发布了多套优质房源的信息,并通过社交媒体平台分享给潜在客户。通过软件,李晓萍可以及时了解客户的反馈和需求,根据客户的喜好提供个性化的房源推荐,吸引更多客户进行购房咨询。

（4）验证人物角色模型。

接下来需要验证人物角色模型,通过实际用户调研和用户测试来验证所构建的人物角色是否准确和有效。

在实际用户调研中,团队可以与真实的房地产经纪人进行深入交流,了解他们的工作习惯、需求和行为,从而验证构建的人物角色是否符合实际情况。在用户测试中,团队可以邀请房地产经纪人使用房地产交易软件,并收集他们的反馈和意见,进一步验证人物角色模型的准确性。

（5）应用人物角色模型。

最后,需要将构建的人物角色模型应用到软件系统的设计和开发中。根据不同人物角色的需求和行为,进行界面设计、交互方式选择等工作。

① 对于张建国这样的经验丰富的房地产经纪人,团队可以优化软件界面,提供更多高级筛选和排序功能,以便更快地找到适合客户的房源。

② 对于李晓萍这样的积极进取的房地产经纪人,团队可以增加社交媒体分享功能,方便她将房源信息快速传播给更多潜在客户。

在房地产经纪人的人物建模实例中,可以看到如何通过标准化建模过程构建人物角色模型,并将其应用到软件设计中。

3. 人物建模给软件系统设计带来的好处

1）用户驱动的设计

用户驱动的设计是一种关注用户体验的设计方法,它可以帮助团队减少设计上的假设和臆测,真正聆听用户的需求,并将其转换为优秀的设计。而人物建模始终将用户放置在软件设计过程中的核心位置。通过深入了解不同人物角色的需求和期望,设计师能够更加全面地把握用户的心理模型和使用行为。这有助于设计师创造出更加符合用户期望和习惯的界面和交互方式,提高软件系统的易用性和用户满意度。

2）沟通与合作的桥梁

人物建模为不同团队成员之间的沟通和合作提供了共同的语言和理解。在软件开发过程中,设计师、开发者、产品经理等角色可能来自不同的专业领域,他们对用户需求和使用习惯的认识有所不同。通过共同参与人物建模的过程,团队成员可以共同讨论和理解用户,从而形成共识,确保团队在软件设计和开发的方向上保持一致。这有助于避免因为沟通不畅或理解误差导致的开发偏差和项目延误。

3）决策支持

人物建模可以为软件开发团队提供重要的决策支持。在软件开发的早期阶段,团队需要面临许多设计和开发决策,例如,界面风格、功能优先级、交互方式等。通过模拟不同人物在特定情境下的使用行为,团队可以预测不同决策可能带来的结果,从而更加明智地做出选择。例如,团队可以通过人物建模发现特定用户群体对某个功能的需求更加迫切,从而将其优先考虑。这有助于降低项目风险,减少后期的修改和调整。

用户研究与建模

4）持续优化和改进

人物建模是一个持续迭代的过程,随着用户需求和市场环境的变化,团队需要不断优化和改进软件系统。通过持续分析用户反馈和行为,团队可以发现用户的新需求和痛点,从而及时做出调整和改进。人物建模使团队能够对用户需求有持续的了解,从而更好地满足用户的期望,保持软件系统的竞争力和长期可持续发展。

本节详细探讨了人物建模的重要性、标准化建模过程以及在软件工程中的重要作用。首先,人物建模在用户体验方面发挥关键作用。通过构建代表性的人物角色,团队可以深入了解不同用户的需求和期望,为软件系统提供个性化定制,提高用户满意度和忠诚度。其次,人物建模有助于降低项目风险。通过准确理解用户需求、风险预测与规避以及加强项目规划与管理,团队可以有效降低开发成本和时间投入。最后,人物建模推动用户导向的创新。通过挖掘用户潜在需求、提供创新灵感和持续优化用户体验,团队能够推动软件的不断发展和进步。

因此,在未来的软件开发中,人物建模的应用将成为提高用户满意度和软件市场竞争力的关键因素。通过不断优化和改进人物建模的方法,团队可以不断提升软件的质量和竞争力,为用户带来更加优秀的软件体验。

思考与实践

1. 名词解释。

（1）结构化访谈。

（2）任务分析。

（3）定性研究与定量研究。

2. 用户研究的作用是什么？在产品开发的哪些阶段可以用到用户研究？它的作用有哪些？展开说明。

3. 常用的定性研究与定量研究方法有哪些？分别展开说说。

4. 根据 4.2.4 节中的问卷调查的知识以及实现步骤,完成在线学习平台（例如"中国大学慕课 MOOC"）的用户研究,需包括问卷调查问题以及最终分析报告。

5. 模仿 4.3.2 节中标准化人物建模过程的房地产经纪人实例,根据标准化人物建模流程,为在线学习平台"中国大学慕课 MOOC"构建人物模型。

第 5 章　　场景与需求定义

5.1　引　　言

本章将介绍人机交互的软件工程方法中的场景与需求定义。在软件开发过程中,正确理解和准确满足用户的需求是确保系统成功的关键因素。场景定义通过案例和用户故事的描述,帮助用户深入理解系统在特定环境中的使用场景,以及用户在不同情境下的需求和期望。

基于人物模型的场景描述了具体用户在系统中的行为和目标。通过定义场景中的操作流程,软件工程师可以更好地了解用户在系统中的需求和行为模式。这有助于软件工程师设计出更符合用户期望的界面和交互方式。

需求定义是确保系统开发过程中对用户需求准确理解和满足的关键步骤。设计需求包括功能性需求和非功能性需求,它们描述了系统应该具备的具体功能、性能要求以及用户体验上的期望。需求定义过程涉及需求的收集、分析和规范化,确保需求的一致性、可追溯性和可测试性。

本章的最后将提供一些思考和实践的指导,帮助软件工程师更好地应用场景与需求定义的方法。这些指导包括如何识别和处理需求冲突,如何与利益相关者进行有效的沟通和协商,以及如何进行需求变更管理。

通过本章的学习,软件工程从业者将能够更好地理解和应用人机交互的软件工程方法,以确保开发出符合用户期望和需求的高质量软件系统。

本章的主要内容包括:
- 介绍场景与需求定义的重要性。
- 阐述用户需求定义的过程。
- 定义功能和界面需求。
- 说明需求文档的内容和规范。

5.2　场　　景

“场景”指的是表示任务和工作结构的“非正式的叙述性描述”,特点在于丰富和真实。它以叙述的方式描述人的行为或任务,从中可以发掘出任务的上下文环境、用户的需要、需求。

在人机交互的软件工程中,场景定义是一个重要的步骤,它帮助软件工程师理解用户的需求以及软件系统将如何与用户进行交互。本章的场景部分将重点讨论几个关键场景,以展示在不同的应用领域中如何应用人机交互的软件工程方法。

5.2.1 案例与用户故事

在本节中将介绍一个具体案例,以及几个与该案例相关的用户故事。这些案例和用户故事将帮助使用者更好地理解在软件工程中定义场景和需求的过程。

如图 5.1 所示展示了一个具体的在线购物应用案例。

在该案例的背景中,小王是一位年轻的职业女性,她经常在忙碌的工作日使用智能手机进行购物。她想寻找一种方便的方式来购买各种商品,包括时尚服装、电子产品和家居用品。小王希望能够轻松地浏览商品,了解价格和库存情况,并在选择后方便

图 5.1 在线购物应用案例

地下单购买。她希望购物应用能够提供个性化的推荐和快速的物流服务,以满足她的购物需求。

表 5.1 是小王的一些购物需求,以及她希望购物应用能够满足的用户故事。

表 5.1 场景与用户故事对照表

场　　景	用　户　故　事
浏览商品	作为一名用户,小王希望购物应用提供直观的界面,以便小王能够轻松地浏览各种商品。小王希望能够通过分类、搜索或个性化推荐来发现新的商品,并能够查看商品的详细信息
选择商品	作为一名用户,小王希望购物应用提供详细的商品信息,给出明智的购买决策。小王还希望能够方便地将商品添加到购物车中,并能够轻松地修改购物车中的商品数量
下单购买	作为一名用户,小王希望购物应用提供简化的下单购买流程,包括多种支付方式和方便的地址管理功能。小王还希望能够追踪订单状态,并及时获得物流更新,以便知道订单的送达情况
个性化推荐	作为一名用户,小王希望购物应用能够根据小王的购买历史和偏好,提供个性化的商品推荐。小王希望能够发现新的品牌和款式,并希望应用能够定期更新推荐内容

根据以上内容描述的案例与用户故事,可以画出如图 5.2 所示的用例图。

这个用例图展示了在线购物应用的主要功能,包括浏览商品、选择商品、下单购买和个性化推荐。用户可以通过购物应用浏览不同类别的商品,选择感兴趣的商品并加入购物车,然后进行下单购买并选择支付方式和收货地址。应用会根据用户的购买历史和偏好提供个性化的商品推荐。

通过这些用户的故事,软件工程师可以进一步定义软件的功能和需求,以确保应用程序能够满足用户的需求。

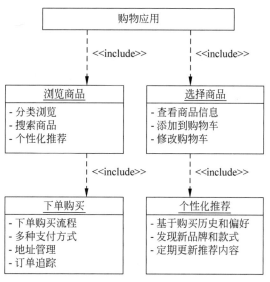

图 5.2　在线购物应用用例图

5.2.2　基于人物模型的场景

本节将介绍基于人物模型的场景,这有助于软件工程师更好地理解用户角色和行为对软件需求的影响。本节着重关注不同用户角色在软件系统中的行为和需求,以更全面地理解用户的角色和行为如何影响系统的功能和交互需求。这种方法突出了用户角色在系统中的角色扮演,可以帮助设计师更好地区分不同类型的用户,并深入了解用户在使用软件时的期望和目标。通过定义不同的用户角色和行为,设计师可以更全面地考虑系统功能和交互需求。

在电子商务平台的场景中,可以定义两个主要的用户角色:买家和卖家。

(1)买家角色。

买家是使用购物平台进行购物的用户。他们有浏览商品、添加商品到购物车、下单和完成支付等行为。

(2)卖家角色。

卖家是在购物平台上销售商品的用户。他们有发布商品、管理库存、处理订单和与买家沟通等行为。

两种人物的角色图如图 5.3 和图 5.4 所示。

基于以上用户角色,软件工程师可以进一步定义用户的行为和需求,以便明确系统应满足的功能和交互需求。

1. 买家行为和需求

如表 5.2 所示,买家希望能够方便地浏览商品,通过分类、搜索和筛选功能快速找到所需商品。如图 5.5 所示,他们希望能够将商品添加到购物车,并能够实时查看购物车的内容和总价。在下单和完成支付时,他们需要提供送货地址和付款方式,并希望获得订单确认和跟踪信息。

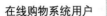

小王 在线购物系统用户		● 希望寻找一种方便的方式来购买各种商品 ● 经常使用智能手机进行购物
个人描述: 　希望购物应用提供直观的界面,以便能够轻松地浏览各种商品,包括时尚服装、电子产品和家居用品等。希望能够通过分类、搜索或个性化推荐来发现新的商品,并能够查看商品的详细信息。希望能够轻松地浏览商品,了解价格和库存情况,并在选择后方便地下单购买。希望购物应用能够提供个性化的推荐和快速的物流服务,以满足购物需求。		**个人信息** 职业: 某金融公司职员 年龄: 25 家庭情况: 已婚,无子女 爱好: 唱歌、烹饪 **互联网使用情况** 经验: 5年以上 主要用于: 购物、娱乐

图 5.3　购物平台的买家人物角色图

老张 在线购物系统商户		● 希望利用互联网增加销售额 ● 具有多年销售经验
个人描述: 　希望购物应用能够轻松发布和管理自己的商品,包括添加商品信息、设置价格和库存等,希望能够接收并处理买家的订单,以及与买家进行及时的沟通,还希望能够方便地查看销售数据和库存状态,以便管理自己的业务。		**个人信息** 职业: 个体工商户 年龄: 37 家庭情况: 已婚,一女儿 爱好: 运动、摄影 **互联网使用情况** 经验: 5年以上 主要用于: 通信、读书

图 5.4　购物平台的卖家人物角色图

表 5.2　买家行为和需求表

场　　景	买家行为	买家需求
浏览商品	通过分类、搜索、推荐浏览不同类别的商品	快速找到感兴趣的商品,查看商品详细信息(描述、价格、评价)
选择商品	将商品添加到购物车,修改购物车中商品数量	比较不同商品的特性、价格和评价,管理购物车和商品数量
下单购买	下单,选择支付方式和地址,追踪订单状态	简化的下单购买流程,多种支付方式和地址管理,及时获得订单和物流更新
个性化推荐	基于购买历史和偏好发现新品牌和款式	提供个性化的商品推荐、定期更新推荐内容

2. 卖家行为和需求

　　如表 5.3 所示,卖家希望能够轻松发布和管理自己的商品,包括添加商品信息、设置价格和库存等。如图 5.6 所示,他们希望能够接收并处理买家的订单,以及与买家进行及时的沟通。卖家还希望能够方便地查看销售数据和库存状态,以便管理自己的业务。

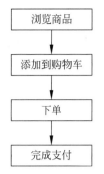

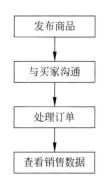

图 5.5 买家行为流程图　　　　　　图 5.6 卖家行为流程图

表 5.3　卖家行为和需求表

场　　景	卖 家 行 为	卖 家 需 求
发布商品	添加商品信息、设置价格和库存	轻松发布和管理商品,管理库存和价格
处理订单	接收和处理买家订单,与买家沟通	有效处理订单和及时通知买家,方便与买家进行沟通
销售数据和库存管理	查看销售数据,管理库存	方便查看销售数据和库存状态

　　可见,在基于人物模型的场景定义中,场景将用户角色划分得更加明确,并关注不同角色的典型行为和需求,以便更好地为每个用户角色设计适合的功能和交互。这种方法使得软件工程师能够更全面地考虑不同用户群体的需求,从而更好地满足用户的期望和目标。通过基于人物模型的场景定义,软件工程师可以更好地理解不同用户角色的行为和需求,从而设计出更符合用户期望的软件功能和交互方式。

5.3　需 求 定 义

5.3.1　设 计 需 求

　　在需求定义阶段,软件工程师需要将用户需求转换为具体的设计需求,以指导具体开发过程中所需功能和交互体验的实现。设计需求应该明确系统的功能、界面和性能要求等方面。

1. 功能需求

　　设计需求中的功能需求描述了系统需要具备的各项功能和行为。以下是一些可能的功能需求示例。

　　1)用户注册和登录

　　系统应提供用户注册和登录功能,以便用户可以创建账户并登录系统。

　　2)商品展示和搜索

　　系统应支持商品展示和搜索功能,以便用户可以方便地浏览和查找所需商品。

　　3)购物车管理

　　系统应提供购物车管理功能,包括添加、删除和修改购物车中的商品。

　　4)订单处理

　　系统应支持订单处理功能,包括生成订单、处理支付和发送订单确认信息。

　　5)用户界面定制

　　系统应允许用户自定义界面样式和布局,以适应个人喜好和需求。

2. 用户界面设计需求

设计需求中的用户界面设计需求描述了系统的界面和交互方式。以下是一些可能的用户界面设计需求示例。

1）直观的导航和菜单

系统应具备直观的导航和菜单结构,以便用户可以轻松浏览和访问各个功能模块。

2）清晰的信息展示

系统应以清晰、易读的方式展示商品信息、订单状态和用户账户信息等重要信息。

3）用户友好的操作方式

系统应提供简单、直观的操作方式,以减少用户学习和操作的困难。

4）响应式设计

系统应具备响应式设计,能够自动适应不同设备和屏幕尺寸,提供一致的用户体验。

5）良好的可访问性

系统应考虑用户的辅助功能需求,例如,提供大字体选项、屏幕阅读器兼容性等。

3. 性能需求

设计需求中的性能需求描述了系统的性能要求,包括响应时间、并发处理能力和系统稳定性等方面。以下是一些可能的性能需求示例。

1）快速的响应时间

系统应在用户操作时能够快速响应,减少等待时间和加载延迟。

2）高并发处理能力

系统应具备处理多个用户同时访问和操作的能力,以保证系统的稳定性和性能表现。

3）数据安全和保护

系统应具备适当的安全措施,保护用户数据和交易信息的安全性和隐私性。

以上是一些示例,实际的设计需求将取决于具体的软件项目和目标用户。在需求定义阶段,软件工程师应该综合考虑用户需求、业务目标和技术限制,定义出合理、明确的设计需求,以指导开发团队进行软件的设计与实现。

5.3.2 需求定义过程

需求定义过程是将用户需求转换为明确、具体的软件需求的过程。这是一个关键的阶段,对于确保软件开发项目的成功和满足用户期望非常重要。以下是一个常见的需求定义过程的步骤。

1. 收集用户需求

需求定义过程的第一步是收集用户的需求,这一阶段的重要性不可低估。在实现需求收集的过程中,采用多种方式可以带来丰富多样的信息,有助于全面而准确地了解用户的期望、需求和目标,从而有效地将其转换为软件的功能和交互需求。

面对面的用户访谈是一种直接有效的方式,它让项目团队与用户建立密切的互动联系。通过面对面交流,团队能够主动提出问题、探索用户背后的动机,并及时获取用户的反馈和意见。这种深入交流的过程,除了收集具体的需求,还能捕捉用户的情感和体验需求,从而更好地把握用户真实的期望。

问卷调查则适用于大规模用户需求收集,特别是在涉及广泛用户群体时。通过设计合理的问卷,可以收集到大量用户的意见和看法。然而,在使用问卷时需要注意问题的清晰度和准确性,避免引导性或模糊性问题,以确保收集到的数据有价值且可信。

焦点小组讨论是一种将多个用户聚集在一起,集中讨论其需求和期望的方法。这种方式可以促进用户之间的相互交流和启发,产生更多的创意和洞察力。此外,焦点小组讨论也有助于发现用户群体之间的共性和差异性,帮助团队更好地理解用户群体的多样性,从而更好地满足不同用户的需求。

除了上述方法,还可以通过观察用户的实际行为和使用模式来收集需求,例如,用户使用现有软件的记录和分析,或者通过原型测试来观察用户在实际场景中的反应。这些方式能够提供更直接和客观的数据,帮助团队更好地理解用户的真实需求。

需求收集阶段还需要注重用户参与的重要性。用户参与是确保需求收集过程顺利进行且结果准确的关键因素。团队需要积极邀请用户参与,并充分沟通和解释需求收集的目的和重要性。通过建立良好的用户关系,团队可以得到更多的信任和支持,确保用户愿意分享他们真实的需求和反馈。

在需求收集阶段,还需要留意需求的可行性和优先级。有时用户提出的需求可能存在冲突,或者在技术上难以实现。团队需要与用户积极沟通,协商解决方案,并根据项目的约束条件和目标确定需求的优先级,以确保最终的需求定义是切实可行的。

综上所述,收集用户需求是需求定义过程中的关键一步,采用多种方式收集用户的需求有助于全面了解用户的期望和需求。用户参与和沟通是确保需求收集成功的关键,而对需求的可行性和优先级的评估也是确保最终需求定义的实现可行性的重要环节。通过科学合理的需求收集,可以为项目或产品的后续开发打下坚实基础,满足用户的期望,提高用户满意度。

2. 分析和整理需求

在需求定义的初期,需求分析人员面临着一个重要的任务,那就是处理各种形式收集到的用户需求。这些需求可能是零散的,以各种不同的形式和渠道被捕获,有些可能是书面文档,有些可能是口头交流,甚至可能是通过电子邮件、访谈、调查问卷等方式获取的信息。由于这种多样性,需求分析人员必须展开认真的整理和分类工作,将这些看似杂乱无章的需求整合成一个有机、清晰的体系。

在整理需求的过程中,需求分析人员将面临一些常见的问题,如需求的重复性和冗余性。这可能是因为不同的用户或干系人提供了类似的需求,但可能以不同的措辞或表达方式出现。此时,他们需要识别并合并这些重复的需求,以确保不会在后续阶段造成混淆和重复开发。另外,需求的不完整性也是一个挑战,有些用户可能没有清晰地表达他们的需求,或者有些需求可能在交流过程中被遗漏。在这种情况下,需求分析人员需要积极与用户进行沟通,以填补信息缺失,从而确保需求的完整性。

同时,需求分析人员也需要关注需求之间的一致性和相容性。由于涉及多个用户和利益相关者,不同的需求可能会相互冲突或产生矛盾。这时候,需求分析人员需要进行深入的调查和讨论,与相关干系人一起解决冲突,找到平衡点,确保各方利益得到妥善考虑。在一些情况下,可能需要妥协或寻找折中方案,以满足多样化的需求。

除了处理需求的矛盾和冲突,需求分析人员还需要注意到需求中可能存在的模糊或含糊不清之处。有时候,用户提供的需求可能过于笼统,没有具体说明细节或表达方式模糊,这就需要需求分析人员主动与用户进行进一步的深入交流和澄清,以准确捕捉用户的真实意图。

总之,需求整理、分类和归纳的过程是需求分析中至关重要的一步,它决定了后续开发和设计的基础。通过认真地审查和确认需求的准确性、一致性和完整性,消除冲突和模糊之处,需求分析人员能够为项目的成功实施奠定坚实的基础,提高开发效率,并确保最终交付的产品或系统符合用户期望和需求。

3. 定义功能需求

在需求定义过程中,软件工程师致力于将用户需求转换为具体的功能需求,以准确描述系统所需具备的各项功能和行为。这涵盖了用户可以执行的任务、所需的输入以及期望的输出结果。通过详细定义功能需求,软件工程师能够确保系统满足用户的核心需求,并提供令人满意的使用体验。

功能需求的定义应该是明确而具体的。明确性确保了用户对系统行为的描述不含糊,消除了歧义和模棱两可的情况。这样,开发团队能够清晰地理解用户的期望,从而有效地实现相应的功能。具体性则意味着用户需要提供详尽的细节,确保不会遗漏重要的功能点。这样一来,软件工程师能够更全面地捕捉用户需求,避免在开发过程中遗失关键的功能要求。

在定义功能需求时,软件工程师应该关注用户的核心需求,即用户使用系统时最关键的目标和期望。通过聚焦于核心需求,软件工程师能够确保系统提供的功能在实际使用中具有实际的价值和意义。这有助于避免功能过剩或无关紧要的功能点,从而提高系统的效率和易用性。

总而言之,需求定义过程中的功能需求是将用户需求转换为系统功能的关键步骤。通过明确、具体地描述所需的功能和行为,软件工程师能够确保系统满足用户的核心需求,并提供令人满意的用户体验。这需要软件工程师精确捕捉用户期望,避免功能模糊和遗漏,以实现出优质、高效的软件系统。

4. 设计用户界面

用户界面是用户与软件系统进行交互的重要窗口,它在整个软件工程中扮演着桥梁的角色,连接用户与系统之间的互动与信息传递。在这一关键步骤中,设计师承担着至关重要的任务,他们必须充分理解用户的需求和期望,将这些抽象的概念转换为具体的视觉和交互元素,从而创造出用户愿意与之互动的令人愉悦的界面。

首先,设计师在设计用户界面的外观时,必须注重视觉美感与统一性。一个吸引人的外观设计不仅能够吸引用户的眼球,更能营造出积极的用户体验,增强用户对产品的好感。色彩、图标、排版等元素都要经过深思熟虑,以确保整体视觉效果的协调与和谐。

其次,界面布局的设计也至关重要。合理的布局能够使用户在使用软件时更容易找到需要的功能或信息,减少学习成本和使用困难感。设计师需要考虑信息的优先级和层次结构,合理安排各个功能模块的位置和大小,从而使界面呈现出直观、清晰、易于导航的特点。

除了外观和布局,交互方式的设计也是用户界面中的重要组成部分。一个出色的交互设计能够使用户与软件系统之间的沟通更加顺畅和高效。设计师需要在此过程中关注用户的行为习惯和心理预期,确保交互元素的响应速度和准确性,以及交互过程的流畅性。此外,引入直观的反馈机制,如动画、过渡效果等,能够增强用户对操作结果的感知,提升用户满意度。

除了关注用户体验和易用性,可访问性也是不容忽视的因素。设计师应该考虑到不同用户的特殊需求,包括视觉障碍者、听觉障碍者、运动障碍者等,通过合适的设计和辅助功能,使得尽可能多的用户都能够轻松访问和使用软件系统。

综上所述,设计师在用户界面的设计过程中扮演着关键的角色,他们需要结合功能需求、用户期望和人机交互原则,创造出视觉吸引、布局合理、交互流畅、易于访问的用户界面。通过这样的精心设计,用户将能够更愿意接触和使用软件系统,提升整体用户满意度和用户忠诚度,为软件产品的成功奠定坚实的基础。

5. 确定性能需求

在系统开发过程中,除了确立功能需求外,明确系统的性能需求也是至关重要的一步。性能需求涵盖了诸多关键方面,旨在确保系统在各种应用场景下能够表现出色,满足用户的期望并保持稳定高效地运行。

首先,响应时间是性能需求中的一个关键指标。它代表着系统对用户请求做出响应的时间间隔,这一指标对于用户体验至关重要。用户期望在操作系统时能够即时得到反馈,因此需要明确规定系统对不同类型请求的响应时间要求。例如,在交互式应用中,如在线游戏或视频会议,要求系统的响应时间尽可能低,以确保用户在实时交互中不受到延迟的干扰。而对于批处理系统或后台处理任务,相应时间可以更加灵活,但也需要在一定的合理范围内控制,以避免任务堆积和系统崩溃。

其次,系统的并发处理能力是另一个至关重要的性能要求。并发处理能力涉及系统在同一时间内能够处理的并发用户或事务数。随着用户量的增加和业务的复杂性,系统需要能够有效地处理并发请求,以防止系统过载而导致性能下降或崩溃。需求分析人员需要根据预期的用户数量和日常流量峰值来确定并发处理能力的要求,并设计相应的负载测试方案,以确保系统在高负荷情况下依然能够稳定运行。

安全性是系统性能需求中另一个至关重要的方面。随着网络犯罪和数据泄露事件的不断增加,保护用户的个人信息和敏感数据成为系统设计中的首要任务。因此,需求分析人员需要明确系统的安全性要求,包括数据加密、用户身份验证、访问控制等方面。同时,需要考虑到潜在的安全漏洞和攻击风险,并采取相应的安全措施来保护系统的完整性和稳定性。

最后,可靠性是系统性能需求中不可忽视的一环。用户希望系统在任何时候都能够稳定可用,而不会出现意外的崩溃或数据丢失。为此,需求分析人员需要定义系统的可靠性要求,包括故障恢复时间、备份和恢复策略等。在面对意外故障或灾难性事件时,系统应该具备自动恢复功能,以最大限度地减少系统不可用时间,并确保用户数据的安全性。

总体而言,系统的性能需求是确保系统在各种情况下都能够高效、安全、稳定地运行的关键要素。通过明确响应时间、并发处理能力、安全性和可靠性等方面的要求,需求分析人员能够为系统开发团队提供清晰的指引,确保最终交付的系统能够充分满足用户的期望,并在日常运行中表现出卓越的性能水平。

6. 验证和确认需求

在需求分析的最后一步中,验证和确认需求起着至关重要的作用。在这个关键阶段,需求分析人员与用户和其他利益相关者密切合作,以审查和验证所有已识别的需求。目标是确保这些需求的准确性、完整性以及可行性,从而确保项目的成功实施和交付。

这个阶段的过程涵盖了多个关键步骤。首先,需求分析人员与用户进行面对面的交流,倾听他们对需求的看法和期望。这有助于深入理解用户真正需要的功能和特性,并避免解释不足或误解导致的需求偏差。

随后,团队会对已识别的需求进行详细的分析和评估。在这个过程中,需求分析人员会检查需求之间的相互关系,并确保它们的一致性和完整性。同时,他们也会评估每个需求是否符合项目的整体目标和范围,以避免不必要的功能或功能冲突。

在验证过程中,还将考虑技术可行性和资源可用性。这包括评估现有系统的兼容性,以及是否需要引入新的技术或资源来满足用户需求。必要时,需求分析人员可能会与技术专家和相关部门合作,以确保技术上的可行性和可实现性。

此外,与用户和利益相关者的合作也有助于发现可能存在的潜在问题或疑虑。通过开放式讨论和透明的沟通,团队可以识别和解决潜在的冲突、优先级和预期之间的差异。这种协作还有助于建立良好的合作关系,并确保所有相关方都对需求的准确性和可行性达成共识。

最后,一旦所有需求经过充分的验证和确认,并得到所有相关方的认可,需求分析人员将会整理并文档化这些需求。这些文档将成为项目开发和实施的基础,并为团队在后续的工作中提供指导和依据。

总体而言,验证和确认需求是确保项目成功的关键一步。如表 5.4 所示,通过与用户和利益相关者紧密合作,需求分析人员可以消除误解,解决问题,并最终确保项目交付的结果能够完全满足用户的期望和需求。这将为项目的顺利推进奠定坚实的基础,从而提高项目的成功交付率和用户满意度。

表 5.4　需求定义过程步骤表

步骤名称	说明
收集用户需求	通过面对面访谈、问卷调查等方式收集用户的需求和期望
分析和整理需求	将收集到的用户需求进行整理、分类和归纳,消除冲突和模糊之处
定义功能需求	将用户需求转换为明确、具体的功能需求,描述系统的功能和行为
设计用户界面	基于功能需求设计用户界面的外观、布局和交互方式,考虑用户体验和易用性
确定性能需求	确定系统的性能需求,包括响应时间、并发处理能力、安全性和可靠性等方面
验证和确认需求	与用户和利益相关者一起审查和验证需求的准确性和可行性

需求定义过程需要与利益相关者密切合作,并采取迭代的方法进行。这可以确保需求的准确性和完整性,并在早期发现和解决潜在的问题。

思考与实践

1. 在需求定义的过程中,场景的作用是什么?
2. 常见的需求定义过程的步骤有哪些?请分别进行阐述。

3. 请完成以下案例阅读分析思考题。

（1）智能家居系统。

假设你是一家软件公司的项目经理,你的团队被要求开发一个智能家居系统,该系统将连接家庭中的设备和传感器,以提供更智能化和便利的生活体验。在开始开发之前,请回答以下问题。

① 请使用场景建模技术,描述至少三种智能家居系统的典型使用场景。每个场景应该包括涉及的用户、设备以及它们的交互方式。

② 请基于你所描述的场景,列出至少 5 条系统的功能性需求和 5 条非功能性需求。

（2）移动健康应用。

现在假设你是一名独立开发者,想要设计一款移动健康应用,该应用旨在帮助用户跟踪和管理他们的健康状况,包括饮食、运动、睡眠等方面。在着手设计应用之前,请回答以下问题。

① 请使用场景建模技术,描述两种用户使用移动健康应用的场景。考虑不同类型的用户,例如,健身爱好者、慢性病患者等。

② 请基于你所描述的场景,列出至少 3 条应用的功能性需求和 3 条非功能性需求。同时,考虑用户友好性和数据安全性方面的需求。

第6章 可视化交互界面设计

6.1 引 言

界面设计对于产品的成功至关重要。一个优秀的界面设计能够提升用户的操作效率、准确性和满意度,从而增强用户的忠诚度和愿意推荐的程度。通过合理地布局和组织信息,界面设计可以帮助用户快速找到所需内容,并轻松完成任务。通过视觉上的美感和一致性,界面设计可以创造出令人愉悦的用户体验,提升用户对产品的整体印象和信任感。界面设计旨在通过视觉元素、布局、交互模式和用户反馈等方面的设计,创造出易用、有效且愉悦的界面体验,以满足用户的需求和期望。界面设计还能够帮助产品与众不同,增强品牌形象和竞争力。通过独特的视觉风格、创新的交互方式和个性化的用户体验,界面设计可以在激烈的市场竞争中脱颖而出,吸引用户的注意力并建立起品牌的独特形象。界面设计在现代产品中具有不可忽视的重要性。优秀的界面设计可以提升用户体验、增强品牌形象、促进产品的成功。通过创造出易用、有效且愉悦的界面体验,界面设计为用户提供了更好的信息获取、任务完成和娱乐享受的途径。

为了实现优秀的界面设计,设计师需要综合考虑用户需求、业务目标、技术限制和市场趋势等多个因素。他们需要深入了解目标用户的特点、行为习惯和心理需求,以此为基础进行界面元素的选择、布局和交互设计。同时,设计师还需要与开发人员和其他相关团队密切合作,确保界面设计的实现和技术可行性。

本章将深入探讨可视化交互界面设计的关键概念、原则和方法,以帮助创建引人入胜且易于使用的交互界面,提升用户的满意度和忠诚度;学习如何设计界面布局,选择合适的交互元素以及优化用户反馈和导航系统。通过实际案例和分析,帮助读者理解如何应用这些原则和方法来设计出优秀的交互界面。

本章的主要内容包括:
- 介绍设计原则与策略。
- 阐述桌面应用的界面设计方法。
- 阐述移动应用的界面设计方法。
- 阐述网站页面交互设计方法。

6.2 设计原则与策略

设计原则与策略是指在进行可视化交互界面设计时,遵循或采用的一些规律、规则、方法或技巧,它们可以帮助设计师提高设计质量、简化设计过程、增强设计效果。设计原则与策略是一个非常广泛而又复杂的话题,不同的领域、不同的场景、不同的目标都可能有不同的设计原则与策略,目前应用较多的有以下4类。

1. 基于视觉的指导原则

这类指导原则关注如何利用颜色、布局、图标和其他视觉元素来提升界面的可视吸引力和易用性。它们是从人类视觉系统的特点和规律总结出来的一些基本规律或规则,反映了人类如何感知、处理、记忆和理解视觉信息。

2. 基于非视觉感知的指导原则

这类指导原则关注如何利用听觉、触觉和运动感知等其他感知方式来增强界面的多样性和丰富性。它们是从人类非视觉感知系统的特点和规律总结出来的一些基本规律或规则,反映了人类如何感知、处理、记忆和理解非视觉信息。

3. 基于费茨定律的指导原则

这类指导原则关注如何利用费茨定律来优化界面中交互元素的位置和大小。费茨定律是描述人类运动学能力和精确性的原理,它指出操作目标的大小和距离会影响用户操作的准确性和效率。在界面设计中,应用费茨定律的指导原则可以帮助设计师更好地安排交互元素的位置和大小,提高用户的操作效率和准确性。

4. 简约的设计策略

这类设计策略关注如何创造简洁、直观的界面。在界面设计中,应用简约的设计策略有助于降低用户的认知负荷,提高界面的易用性和用户满意度。

本节将分别介绍这4类设计原则与策略,并通过实例分析说明它们在可视化交互界面设计中的应用和效果。

6.2.1 基于视觉的指导原则

基于视觉的指导原则在可视化交互界面设计中起着至关重要的作用。它们关注如何利用颜色、布局、图标和其他视觉元素来提升界面的可视吸引力和易用性。这些指导原则是从人类视觉系统的特点和规律总结出来的一些基本规律或规则,反映了人类如何感知、处理、记忆和理解视觉信息。本节将介绍以下4个重要的基于视觉的指导原则,并通过具体的举例分析,进一步阐述它们在交互界面设计中的应用和效果。

1. 格式塔原理

1)接近性

接近性原理,也被称为邻近性原理或者关联原理,是设计和心理学领域中一个重要的原则。它指出,当用户在感知和理解信息时,用户倾向于将在空间上彼此接近的元素视为相关的或者属于同一组。接近性原理对于设计界面、图表、图像和其他视觉元素的组织和呈现非常有用。设计师运用接近性原理来对相关联或相似功能的元素进行分组或分类,让用户能够迅速看出它们之间的关系。接近性原理不仅适用于界面元素的空间布局,也适用于界面元素的时间布局。

接近性原理的核心思想是,将接近彼此的元素视为一个整体,而将远离的元素视为独立的个体。这种认知倾向使用户能够快速组织和理解复杂的信息,同时减少认知负荷。在设计中应用接近性原理的一种常见方式是将相关的元素放置在彼此接近的位置。这可以通过设置间距和对齐等视觉效果来实现。例如,在一个表格中,将相关的数据放置在同一行或同一列,或者使用颜色、形状或图标等视觉元素来将相关的内容分组。

例如,在百度搜索界面中(如图 6.1 所示),搜索框、搜索按钮、拍照输入按钮等相关联的元素放置在一起,形成一个搜索区域,使用户能够快速识别出它们之间的联系。

图 6.1　百度搜索界面中的接近性原理

接近性原理还可以用于强调特定的元素或信息。通过将需要突出显示的元素放置在视觉上与其他元素有明显区别的位置,例如,更大、更醒目或者更为突出的位置,可以吸引用户的注意力。接近性原理还可以在用户界面中帮助用户快速识别和理解功能或选项。通过将相关的操作或选项放置在相邻的位置,用户可以更容易地找到并建立操作之间的联系。

另一个例子是在微信聊天界面,如图 6.2 所示,每个聊天气泡都由头像、昵称、时间和消息内容等元素构成。这些元素利用接近性原理进行排列,让用户能够一眼看出每个聊天气泡是哪个联系人发的,以及每条消息的发送时间和内容。

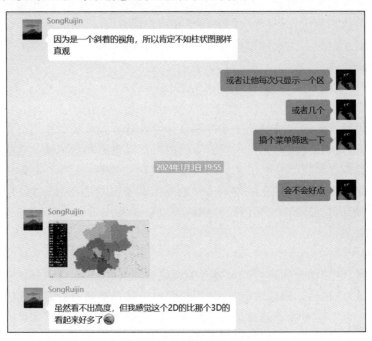

图 6.2　微信聊天界面中的接近性原理

2) 相似性

用户在感知和理解信息时,倾向于将相似的元素归类为一组,认为它们具有相似的特征或属于同一类别。相似性原理在设计领域中有广泛的应用,特别是在界面设计、图形设计和图像处理中。相似性原理是指人类倾向于将形状、颜色、大小或方向等相似或一致的元素看作一个整体或一组。设计师利用相似性原理来强调或区分不同类型或状态的元素,使用户能够快速识别出它们之间的差异。

相似性原理不仅可以用于界面元素的静态排列,也可以用于界面元素的动态变化。用户在感知和理解信息时,倾向于将相似的元素归类为一组,认为它们具有相似的特征或属于同一类别。相似性原理在设计领域中有广泛的应用,特别是在界面设计、图形设计和图像处理中。在设计中,应用相似性原理可以帮助设计师创建清晰、易于理解的界面和图形。以下是一些与相似性原理相关的设计准则和技巧。

(1)一致的视觉风格。

使用相似的颜色、形状、图标或其他视觉元素来确保界面的一致性。这样做可以使用户快速识别元素之间的关系,减少认知负荷。

(2)分组和分类。

将相似的元素分组并进行适当的分类。这可以通过使用相同的背景色、边框样式或布局来实现。分组和分类有助于用户理解信息的组织结构和层次关系。

(3)图表和数据可视化。

在制作图表和数据可视化时,使用相似的视觉元素来表示相似的数据类型或类别。例如,使用相同的颜色或图标来表示相关的数据系列,帮助用户快速识别和比较。

(4)强调重要元素。

通过在相似的元素中加入一些不同的特征,如较大的尺寸、鲜艳的颜色或者高对比度,来突出显示重要的元素。这样可以吸引用户的注意力,引导其关注重点内容。

(5)避免混淆。

尽量避免在界面中使用过多相似的元素,以免造成混淆和困惑。确保元素之间的差异足够明显,以便用户能够准确地识别和区分它们。

例如,网易有道词典在一定程度上满足了相似性原理的准则和技巧。如图 6.3 所示,通过一致的视觉风格、分组和分类、强调重要元素以及避免混淆的设计策略,网易有道词典提供了一个清晰、易于使用的界面,帮助用户快速查找和理解单词的含义和用法。这样的设计有助于降低用户的认知负荷,提高用户的操作效率和准确性,提升用户的使用体验。然而,具体的满足程度还需要根据实际使用效果和用户反馈进行进一步评估和优化。

3)连续性

连续性原理也被称为流线型原理或持续性

图 6.3　网易有道词典界面中的相似性原理

原理。它描述了用户在感知和理解信息时,倾向于将连续、平滑和无中断的元素组合成一个连贯、统一的整体。连续性原理对于界面设计、排版、动画和视觉呈现等方面具有重要的指导作用。人类倾向于将沿着一条直线或曲线排列的元素看作一个整体或一组,并认为它们是有方向和运动的。设计师可以利用连续性原理来指示界面元素的流程或顺序,使用户能够更清晰地跟随和操作它们。

例如,在注册成为百度地图开发者的业务中(如图 6.4 所示),软件给予用户必要的提示,告知用户业务的全流程,以及用户当前所在的节点。这样的设计实现了不打断用户的任务流,同时又能清晰地展示出操作的全路径,让用户可以预期操作目标的达成,使产品设计更贴心,提高了易用性。

图 6.4 注册成为百度地图开发者的连续性原理

在设计中应用连续性原理可以帮助设计师创造出具有流畅和连贯感的界面和图形。以下是一些与连续性原理相关的设计准则和技巧。

(1) 对齐和排列。

使用对齐和排列来创建连续性和一致性。通过对齐元素的边缘、中心点或其他关键点,可以形成一条连续的线或者一致的视觉模式。

(2) 流线型布局。

将元素以流线型的方式布局,使其在视觉上呈现出一种自然、连贯的流动。这可以通过使用曲线、斜线或其他流线型的线条来实现。

(3) 共享视觉特征。

在设计中使用相似的颜色、形状、线条或其他视觉特征来连接相关的元素。共享相同的特征可以在视觉上形成连续性和一致性。

(4) 过渡和动画。

使用平滑的过渡和动画效果来增强连续性。通过渐变、淡入淡出、移动或形状变化等动画效果,可以创造出流畅的视觉过渡,帮助用户理解信息的变化和关联。

（5）视觉路径引导。

利用视觉元素的方向性来引导用户的目光和注意力。通过布局元素的方向或者使用箭头、线条等视觉元素,可以引导用户在界面上形成自然的浏览路径。

连续性原理可以帮助设计师创建出令用户愉悦和易于理解的设计。设计师通过在界面中使用流畅的线条、一致的视觉模式和自然的过渡效果,增强用户对信息的感知和理解,提供更好的用户体验;通过合理应用连续性原理,创造出视觉上引人注目、功能上流畅一致的设计作品。

4）封闭性

封闭性原理是指人类倾向于将不完整或不连续的元素看作一个完整或连续的整体,并自动填补其中的空缺。设计师可以利用封闭性原理来简化或优化界面元素的形状或轮廓,使用户能够更容易地理解和记忆它们。

封闭性原理不仅可以用于界面元素的外形,也可以用于界面元素的内部。例如,在百度搜索结果界面中,每个搜索结果的标题都使用不完整或不连续的下画线构成,形成一个简洁且有提示作用的样式,使用户能够更容易地识别出它们是可单击的链接。

封闭性原理的核心思想是,当用户面对一个不完整的形状或图案时,用户会自动地将其视为一个封闭的形状。用户倾向于在脑海中填补缺失的部分,形成一个完整的整体。这种认知倾向使用户能够快速识别图案、形状和对象,并理解其含义。

例如,比亚迪汽车的 Logo(如图 6.5 所示)使用不完整或不连续的线条构成,形成一个简洁而有特色的标志,使用户能够更容易地理解和记忆它。

图 6.5　比亚迪汽车 Logo 中的封闭性原理

在设计中应用封闭性原理可以帮助设计师创造出视觉上完整和易于理解的界面和图形。以下是一些与封闭性原理相关的设计准则和技巧。

（1）形状闭合。

在设计图形和图标时,确保形状是封闭的,没有缺失的边缘或断裂的部分。这样可以帮助用户快速识别形状,理解其含义。

（2）背景填充。

在界面设计中,使用背景颜色或纹理填充元素的边界,以使其看起来封闭和完整。这可以减少形状的不完整感,并帮助用户快速识别和理解界面的组成部分。

举例来说,考虑一个网格状的布局,如果网格中的某些单元格没有被填充,用户可能会认为这是一个不完整的布局。相反,如果每个单元格都被填充,形成一个封闭的网格,用户能够更容易地理解布局的结构和意义。

（3）联想图形。

通过使用视觉元素的连续性和封闭性,创建联想图形,帮助用户理解和记忆信息。通过将相关的元素组合成一个整体,形成一个封闭的图形,可以加强用户对信息的关联和理解。

举例来说,考虑一个商标设计,其中使用多个元素组合成一个整体图形。如果这些元素之间没有形成封闭性,商标可能会显得杂乱和不连贯。相反,如果元素之间形成了连续和封闭的关系,商标会更具可识别性和记忆性。

5)对称性

对称性原理是指人类倾向于将对称或平衡的元素看作一个整体或一组,并认为它们是稳定和和谐的。设计师可以利用对称性原理来增加界面的整体协调性和平衡感,使用户能够更舒适地观看和使用它们。对称性原理在设计中被广泛应用,因为它有助于创造出平衡、美观和易于理解的设计作品。设计师通过合理运用对称性原理,可以帮助用户快速感知和理解信息,提供更好的用户体验。

在界面设计中,设计师利用对称性原理来创建一种视觉平衡,使界面看起来更舒适和自然。设计师将界面中的元素按照一定的轴线或中心点进行对称排列,使界面看起来更均匀和整齐。设计师也可以将界面中的元素按照一定的比例或权重进行对称分配,使界面看起来更合理和协调。设计师还可以将界面中的元素按照一定的形式或风格进行对称呈现,使界面看起来更一致。

图 6.6 百词斩界面中的对称性原理

例如,在百词斩界面中(如图 6.6 所示),导航区域等都使用对称或平衡的布局方式进行排列,形成一个整体协调和平衡的界面,使用户能够更舒适地观看和使用它。

设计师利用对称性原理来创建一种视觉吸引力,使图形看起来更有趣和有创意。将图形中的元素按照不同的轴线或中心点进行对称变换,使图形看起来更多样和有动感;也可以将图形中的元素按照不同的比例或权重进行对称组合,使图形看起来更丰富和有层次;还可以将图形中的元素按照不同的形式或风格进行对称搭配,使图形看起来更精致和有品位。

6)主体/背景

主体/背景原理是指人类倾向于将视觉场景分为主体和背景两部分,并根据形状、颜色、亮度等因素来判断哪些元素是主体,哪些元素是背景。设计师可以利用主体/背景原理来突出或隐藏界面元素,使用户能够更清楚地区分出它们之间的层次和关系。这种分离和区分使用户能够更好地理解和处理信息,并减少认知负荷。

主体/背景原理的核心思想是,用户倾向于将视觉元素分为主体和背景两个部分。主体是用户关注和专注的焦点,而背景则是主体的环境和背景。这种分离和区分使用户能够更好地理解和处理信息,并减少认知负荷。

在设计中应用主体/背景原理可以帮助设计师创造出清晰、易于理解的界面和图形。以下是一些与主体/背景原理相关的设计准则和技巧。

(1)对比和分离。

通过对主体和背景之间的对比进行强调和分离。这可以通过使用不同的颜色、亮度、对比度、大小或形状等视觉元素来实现。强烈的对比可以帮助用户快速识别主体和背景，以及它们之间的关系。

举例来说，考虑一个界面设计，其中主要内容区域使用明亮的颜色和高对比度，而背景则使用柔和的颜色和低对比度。这种对比可以使主体在视觉上突出，使用户更容易注意和专注于主要内容。

（2）分层和深度。

通过使用分层和深度效果来区分主体和背景。这可以通过阴影、投影、透明度或透视效果来实现。分层和深度效果可以使主体与背景产生立体感，帮助用户理解界面的层次结构。

举例来说，考虑一个图形设计，其中使用阴影效果将主体元素从背景元素中凸显出来。这种分层效果可以使主体看起来更加突出，让用户更容易识别和理解元素的层次关系。

（3）简洁和明确。

确保主体和背景之间的界限清晰明确。避免在主体和背景之间添加过多的细节或干扰元素，以免混淆用户的视觉焦点。

举例来说，考虑一个文本排版设计，其中主要内容使用明亮的背景色，而背景则使用中性或柔和的颜色。通过保持背景的简洁性，可以使主体文本更加突出和易于阅读。

（4）周边空间利用。

利用主体和背景之间的周边空间来增强分离效果。通过留出适当的空白或留白区域，可以帮助用户更清晰地识别主体和背景之间的边界。

举例来说，考虑一个摄影作品，其中主体被放置在一块空白的天空或墙壁区域中。这种周边空间的利用可以使主体更加突出和引人注目。

设计师通过合理应用主体/背景原理，可以创造出清晰、易于理解的设计作品。通过在设计中区分和分离主体和背景，并使用对比、分层和周边空间等设计技巧，帮助用户更容易地识别和理解信息，提供更好的用户体验。

这个原则常在各种电商平台的广告中出现。例如，天猫商城中弹出广告对话框并调暗背景的设计应用了主体/背景原则（如图 6.7 所示）。通过对比、分层、简洁和明确以及周边空间利用等设计技巧，该设计突出了对话框作为主体的重要性，帮助用户更容易注意和理解对话框中的内容。这样的设计增强了用户体验，减少了用户在面对多个页面元素时的认知负荷，使用户能够更轻松地进行操作和交互。

主体/背景原理也可以与其他格式塔原理相结合，以增强界面元素之间的联系或差异。

另一个例子是在微信扩展菜单界面中（如图 6.8 所示），它使用与主界面截然不同的黑色作为主体的颜色，突出这一个新的扩展菜单在原来界面的上层，明确地显示了它与原来界面的关系，更加引人注目，方便用户分辨。

2. 色彩与对比度

色彩在界面设计中具有重要的影响力，可以传递情感、引导注意力和区分不同元素。选择适合的配色方案，并确保足够的对比度，对于用户的视觉感知和操作至关重要。

图 6.7 天猫商城广告界面中的主体/背景原理　　图 6.8 微信扩展菜单界面中的主体/背景原理

色彩在界面设计中有两个主要功能:美学功能和语义功能。美学功能是指色彩能够创造出美感、情感、氛围等心理效果,给用户带来愉悦的视觉体验。例如,暖色调可以给用户温暖、活力、热情的感觉,而冷色调可以给用户清爽、安静、沉稳的感觉。语义功能是指色彩能够传递出信息、意义、功能等逻辑效果,给用户带来有效的视觉指引。例如,红色通常表示警告、危险、错误等负面信息,而绿色通常表示成功、安全、正确等正面信息。

在选择配色方案和确定对比度时,需要考虑以下几个方面。

1) 色彩的文化含义

不同的文化对于同一种颜色可能有不同的理解和感受,因此设计师需要根据目标用户的文化背景来选择合适的颜色。例如,在中国,红色是喜庆、吉祥、热情的象征;而在西方,红色可能是危险、血腥、暴力的象征。

2) 色彩的心理效果

不同的颜色会引发不同的心理反应和情绪变化,因此设计师需要根据设计的目的和场景来选择合适的颜色。例如,在设计一个儿童教育应用时,设计师可以使用明亮、饱和、多彩的颜色来激发孩子们的兴趣和好奇心,而在设计一个金融管理应用时,设计师可以使用深沉、低饱和、单一的颜色来营造专业和信任感。

3) 色彩的视觉效果

不同的颜色会产生不同的视觉效果,影响用户对界面元素的感知和操作。例如,在设计一个按钮时,设计师可以使用高对比度的颜色来突出按钮的可单击性,而在设计一个背景时,设计师可以使用低对比度的颜色来减少干扰和眼睛疲劳。

4）对比度与可读性

对比度是指两种或多种颜色之间明暗差异的程度。对比度越高,颜色之间越容易区分。在界面设计中,对比度直接影响了文字和图形等元素的可读性。如果对比度过低,用户可能无法清晰地看到元素的内容和边界;如果对比度过高,用户可能会感到刺眼和不舒服。因此,在设计时,设计师需要根据元素的重要性和功能来调整合适的对比度。一般来说,重要或可操作的元素应该使用高对比度的颜色来突出显示,而次要或辅助性的元素应该使用低对比度的颜色来降低视觉噪声。

5）对比度与视觉层次

对比度还可以用来创造视觉层次,即界面元素之间相对重要性和关系的表现。通过使用不同程度的对比度,设计师可以使某些元素更加显眼或更加隐蔽,从而引导用户注意或忽略它们。在界面设计中,视觉层次有助于提高信息组织结构和导航效率。一般来说,主要或核心信息应该使用高对比度的颜色来强调显示,而次要或辅助信息应该使用低对比度的颜色来衬托显示。

3. 色彩与对比度实例:微信聊天界面

从图 6.9 中可以看出,微信聊天界面使用了绿色和白色作为主要的配色方案。绿色代表微信的品牌形象,也能给用户带来清新和活力的感觉。白色则作为背景色,能够与绿色形成明显的对比,使得聊天内容更加突出和清晰。

图 6.9　微信聊天界面

此外,微信还使用了其他颜色来表示不同类型的消息,例如,红色表示红包或转账,蓝色表示语音或视频通话,灰色表示系统提示等。这些颜色能够帮助用户快速区分不同类型的消息,并引起用户的注意和兴趣。

4. 布局与组织

设计清晰的布局是界面设计中的关键要素之一。良好的布局能够使界面元素有条理地排列,提供一致的信息组织结构,便于用户理解和导航。

以下是一些布局与组织的指导原则。

1）留白

合理运用留白可以增加界面的整洁感和可读性。适当的间距和边距可以使各个元素之间有足够的空间,避免产生拥挤和混乱的感觉。同时,留白也可以帮助界面元素的分组和归类,提高信息的可辨识性。

2）网格系统

使用网格系统可以将界面划分为一系列均匀的区域,使元素的排列更加统一和整齐。网格系统可以帮助设计师在布局过程中保持一致性,并提供一种可扩展的结构,适应不同尺寸的屏幕和设备。

3）对齐与对称

对齐元素可以提高界面的整体协调性和平衡感。通过水平、垂直或中心对齐,可以使元素之间的关系更清晰,提供更好的可视引导。对称布局可以带来一种稳定和谐的感觉,适用于需要表达均衡和一致性的场景。

4）重点突出

通过合适的视觉手法,突出显示重要的界面元素,可以帮助用户快速获取关键信息。例如,使用较大的字体、醒目的颜色或引导线条,将关键内容与其他元素区分开。

图 6.10　美团 App 首页

5. 布局与组织实例:美团 App 首页

美团 App 首页的布局与组织(如图 6.10 所示)采用了一种简洁而直观的设计风格,以帮助用户快速获取所需信息并进行操作。

美团 App 首页采用了网格系统,将界面划分为多个均匀的区域,使元素的排列更加统一和整齐。这种网格布局有助于保持一致性,并提供了可扩展的结构,适应不同尺寸的屏幕和设备。顶部的导航栏和搜索栏与页面的边缘对齐,各个模块的标题和内容也都经过精确的对齐,使得界面看起来更加统一和整洁。主要功能模块采用较大的图标和醒目的颜色,与其他模块形成明显的区别。

6. 图标与视觉元素

图标和其他视觉元素在界面设计中起着重要的作用,它们能够帮助用户快速理解和操作界面功能。

以下是一些图标与视觉元素的指导原则。

1)易识别性

图标应该具有直观的意义,用户能够迅速理解其代表的功能或内容。使用常见的符号和图形可以提高图标的易识别性,避免混淆和歧义。

2)一致性

保持图标风格的一致性有助于用户建立视觉模式和记忆,提高界面的可用性。选择一套统一的图标样式,并在整个界面中保持一致的设计语言。

3)可交互性

当图标用作可单击元素时,需要通过视觉手法强调其可交互性。使用合适的颜色、阴影或动画效果,使图标看起来像一个可单击的按钮,并与其他非交互性元素区分开来。

4)反馈与状态

图标可以用来传达操作的反馈和状态信息。例如,在提交表单时,可以使用加载动画或勾选图标来表示处理中或成功的状态。

7. 图标与视觉元素实例:支付宝支付应用

在设计扫一扫界面时,设计师可以使用一个大的扫描图标来表示扫一扫的主要功能,使用户能够一眼就看到并点击。

支付宝的扫码功能设计展现出了高度的精准性和用户友好性。从图 6.11 中的图标设计来看,支付宝的扫码功能图标采用了简洁而直观的视觉元素。图标是一个简单的相机形状,内部包含扫描线,让人十分容易联想到这是一个扫描器,以明确地表示用于扫描二维码的功能。这种设计不仅使用户在第一时间就能理解其功能,而且不会因为设计过于复杂而产生困扰。图标的颜色是支付宝品牌的主色调——蓝色,这有助于保持品牌的一致性,同时蓝色也给人一种稳重、可靠的感觉,符合支付应用的特性。扫码功能的入口被放置在应用的顶部导航栏,这是用户最常用的操作路径。这种布局方式使用户可以方便快捷地找到并使用扫码功能。扫码功能的图标尺寸相对较大,以便用户能够快速识别并点击该图标。

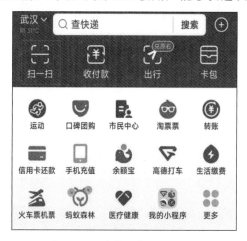

图 6.11　支付宝扫一扫界面

8．可视反馈

为用户的操作提供明确的可视反馈是界面设计中不可或缺的部分。及时、明确的反馈可以帮助用户理解他们的操作结果和当前状态,提高用户的操作感知和体验。

以下是一些可视反馈的指导原则。

1)状态变化

在用户执行操作或与界面进行交互时,界面元素的状态应该及时改变,以反映操作的进展或结果。例如,按钮在被单击后可以显示按下的效果,表单字段在填写完成后可以显示验证的结果。

2)动画和过渡

使用动画和过渡效果可以平滑地呈现界面元素的变化,增加交互的流畅性和自然感。例如,当打开或关闭一个菜单时,可以使用渐变动画或滑动效果,使过渡更加平滑。

3)错误提示

当用户发生错误操作或输入时,界面应该提供清晰的错误提示,帮助用户识别问题并提供解决方案。使用颜色、图标或文本消息等方式,将错误信息突出显示。

4)反馈延迟

在用户执行操作后,界面的反馈应该是即时的。任何延迟或缺乏反馈都可能引起用户的困惑和不确定感。确保系统能够及时响应用户的操作,并提供合适的反馈,以保持用户的操作流畅性和连贯性。

9．可视反馈实例：滴滴出行应用

考虑一个出行应用的叫车功能界面。在设计时,设计师需要为用户的操作提供明确的可视反馈,以帮助用户理解他们的操作结果和当前状态。例如,在用户输入目的地后,设计师可以使用一个动态地图来显示用户的位置和目的地,以及用户到达目的地可能选择的路径、预计的等待时间等。

从图 6.12 可以看出,滴滴出行应用为用户的操作提供了明确的可视反馈。每个反馈都使用了不同的视觉元素来表示不同的信息和功能。在滴滴出行的地图模块中,用绿色带箭头的曲线标注出了用户最可能使用的路径方案,并用其他半透明的绿色带箭头的曲线标注出了其他备选路线;应用在用户的起点位置用橙色标注出了附近的叫车情况,以便用户判断是否使用当前叫车服务;在页面中下部分展示了用户可以选择的各种服务类型,如快车、专车、拼车、顺风车等。每种服务类型都有对应的图标和描述,用户可以根据自己的需求选择合适的类型。此外,选择区还提供了车型、价格、预计到达时间等详细信息,帮助用户做出决策;在页面的底部设计了一个较大且颜色较鲜艳的按钮提醒用户点击该按钮提交订单使用叫车服务。

图 6.12　滴滴出行界面

6.2.2　基于非视觉感知的指导原则

在可视化交互界面设计中,除了视觉感知,还有其他感知方式,如听觉、触觉和运动感知等。基于非视觉感知的指导原则在设计中起着重要的作用,它们关注如何利用听觉、触觉和运动感知来提升界面的易用性和用户体验。本节将介绍三个基于非视觉感知的指导原则,并通过具体的举例分析,进一步理解它们的应用。

1. 听觉反馈

听觉反馈是通过声音和音效来提供操作反馈和警示信息,以增强用户体验和交互效果。合理的听觉反馈可以帮助用户更好地理解界面的状态和操作结果。

例如,设计一款音乐播放应用,当用户单击"播放"按钮时,可以通过播放音乐的声音来提供操作反馈,让用户知道音乐已经开始播放。在音乐播放过程中,应用使用不同的音效来表示不同的操作,如暂停、停止或切换曲目等。通过合理运用声音的反馈,用户可以更直观地感知到自己的操作,并获得更丰富的体验。

考虑设计一个游戏应用,在用户进行游戏时,可以通过各种声音和音效来提供游戏反馈和氛围营造,让用户感受到游戏的情节和情感。例如,在用户击中敌人时,可以通过一个击中的声音来提供操作反馈,并根据敌人的生命值变化来调整声音的强度;在用户进入不同的场景时,也可以通过不同风格和节奏的背景音乐来提供场景反馈,并根据场景的气氛和紧张度来调整音乐的速度和音量。通过合理运用声音的反馈,用户可以更深入地沉浸在游戏中,并享受游戏带来的乐趣。

2. 触觉反馈

触觉反馈是通过触摸、振动或触觉反馈设备等方式来提供交互手感,增加用户的参与感和沉浸感。合理的触觉反馈可以帮助用户更好地感知界面的操作和状态。

考虑一个虚拟键盘应用,在用户按键时,可以通过触摸反馈(如轻微的振动或触觉反馈)来模拟物理键盘的按键感觉。这种触觉反馈可以让用户在触摸屏上输入时更接近实体键盘的体验,并提供更好的反馈,让用户知道他们的按键是否被正确响应。

现在常见系统自带的相机应用,在用户按下快门按钮时,可以通过触觉反馈(如模拟相机的快门声和震动)来提供操作反馈,让用户感受到拍照的动作和效果。这种触觉反馈可以让用户在拍照时更有真实感和满足感,并增加用户的拍照乐趣。

某些智能手表或者健身环中的健身应用,在用户进行健身时,可以通过触觉反馈(如根据运动强度和心率变化来调整振动频率和强度)来提供运动反馈,让用户感受到运动的强度和效果。这种触觉反馈可以让用户在健身时更有动力和激励,并帮助用户达到健身目标。

3. 运动感知

运动感知考虑了用户的运动能力和感知能力,设计界面元素的大小、位置和交互方式,以便用户能够准确、高效地操作。

在设计手机游戏应用时,设计师可以根据用户的手指操作习惯和手势识别能力,设计适合触摸屏操作的交互方式。例如,通过合理安排按钮的大小和位置,以及对滑动手势的敏感度调整,可以提供更流畅的游戏体验。同时,还可以利用重力感应器来实现倾斜或旋转操作,使用户能够更直观地与游戏进行互动。

在思考一个地图导航应用的设计时,设计师可以根据用户的视线移动和头部转动能力,设计适合头戴式显示器操作的交互方式。例如,通过利用眼球追踪技术来实现视线选择和放大缩小功能,可以提供更自然的地图浏览体验。同时,还可以利用陀螺仪来实现头部转动控制方向功能,使用户能够更灵活地与地图进行互动。

考虑一个虚拟现实应用,设计师可以根据用户的身体移动和空间感知能力,设计适合全身式交互的交互方式。例如,通过利用运动捕捉技术来实现身体姿态和手势识别功能,可以提供更真实的虚拟现实体验。同时,还可以利用立体声技术来实现空间声音定位功能,使用户能够更准确地与虚拟环境进行互动。

6.2.3　基于费茨定律的指导原则

费茨定律(Fitts's Law)是人类运动学能力和精确性的原理,它指出操作目标的大小和距离会影响用户的操作准确性和效率。在可视化交互界面设计中,应用费茨定律的指导原则可以帮助设计师更好地安排交互元素的位置和大小,提高用户的操作效率和准确性。本节将详细介绍基于费茨定律的指导原则,并通过具体的举例分析来进一步理解它们的应用。

1. 大小与易操作性

在移动应用的按钮设计中,设计师运用费茨定律来计算按钮的最佳大小和位置,从而让用户更轻松地点击。同样,在网页设计中,设计师依据费茨定律来确定链接的字体大小和间距,以提高用户的操作效率和准确性。简而言之,操作目标的大小与操作的易用性直接相关。较大的目标更容易被用户准确地点击或触摸,而较小的目标则需要更高的精确度和时间。

例如,在设计移动应用的按钮时,为了提高易用性,设计师应该确保按钮足够大,以便用户能够轻松点击。如果按钮过小,会增加用户点击错误或漏点的风险,导致用户体验下降。因此,通过合理调整按钮的大小,可以降低用户的操作负担,提高操作的准确性和效率。

再如,在设计网页链接时,为了提高易用性,设计师应该确保链接字体足够大,并且有足够的间距,以便用户能够轻松点击。如果链接过小或过密集,会增加用户点击错误或误点其他链接的风险,导致用户体验下降。因此,通过合理调整链接字体大小和间距,可以降低用户操作负担,提高操作准确性和效率。

图 6.13　支付宝按钮设计

以支付宝移动应用的按钮设计为例进行分析。如图 6.13 所示,在支付宝移动应用中,各种功能和操作都通过按钮进行触发。支付宝采用了符合费茨定律的设计原则,将按钮的大小和位置进行合理的调整,以提高用户的易用性和操作准确性。支付宝的按钮设计遵循了"大小与易操作性"的原则。按钮的大小足够大,让用户能够轻松点击。无论是主要功能按钮还是次要功能按钮,都采用了足够的大小,以确保用户能够准确触摸到目标按钮。按钮的设计遵循了人类手指的操作能力,充分考虑了用户的触摸精度和操作习惯。支付宝各个功能按钮的大小适中,足够大以便用户能够轻松点击。这样一来,用户可以快速找到并点击所需的功能按钮,无须花费过多时间和精力。另外,支付宝还在按钮上使用了合适的颜色和图标,以增加按钮的可视性和辨识度,进一步提高易用性和操作准确性。

2. 距离与操作难度

距离与操作难度是指操作目标与起始位置之间的距离对操作难度有影响。较远的目标需要用户进行更长的移动,增加操作的时间和精确度要求。

例如,在进行桌面应用菜单的设计时,为了提高操作的便捷性,设计师将常用的菜单选项放置在距离起始位置较近的位置,减少用户移动鼠标或光标到目标位置所需时间。例如,在应用顶部工具栏上放置常用菜单选项或快捷键图标,用户可以轻松地通过鼠标移动到目标位置或直接按下快捷键进行选择,减少了操作时间和难度。

考虑一个移动应用或网页设计中底部导航栏或悬浮按钮(如返回顶部)等功能按钮。为了提高操作便捷性,设计师应该将这些功能按钮放置在距离起始位置较近或容易触达的位置(如屏幕底部),减少用户移动手指到目标位置所需时间。例如,在移动应用或网页底部放置导航栏或悬浮按钮,用户可以轻松地通过手指触摸到目标位置,减少了操作时间和难度。

在小米应用市场的界面设计中,也可以看到距离与操作难度的考虑。如图 6.14 所示,小米应用市场将常用的菜单选项放置在距离起始位置较近的位置，以提高操作的便捷性。在应用市场的顶部工具栏中，可以找到常用的功能选项，如搜索、分类、排行榜等。这样，用户可以轻松地将鼠标移动到目标位置，减少了操作时间和难度。底部导航栏和悬浮按钮的位置放置在距离起始位置较近或容易触达的位置，以提高操作的便捷性。在应用市场的底部导航栏中，用户可以轻松地通过手指触摸到目标位置，无须过多的手指移动。此外，小米应用市场还在页面中设置了返回顶部的悬浮按钮，使用户可以快速返回页面顶部，无须滚动长页面。通过这些设计选择，小米应用市场减少了用户操作时的移动距离，降低了操作的难度和认知负荷。用户可以更快速、轻松地找到目标选项或执行特定操作，提升了用户的体验和满意度。

3. 边缘与命中率

边缘与命中率是指目标与屏幕边缘的距离对于用户操作的命中率有影响。目标越接近屏幕边缘，用户越容易准确地点击或触摸。

在设计网页导航栏时，为了提高命中率和用户体验，设计师将常用的导航选项放置在页面的边缘位置，例如，左侧或顶部。这样一来，用户在浏览网页时，无论是使用鼠标还是手指触摸屏幕，都能轻松地将光标或手指移动到目标位置，减少了误触的可能性。

图 6.14　小米应用商城中的菜单设计

考虑一个移动应用设计中的返回按钮。为了提高命中率和用户体验，设计师将返回按钮放置在屏幕的左上角或右上角等边缘位置。这样一来，用户在使用应用时，无论是使用左手还是右手操作，都能轻松地将手指移动到目标位置，减少了误触的可能性。

基于费茨定律的指导原则可以帮助设计师合理安排界面上的交互元素，从而提高用户的操作效率和准确性。通过关注大小与易操作性、距离与操作难度以及边缘与命中率等方面，设计师可以创建出更符合人类运动学原理的界面。这些原则的应用有助于降低用户的认知负荷，提高用户体验和满意度，使用户能够更轻松地完成任务和操作软件应用。

以菜鸟驿站为例进行分析。在菜鸟驿站的设计中，边缘与命中率的原则被应用于导航元素的位置选择，以提高用户的命中率和操作准确性。如图 6.15 所示，常见的导航选项，如"取包裹""寄包裹"等，被放置在屏幕顶部的边缘位置。这样一来，用户在使用应用时，无论是使用左手还是右手操作，都能轻松地将手指移动到屏幕顶部，准确点击所需的导航选项，

可视化交互界面设计

图 6.15　菜鸟驿站 App 中的按钮布局

降低误触的可能性。另外,在菜鸟驿站的网页设计中,常用的导航选项也被放置在页面的边缘位置,例如,左侧或顶部。这样一来,用户在浏览网页时,无论是使用鼠标还是触摸屏幕,都能轻松地将光标或手指移动到导航选项,提高了命中率和操作准确性。通过将导航选项放置在边缘位置,菜鸟驿站的设计考虑了边缘与命中率的原则。这样的设计使得用户能够更容易准确地单击所需的导航选项,减少误触和操作错误的可能性。这种设计方式提高了用户的操作效率和准确性,增强了用户体验和满意度。

6.2.4　简约的设计策略

简约是一种追求高效、优雅、易用的设计理念,它不是简单地减少或删除设计元素,而是在充分了解用户需求和场景的基础上,做出恰当的设计决策。简约的设计可以帮助用户快速地理解和使用产品,提高用户体验和满意度。在可视化交互界面设计中,应用简约的设计策略可以帮助设计师更好地平衡功能和形式,避免不必要的复杂性和干扰。简约的设计策略主要有以下4 种。

(1) 删除:去掉不必要的设计元素。
(2) 组织:分组有意义的设计元素。
(3) 隐藏:隐藏不重要的设计元素。
(4) 转移:将复杂或难以理解的设计元素转移到其他途径或平台上去。

本节将详细介绍这 4 种简约的设计策略,并通过生活中常见的例子来进一步理解它们的应用。

1. 删除

删除是简约设计策略中最基本也最重要的一种,它指的是去除那些不必要、多余或低优先级的设计元素,只保留那些对用户最有价值、最有意义、最能达成目标的设计元素。删除可以帮助用户减少认知负担,提高注意力和操作效率。

删除不是一件容易的事情,它需要设计师深入了解用户的真实需求和目标,以及产品所处的环境和场景。设计师不能盲目地为了追求简单而牺牲功能或信息,也不能为了满足所有可能的需求而堆砌功能或信息。设计师需要在功能和信息之间找到一个合适的平衡点,让用户能够快速地找到并完成他们想要做的事情。

删除有以下几个原则。

1) 以用户为中心

设计师应该从用户的角度出发,考虑他们最关心、最常用、最直接影响目标达成的功能或信息是什么,然后优先保留这些功能或信息。设计师应该避免从自己或者开发者的角度出发,考虑自己或者开发者觉得有用、有趣、有挑战性或者有技术含量的功能或信息,这些功能或信息往往对用户来说并不重要或者甚至会干扰用户。

2）以目标为导向

设计师应该明确用户使用产品的主要目标是什么,然后根据这个目标来评估每个功能或信息对于目标达成的贡献程度,然后优先保留那些对目标达成最有帮助的功能或信息。设计师应该避免根据流程或者习惯来评估每个功能或信息的重要性,这些流程或者习惯往往是由于产品本身的复杂性而形成的,并不一定符合用户真正想要做的事情。

3）以效果为衡量

设计师应该通过测试和反馈来检验每个功能或信息对于用户体验和满意度的影响,然后优先保留那些能够提高用户体验和满意度的功能或信息。设计师应该避免根据直觉或者假设来决定每个功能或信息的必要性,这些直觉或者假设往往是基于自己或者开发者的经验或者知识,并不一定符合用户的实际情况。

删除的方法有以下几种。

1）做逆向工程

对于用户提出的要求,设计师应该搞清楚他们到底遇到了什么问题,仔细斟酌是不是应该由软件来解决,还是有其他更好的办法。设计师应该关注用户的目的,而不是死盯流程,想避开复杂性,问问自己"还有别的办法解决吗"。

2）防分心设计

当用户专心完成某项任务时,设计师应该尽量减少或去掉那些与任务无关或次要的元素,例如,过多的链接、按钮、广告、提示等,避免打断用户的注意力和操作流程。设计师应该让用户更专注于任务本身,而不是让他们分心于其他无关紧要的事情。

3）聪明的默认值

当用户面对一些复杂或难以理解的选项时,设计师应该为他们提供一些合理或智能的默认值,让他们可以不用费心地进行选择或输入,而直接使用产品。设计师应该让用户觉得有总比没有好,而不是让他们觉得没有总比有好。

4）预防错误

当用户可能会犯一些错误时,设计师应该尽量避免或减少这些错误发生的可能性,例如,禁止掉一些会选错的表单,提供一些会选对的建议,增加一些会确认的步骤等。设计师应该让用户更容易地做对事情,而不是让他们更容易地做错事情。

在设计一个网页搜索引擎的界面时,为了提高搜索效率和准确性,设计师应该删除那些与搜索无关或次要的元素,只保留一个清晰明确的搜索框和一个简单易懂的搜索按钮(如图6.16所示)。过多的广告、链接、选项或提示会分散用户的注意力,降低用户体验。通过删除无用或低用的元素,可以让用户更专注于输入和查看搜索结果。继续考虑一个移动应用的登录界面设计。为了提高登录速度和安全性,设计师应该删除那些与登录无关或不必要的元素,只保留一个清晰可见的用户名输入框、密码输入框和登录按钮。过多的图标、动画、背景或文本会增加用户的视觉负担,降低用户体验。通过删除多余或冗余的元素,可以让用户更快速地输入和验证登录信息。

可视化交互界面设计

图 6.16　简约的搜索页面(以搜狗为例)

2. 组织

组织是简约设计策略中最常用也最有效的一种,它指的是按照一定的逻辑或规则将相关联或相似的设计元素进行分组、分类或排序,形成一种有序、清晰、一致的结构。组织可以帮助用户更容易地理解和记忆产品信息,提高导航和查找效率。

组织需要设计师对产品信息进行合理的分类和分层,以及制定明确的标签和顺序,让用户能够快速地找到他们想要的信息。设计师不能让产品信息杂乱无章或随意堆砌,也不能让产品信息过于分散或隐藏,这些都会让用户感到困惑和厌烦。

组织有以下几个原则。

1) 以关联为基础

设计师应该根据设计元素之间的关联程度来进行分组或分类,让用户能够清楚地看出哪些元素是属于同一类别或同一功能的,哪些元素是属于不同类别或不同功能的。设计师应该避免根据设计元素之间的外观或位置来进行分组或分类,这些外观或位置往往是由于产品本身的布局或样式而形成的,并不一定反映出设计元素之间的真实关系。

2) 以层次为结构

设计师应该根据设计元素之间的重要性和依赖性来进行分层或排序,让用户能够明白哪些元素是主要的或基础的,哪些元素是次要的或衍生的。设计师应该避免根据设计元素之间的数量或大小来进行分层或排序,这些数量或大小往往是由于产品本身的容量或空间而形成的,并不一定反映出设计元素之间的真实层次。

3) 以标签为指引

设计师应该给每个设计元素赋予一个简洁明了、符合用户认知、区别于其他元素的标签,让用户能够准确地识别出每个设计元素代表什么含义或功能。设计师应该避免给每个设计元素赋予一个模糊、与用户习惯不符、与其他元素混淆不清的标签,这些标签往往是由于产品本身的术语或缩写而形成的,并不一定反映出设计元素之间的真实指引。

组织的方法有以下几种。

1) 只强调一两个最重要的主题

当用户面对一个界面时,设计师应该让他们能够立刻看出这个界面最重要或最核心的主题是什么,例如,一个标题、一个图标、一个按钮等。过多或过少的主题会让用户感到迷茫或无聊,降低用户体验。通过只强调一两个最重要的主题,可以让用户更清晰地了解界面的目的和功能。

2）分块：7加减1

当用户面对一组信息时,设计师应该将这组信息按照一定的逻辑或规则进行分块,每个块包含大约7个(加减1)相关联或相似的信息。过多或过少的信息会让用户感到负担或空虚,降低用户体验。通过分块:7加减1,可以让用户更容易地理解和记忆信息。

3）分层

当用户面对一个复杂的系统时,设计师应该将这个系统按照一定的逻辑或规则进行分层,每一层包含一些相关联或相似的系统元素。过于平坦或过于深入的系统会让用户感到困惑或沉浸,降低用户体验。通过分层,可以让用户更清晰地看出系统的结构和层次。

考虑一个网页新闻门户站点的界面设计。为了提高新闻信息的可读性和可访问性,设计师应该按照一定的逻辑或规则将新闻内容进行组织,例如,按照时间顺序、主题分类、地域区分等方式进行排列或划分(如图6.17所示)。过于杂乱无章或随意堆砌的新闻内容会让用户感到困惑和厌烦,降低用户体验。通过合理地组织新闻内容,可以让用户更方便地浏览和阅读感兴趣的新闻。

图6.17 简约的新闻主页设计(以今日头条为例)

3. 隐藏

隐藏是简约设计策略中最灵活也最巧妙的一种,它指的是将那些不常用、不重要或不适合当前场景的设计元素暂时隐藏起来,只在用户需要时才显示出来。隐藏可以帮助用户减少视觉干扰,提高界面的美观和清爽。

隐藏需要设计师对产品功能进行合理的划分和安排,以及制定明确的触发和显示条件,让用户能够在合适的时机和方式下使用隐藏的功能。设计师不能让产品功能过于显眼或突兀,也不能让产品功能过于隐蔽或难以发现,这些都会影响用户的使用体验。

隐藏有以下几个原则。

可视化交互界面设计

1）以频率为依据

设计师应该根据设计元素的使用频率来决定是否隐藏它们，一般来说，那些不常用、不重要或不适合当前场景的设计元素可以被隐藏起来，只在用户需要时才显示出来。设计师应该避免根据设计元素的复杂度或难度来决定是否隐藏它们，这些复杂度或难度往往是由于产品本身的设计或实现而形成的，并不一定反映出设计元素的使用频率。

2）以场景为条件

设计师应该根据设计元素所适用的场景来决定何时显示它们，一般来说，那些只在特定场景下才有用或有意义的设计元素可以被隐藏起来，只在符合场景条件时才显示出来。设计师应该避免根据设计元素的位置或顺序来决定何时显示它们，这些位置或顺序往往是由于产品本身的布局或样式而形成的，并不一定反映出设计元素所适用的场景。

3）以方式为手段

设计师应该根据设计元素的显示方式来决定如何触发它们，一般来说，那些以弹出窗口、下拉菜单、悬浮提示等方式显示的设计元素可以被隐藏起来，只在用户进行相应的操作时才显示出来。设计师应该避免根据设计元素的功能或信息来决定如何触发它们，这些功能或信息往往是由于产品本身的逻辑或内容而形成的，并不一定反映出设计元素的显示方式。

隐藏的方法有以下几种。

1）隐藏一次性设计和选项

当用户面对一些只需要使用一次或很少使用的设计和选项时，设计师应该将它们隐藏起来，只在用户需要时才显示出来，例如，注册、登录、帮助、设置等。过于频繁或显眼的一次性设计和选项会让用户感到厌烦或不安，降低用户体验。通过隐藏一次性设计和选项，可以让用户更专注于主要功能和信息。

2）隐藏精确控制选项，但专家用户必须能够让这些选项始终保持可见

当用户面对一些需要精确控制或调整的选项时，设计师应该将它们隐藏起来，只在用户需要时才显示出来，例如，音量、亮度、速度等。过于复杂或难以理解的精确控制选项会让用户感到困惑或不自信，降低用户体验。通过隐藏精确控制选项，可以让用户更轻松地使用产品功能。但是，对于那些有专业知识或经验的用户，设计师应该提供一个方式让他们能够让这些选项始终保持可见，以满足他们更高级或更个性化的需求。

3）不可强迫或寄希望于主流用户使用自定义功能，不过可以给专家提供

当用户面对一些可以自定义或定制的功能时，设计师应该将它们隐藏起来，只在用户需要时才显示出来，例如，主题、字体、布局等。过于简单或无趣的自定义功能会让用户感到无聊或无用，降低用户体验。通过隐藏自定义功能，可以让用户更满足于产品默认的功能和信息。但是，对于那些有创造力或个性化的用户，设计师应该提供一种方式让他们能够使用自定义功能，以满足他们更多样或更有趣的需求。

4）巧妙地隐藏

先彻底隐藏，其次适时出现。当用户面对一些不常用、不重要或不适合当前场景的功能时，设计师应该将它们彻底隐藏起来，只在用户需要时才显示出来，例如，搜索、分享、收藏等。过于突兀或干扰的功能会让用户感到不舒服或不信任，降低用户体验。通过彻底隐藏这些功能，可以让用户更专注于当前场景和任务。但是，设计师也应该提供一个方式让这些

功能能够适时地出现在用户眼前,例如,通过手势、语音、图标等触发方式。

为了提高软件使用的便捷性和准确性,设计师应该将那些不常用、不重要或不适合当前场景的设计元素,例如左侧目录、章节工作区,右侧样式、属性、帮助中心工作区等暂时隐藏起来(如图6.18所示)。过多的界面元素会占用屏幕空间,影响用户浏览。通过在用户手指滑动或单击时才显示这些元素,可以让用户方便地查看和选择功能进行文档的编辑。

图 6.18　简约的软件设计(以 WPS 文字为例)

4. 转移

转移是简约设计策略中最难也最高级的一种,它指的是将那些必要但复杂或难以理解的设计元素转移到其他途径或平台上去,让用户通过其他方式来完成相应的操作。转移可以帮助用户免于直接面对复杂性,提高交互的智能和人性。

转移需要设计师对产品功能进行合理的分配和安排,以及制定明确的交互模式和反馈机制,让用户能够通过更简单或更自然的方式来使用产品功能。设计师不能让产品功能过于烦琐或困难,也不能让产品功能过于简单或无趣,这些都会影响用户的使用体验。

转移有以下几个原则。

1) 以能力为判断

设计师应该根据设计元素所涉及的能力来决定是否转移它们,一般来说,那些超出用户或设备能力范围的设计元素可以被转移出去,让用户通过其他更有能力的途径或平台来完成相应的操作。设计师应该避免根据设计元素所涉及的领域或知识来决定是否转移它们，这些领域或知识往往是由于产品本身的主题或内容而形成的，并不一定反映出设计元素所涉及的能力。

2）以模式为选择

设计师应该根据设计元素所适用的交互模式来决定如何转移它们，一般来说，那些与当前交互模式不匹配或不协调的设计元素可以被转移到其他更适合或更协调的交互模式上去，让用户通过其他更简单或更自然的方式来完成相应的操作。设计师应该避免根据设计元素所适用的界面或媒体来决定如何转移它们，这些界面或媒体往往是由于产品本身的形式或风格而形成的，并不一定反映出设计元素所适用的交互模式。

3）以反馈为保障

设计师应该根据设计元素所需要的反馈来决定何时转移它们，一般来说，那些需要即时或明确反馈的设计元素可以被转移出去，让用户通过其他更及时或更明确的途径或平台来获取相应的反馈。设计师应该避免根据设计元素所需要的结果或效果来决定何时转移它们，这些结果或效果往往是由于产品本身的逻辑或内容而形成的，并不一定反映出设计元素所需要的反馈。

转移的方法有以下几种。

1）将复杂或难以理解的功能转移到其他途径或平台上去

当用户面对一些必要但复杂或难以理解的功能时，设计师应该将它们转移到其他途径或平台上去，让用户通过其他方式来完成相应的操作，例如，通过语音、手势、扫码等方式。过于烦琐或困难的功能会让用户感到不耐烦或不信任，降低用户体验。通过转移这些功能，可以让用户免于直接面对复杂性，提高交互的智能和人性。

2）将简单或无趣的功能转移到其他途径或平台上去

当用户面对一些必要但简单或无趣的功能时，设计师应该将它们转移到其他途径或平台上去，让用户通过其他方式来完成相应的操作，例如，通过游戏、故事、动画等方式。过于简单或无趣的功能会让用户感到无聊或无用，降低用户体验。通过转移这些功能，可以让用户增加一些乐趣和挑战，提高交互的趣味和创意。

3）将不匹配或不协调的功能转移到其他途径或平台上去

当用户面对一些必要但与当前交互模式不匹配或不协调的功能时，设计师应该将它们转移到其他途径或平台上去，让用户通过其他方式来完成相应的操作，例如，通过计算机、手机、电视等方式。过于突兀或不和谐的功能会让用户感到不舒服或不信任，降低用户体验。通过转移这些功能，可以让用户更顺畅地使用产品功能，提高交互的一致和协调。

考虑一个网页在线购物站点的界面设计。如图6.19所示，为了提高购物流程的便捷性和安全性，设计师应该将那些必要但复杂或难以理解的设计元素转移到其他途径或平台上去，例如，支付方式、发票信息、优惠券等。过于烦琐或困难的购物流程会让用户感到不耐烦或不信任，降低用户体验。通过让用户通过其他更有能力或更协调的途径或平台来完成这些操作，例如，第三方支付平台、电子邮件、手机短信等，可以让用户更轻松地完成购物。

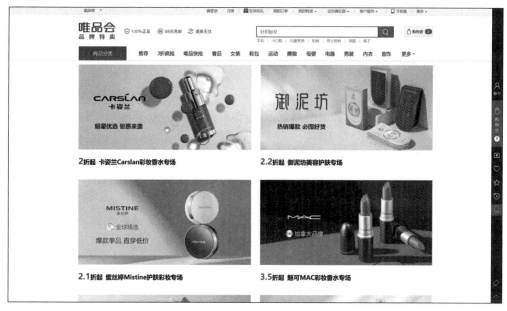

图 6.19　简约的购物网站设计(以唯品会为例)

6.3　桌面应用的界面设计

桌面应用是指运行在个人计算机或笔记本上的软件,它们通常使用鼠标、键盘、触摸板等指点设备来进行交互,以及使用窗口、菜单、工具栏、对话框、交互控件等界面元素来展示信息和功能。桌面应用的界面设计需要考虑用户的任务、目标、场景、技能、偏好等因素,以及桌面环境的特点、限制、规范等因素,以提供一个高效、易用、一致、美观的用户体验。

本节将介绍桌面应用的界面设计中的几个重要方面。

6.3.1　窗口

窗口是桌面应用的基本组成单位,它们可以展示不同的信息和功能,以及提供不同的交互方式。窗口的设计需要考虑窗口的类型、大小、位置、布局、样式等因素,以及窗口之间的关系和切换方式等因素。

窗口的类型有以下几种。

1. 主窗口

主窗口是桌面应用的核心界面,它展示了应用的主要信息和功能,并提供了对应用的基本控制。主窗口通常占据屏幕的大部分空间,可以被用户自由地移动、缩放、最大化、最小化或关闭。主窗口的设计需要考虑用户的主要任务和目标,以及应用的核心功能和信息,以提供一个清晰、高效、易用的用户体验。

2. 辅助窗口

辅助窗口是桌面应用的辅助界面,它展示了应用的次要信息和功能,以及提供了对应用的额外控制。辅助窗口通常占据屏幕的一部分空间,可以被用户自由地移动、缩放或关闭,但不能被最大化或最小化。辅助窗口的设计需要考虑用户的次要任务和目标,以及应用的额外功能和信息,以提供一个有用、有趣、有意义的用户体验。

3. 模态窗口

模态窗口是桌面应用的特殊界面,它展示了应用的重要信息和功能,以及提供了对应用的紧急控制。模态窗口通常占据屏幕的一小部分空间,可以被用户关闭,但不能被移动或缩放。模态窗口会阻止用户对其他窗口进行操作,直到用户完成或取消模态窗口中的操作。模态窗口的设计需要考虑用户的紧急情况和需求,以及应用的重要功能和信息,以提供一个明确、及时、安全的用户体验。

窗口的大小和位置需要根据窗口的类型、内容、功能等因素来确定,以保证窗口能够合理地利用屏幕空间,同时也能够方便地被用户查看和操作。一般来说,主窗口应该占据屏幕的大部分空间,辅助窗口应该占据屏幕的一部分空间,并且与主窗口有一定的距离或重叠,模态窗口应该占据屏幕的一小部分空间,并且位于屏幕中央或其他显眼位置。

窗口的布局需要根据窗口中包含的界面元素来确定,以保证界面元素能够有序地组织在一起,同时也能够清晰地展示信息和功能。一般来说,主窗口应该使用网格布局或列布局来安排界面元素,并且使用菜单栏、工具栏、状态栏等导航元素来提供快速访问和执行功能。辅助窗口应该使用网格布局或列表布局来安排界面元素,并且使用标签页、折叠面板等组织元素来提供分类查看和切换信息。模态窗口应该使用网格布局或流式布局来安排界面元素,并且使用对话框标题、图标、按钮等交互元素来提供请求和反馈信息。

窗口的样式需要根据窗口的类型、内容、功能等因素来确定,以保证窗口能够美观地呈现在屏幕上,同时也能够符合用户的期待和偏好。如图 6.20 所示,一般来说,主窗口应该使用明亮的颜色、简洁的线条、清晰的图标等视觉元素来表现窗口的主题和功能,并且使用一致的字体、间距、对齐等排版元素来表现窗口的结构和层次。辅助窗口应该使用柔和的颜色、细致的线条、精致的图标等视觉元素来表现窗口的辅助和功能,并且使用适当的字体、间距、对齐等排版元素来表现窗口的分类和切换。模态窗口应该使用醒目的颜色、粗犷的线

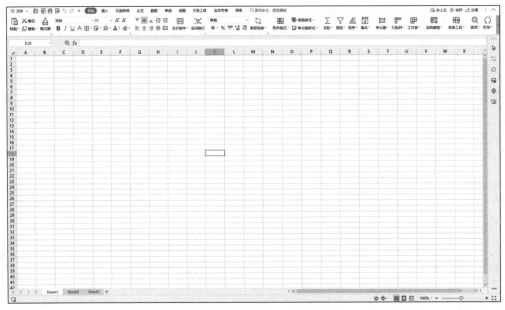

图 6.20　WPS 表格的窗口设计

条、警示的图标等视觉元素来表现窗口的重要和功能,并且使用明显的字体、间距、对齐等排版元素来表现窗口的请求和反馈。窗口之间的关系和切换也需要根据窗口的类型、内容、功能等因素来确定,以保证用户能够顺畅地在不同窗口之间进行操作,同时也能够清楚地了解不同窗口之间的联系和区别。一般来说,主窗口与辅助窗口之间应该有一定的关联性或相似性,并且可以通过菜单栏、工具栏、快捷键等方式来切换或打开。主窗口与模态窗口之间应该有一定的依赖性或紧急性,并且可以通过按钮、链接、提示等方式来触发或关闭。辅助窗口与模态窗口之间应该有一定的独立性或特殊性,并且可以通过标签页、折叠面板、图标等方式来显示或隐藏。

6.3.2 菜单与工具栏

菜单和工具栏是桌面应用中常见的导航和操作元素,它们可以提供对应用功能和选项的快速访问和执行。菜单和工具栏的设计需要考虑菜单和工具栏的类型、位置、内容、结构、样式等因素,以及菜单和工具栏之间的关系和协调方式等因素。

菜单和工具栏的类型有以下几种。

1. 菜单栏

菜单栏是桌面应用中最常见的导航元素,它位于主窗口的顶部,包含一系列的菜单项,每个菜单项代表了一个功能或选项类别,例如,文件、编辑、视图等。当用户单击或悬停在某个菜单项上时,会弹出一个下拉菜单,显示该类别下的所有功能或选项,例如,新建、打开、保存等。菜单栏可以提供对应用所有功能和选项的完整访问,但也会占用一定的屏幕空间。

2. 工具栏

工具栏是桌面应用中常见的操作元素,它位于主窗口的顶部或侧边,包含一系列的图标按钮,每个图标按钮代表了一个功能或选项,例如,复制、粘贴、放大等。当用户单击或悬停在某个图标按钮上时,会执行相应的功能或选项,或者弹出一个子菜单,显示更多的功能或选项。工具栏可以提供对应用常用功能和选项的快速执行,但也会占用一定的屏幕空间。

3. 上下文菜单

上下文菜单是桌面应用中特殊的导航元素,它位于主窗口中的任意位置,包含一系列的菜单项,每个菜单项代表了一个功能或选项,例如,剪切、复制、粘贴等。当用户在某个界面元素上右键单击时,会弹出一个上下文菜单,显示与该界面元素相关的功能或选项。上下文菜单可以提供对应用特定功能和选项的灵活访问,但也会遮挡部分界面内容。

4. 弹出菜单

弹出菜单是桌面应用中特殊的操作元素,它位于主窗口中任意位置,包含一系列的图标按钮或列表项,每个图标按钮或列表项代表了一个功能或选项,例如,字体、颜色、样式等。当用户在某个界面元素上单击或悬停时,会弹出一个弹出菜单,显示与该界面元素相关的功能或选项。弹出菜单可以提供对应用特定功能和选项的直观执行,但也会遮挡部分界面内容。

菜单和工具栏的位置需要根据它们所属的窗口类型、内容、功能等因素来确定,以保证它们能够合理地利用屏幕空间,同时也能够方便地被用户查看和操作。一般来说,在主窗口中,菜单栏应该位于窗口顶部,并且水平排列;工具栏应该位于窗口顶部或侧边,并且水平或垂直排列;上下文菜单和弹出菜单应该位于用户右键单击或悬停的位置,并且垂直排列。

在辅助窗口中,菜单栏和工具栏可以省略或简化,上下文菜单和弹出菜单可以保留或增加。在模态窗口中,菜单栏和工具栏应该避免使用,上下文菜单和弹出菜单可以根据需要使用。

菜单和工具栏的内容需要根据它们所属的窗口类型、内容、功能等因素来确定,以保证它们能够有效地展示信息和功能,同时也能够符合用户的期待和偏好。一般来说,在主窗口中,菜单栏应该包含应用的所有功能和选项,并且按照功能或选项的类别进行分组;工具栏应该包含应用的常用功能和选项,并且按照功能或选项的使用频率进行排序;上下文菜单和弹出菜单应该包含与当前界面元素相关的功能和选项,并且按照功能或选项的重要性进行排序。在辅助窗口中,菜单栏和工具栏可以只包含与当前窗口相关的功能和选项,并且按照功能或选项的类别或使用频率进行分组或排序;上下文菜单和弹出菜单可以保持与主窗口一致或进行适当的调整。在模态窗口中,菜单栏和工具栏应该避免使用;上下文菜单和弹出菜单可以只包含与当前窗口相关的功能和选项,并且按照功能或选项的重要性进行排序。

菜单和工具栏的结构也需要根据它们所属的窗口类型、内容、功能等因素来确定,以保证它们能够有序地组织在一起,同时也能够清晰地展示信息和功能。如图6.21所示,一般来说,在主窗口中,菜单栏应该使用一级或二级的下拉菜单来组织菜单项,并且使用分隔符、子标题、复选框等元素来区分不同类别或状态的菜单项;工具栏应该使用一级或二级的图标按钮来组织图标按钮,并且使用分隔符、子标题、开关等元素来区分不同类别或状态的图

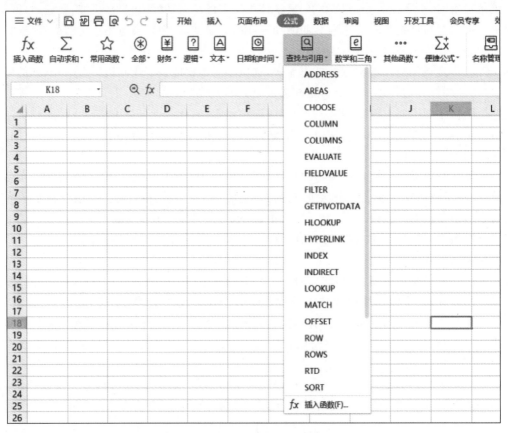

图 6.21　WPS 表格的菜单工具栏设计

标按钮；上下文菜单和弹出菜单应该使用一级或二级的垂直列表来组织列表项，并且使用分隔符、子标题、复选框等元素来区分不同类别或状态的列表项。在辅助窗口中，菜单栏和工具栏可以使用与主窗口相同或简化的结构；上下文菜单和弹出菜单可以保持与主窗口一致或进行适当的调整。在模态窗口中，菜单栏和工具栏应该避免使用；上下文菜单和弹出菜单可以使用与主窗口相同或简化的结构。

6.3.3 对话框

对话框是桌面应用中常见的交互元素，它们可以提供对用户输入或选择的请求和反馈。对话框的设计需要考虑对话框的类型、目的、内容、结构、样式等因素，以及对话框与主窗口或其他对话框之间的关系和切换方式等因素。

对话框的类型有以下几种。

1. 模态对话框

模态对话框是一种特殊的窗口，它会阻止用户对其他窗口进行操作，直到用户完成或取消模态对话框中的操作。模态对话框通常用于获取用户的输入或选择，或者提供用户的反馈或警告，例如，保存文件、打印文档、撤销操作等。模态对话框的设计需要考虑用户的紧急情况和需求，以及应用的重要功能和信息，以提供一个明确、及时、安全的用户体验。

2. 非模态对话框

非模态对话框是一种普通的窗口，它不会阻止用户对其他窗口进行操作，用户可以随时打开或关闭非模态对话框。非模态对话框通常用于提供用户的辅助或额外功能，或者展示用户的次要或详细信息，例如，文档属性、插入图片、查找替换等。非模态对话框的设计需要考虑用户的次要任务和目标，以及应用的额外功能和信息，以提供一个有用、有趣、有意义的用户体验。

3. 嵌入式对话框

嵌入式对话框是一种特殊的界面元素，它不会弹出一个新的窗口，而是嵌入在主窗口或其他界面元素中。嵌入式对话框通常用于提供用户的快捷或直观功能，或者展示用户的相关或实时信息，例如，字体选择、颜色选择、滚动条等。嵌入式对话框的设计需要考虑用户的快速操作和直观反馈，以及应用的相关功能和信息，以提供一个简单、方便、高效的用户体验。

对话框的目的需要根据它们所属的窗口类型、内容、功能等因素来确定，以保证它们能够有效地与用户进行交互，同时也能够符合用户的期待和偏好。如图 6.22 所示，一般来说，模态对话框应该用于获取用户的输入或选择，或者提供用户的反馈或警告；非模态对话框应该用于提供用户的辅助或额外功能，或者展示用户的次要或详细信息；嵌入式对话框应该用于提供用户的快捷或直观功能，或者展示用户的相关或实时信息。一般来说，在对话框中，应该包含以下内容。

（1）对话框标题。

对话框标题是一个简短明了、符合用户认知、区别于其他对话框的文字，它表明了对话框的目的和功能，例如，保存文件、打印文档、撤销操作等。对话框标题应该使用明显的字体、间距、对齐等排版元素来表现，以便用户快速识别。

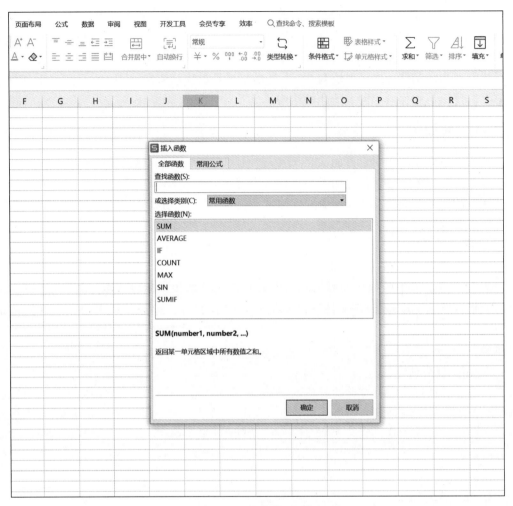

图 6.22　WPS 表格的对话框设计

（2）对话框图标。

对话框图标是一个清晰有意义、符合用户习惯、区别于其他对话框的图形，它表明了对话框的类型和重要性，例如，信息、警告、错误等。对话框图标应该使用醒目的颜色、线条、形状等视觉元素来表现，以便用户快速识别。

（3）对话框内容。

对话框内容是一个简洁明了、符合用户需求、区别于其他信息的文字或图形，它表明了对话框的请求和反馈，例如，请输入文件名、文档已保存、操作已撤销等。对话框内容应该使用适当的字体、间距、对齐等排版元素来表现，以便用户快速理解。

（4）对话框交互控件。

对话框交互控件是一些提供用户输入或选择的界面元素，例如，文本框、下拉列表、复选框等。对话框交互控件应该根据对话框的目的和功能来选择合适的类型和形式，并且使用一致的样式和行为来表现，以便用户快速操作。

（5）对话框按钮。

对话框按钮是一些提供用户执行或取消操作的界面元素，例如，确定、取消、重试等。对话框按钮应该根据对话框的目的和功能来选择合适的类型和数量,并且使用一致的样式和行为来表现,以便用户快速操作。

6.3.4 交互控件

交互控件是桌面应用中常见的界面元素,它们可以提供不同类型和形式的用户输入或选择。交互控件的设计需要考虑交互控件的类型、功能、形式、样式等因素,以及交互控件与其他界面元素之间的关系和协调方式等因素。

交互控件的类型有以下几种。

1. 文本输入控件

文本输入控件是一种允许用户输入文字或数字的界面元素,例如,文本框、密码框、搜索框等。文本输入控件的设计需要考虑用户的输入需求和方式,以及应用的输入规则和限制,以提供一个方便、准确、安全的用户体验。

2. 选择输入控件

选择输入控件是一种允许用户选择预定义的选项的界面元素,例如,下拉列表、复选框、单选按钮等。选择输入控件的设计需要考虑用户的选择需求和方式,以及应用的选择规则和限制,以提供一个简单、快速、明确的用户体验。

3. 滑动输入控件

滑动输入控件是一种允许用户通过滑动来调整数值或范围的界面元素,例如,滑动条、旋转钮、拖放等。滑动输入控件的设计需要考虑用户的调整需求和方式,以及应用的调整规则和限制,以提供一个直观、灵敏、灵活的用户体验。

4. 按钮控件

按钮控件是一种允许用户通过单击来执行操作或获取反馈的界面元素,例如,按钮、链接、图标等。按钮控件的设计需要考虑用户的操作需求和方式,以及应用的操作规则和反馈,以提供一个明确、及时、有效的用户体验。

交互控件的功能需要根据它们所属的窗口类型、内容、目的等因素来确定,以保证它们能够有效地提供用户输入或选择。一般来说,在主窗口中,交互控件应该用于提供用户对应用功能和选项的基本控制;在辅助窗口中,交互控件应该用于提供用户对窗口功能和选项的辅助或额外控制;在模态窗口中,交互控件应该用于提供用户对窗口功能和选项的重要或紧急控制。

交互控件的样式需要根据它们所属的窗口类型、功能、内容等因素来确定,以保证它们能够美观地呈现在屏幕上,同时也能够符合用户的期待和偏好。如图6.23所示,一般来说,在主窗口中,交互控件应该使用明亮的颜色、简洁的线条、清晰的图标等视觉元素来表现交互控件,并且使用一致的字体、间距、对齐等排版元素来表现交互控件;在辅助窗口中,交互控件可以使用柔和的颜色、细致的线条、精致的图标等视觉元素来表现交互控件,并且使用适当的字体、间距、对齐等排版元素来表现交互控件;在模态窗口中,交互控件可以使用醒目的颜色、粗犷的线条、警示的图标等视觉元素来表现交互控件,并且使用明显的字体、间距、对齐等排版元素来表现交互控件。

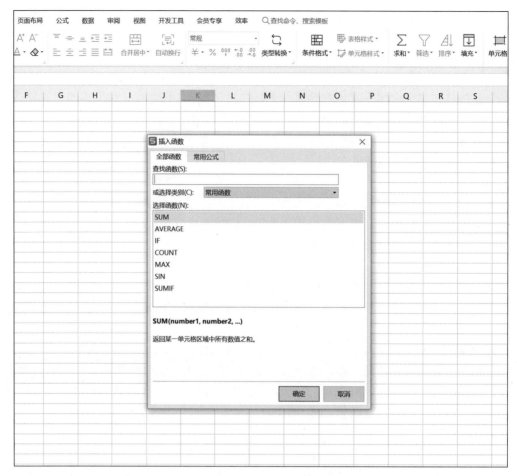

图 6.23 WPS 表格的交互控件设计

6.4 移动应用的界面设计

移动应用是指运行在智能手机、平板电脑等移动设备上的软件,它们通常通过触摸屏或其他手势来进行交互。移动应用的界面设计需要考虑移动设备的特点,如屏幕尺寸、分辨率、方向、输入方式、上下文、网络状况等,以及用户的需求、目标、行为和情感等。本节将介绍一些移动应用界面设计的一般性原则和具体方法。

6.4.1 一般性设计原则

一般性设计原则是指在设计任何数字产品或系统时,都应该遵循的一些基本的指导方针,它们可以帮助设计师提高产品或系统的可用性、可学习性、一致性、简洁性和适应性等方面的质量,从而提升用户的满意度和忠诚度。以下是一些常见的一般性设计原则及其说明。

1. 以用户为中心

这是交互设计的核心原则,它要求设计师在设计过程中始终关注用户的需求、目标、行为、情感和背景等因素,以用户的心理模型为基础,而不是以实现模型或开发者的偏好为基础。以用户为中心的设计可以帮助设计师创造出符合用户期望和习惯的产品或系统,减少用户的认知负担和操作错误,增强用户的信任和参与感。

例如,如图 6.24 所示,网易云音乐 App 在很大程度上符合以用户为中心的设计原则,如个性化推荐,鼓励用户参与社区互动,如评论、点赞、分享和创建歌曲,多样化内容,简化操作,反馈及时。

2. 遵循常识

如图 6.25 所示,这是交互设计的基本原则之一,它要求设计师在设计产品或系统时,尽量利用用户已有的知识、经验和直觉,避免使用让用户感到困惑或不合理的元素、功能或逻辑。遵循常识的设计可以帮助设计师降低用户的学习成本和使用难度,提高用户的效率和满意度。

图 6.24　网易云音乐中以用户为中心的设计

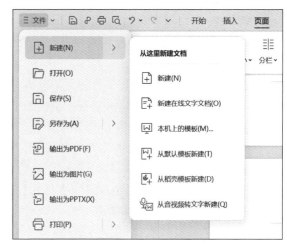

图 6.25　遵循常识的软件设计

众多软件,例如 WPS、金山文档等编辑工具在导航栏均有遵循用户操作常识的设计。在用户的认知理解中,像新建、保存、另存为的操作一般都在软件最左上角的"文件"这一菜单中;此外,这些软件在设计菜单时,也会采用一致的设计。这样的设计巧妙地减少了用户

可视化交互界面设计

的学习成本,用约定俗成的布局帮助用户更快地上手。

3. 一致性

这是交互设计的重要原则之一,它要求设计师在设计产品或系统时,保持内部和外部的一致性。内部一致性是指产品或系统内部的元素、风格、行为和逻辑保持统一和协调。外部一致性是指产品或系统与其他相似或相关的产品或系统,以及操作系统或平台的规范和习惯保持一致和符合。保持一致性的设计可以帮助设计师减少用户的混淆和犹豫,提高用户的信心和熟练度。这条原则非常重要,在接下来的章节会反复提及。

还是以微信举例,它在不同的平台和设备上,都使用了相同的图标、颜色、字体和布局,让用户可以无缝地切换和使用。同时,它也遵循了操作系统或平台的一些规范和习惯,如iOS上的滑动返回、Android上的返回键等,让用户可以顺畅地操作。

4. 简化复杂

这是交互设计的挑战性原则之一,它要求设计师在设计产品或系统时,尽量减少不必要的元素、功能或步骤,避免过度装饰和干扰,突出重点和功能。简化复杂的设计可以帮助设计师优化屏幕空间和信息结构,提高用户的注意力和理解力。

现在的大部分软件的主要交互页面都倾向于将主要功能模块的展现变得更加明显和简单,例如现在的各大搜索引擎:必应、百度、谷歌、夸克、搜狐等,都将搜索这一主要功能设计得非常大气和简约,以避免其他非必要因素干扰了用户的交互体验,如图6.26所示。

图 6.26　夸克简化的搜索页面

5. 反馈及时

这是交互设计的关键原则之一,它要求设计师在设计产品或系统时,为用户提供适当的反馈机制,如颜色变化、声音提示、振动反馈等。反馈及时的设计可以帮助设计师及时地告知用户其状态和结果,增强用户的信心和满意度。

最典型的例子是各大与支付相关的软件。例如美团,它在用户进行各种操作时,都会给出相应的反馈信息,如下单成功、付款成功、订单取消等。同时,它也会通过短信、电话、推送等方式,通知用户订单的进度和状态,让用户可以随时了解订单的情况。其他外卖软件、微信和支付宝等日常支付软件、各大银行 App、网络购物软件都遵循类似的设计。再举一个例子,CET 报名流程,用户进行到每一个步骤系统都会给出非常清晰的提示,并且告诉用户在整个流程中进行到哪一步了,接下来还要做什么。在最后报名完成之后系统也会告诉用户一个查询入口。好的软件会积极地向用户进行反馈,避免用户在做重要决定时的焦虑。

6. 适应环境

这是交互设计的现代原则之一,它要求设计师在设计产品或系统时,考虑不同的设备、屏幕尺寸、分辨率、方向、输入方式、上下文、网络状况等因素,使产品或系统能够适应不同的环境和场景。适应环境的设计可以帮助设计师提高产品或系统的可移植性和可扩展性,满足用户的多样化需求。

7. 可用性

这是交互设计的基础原则之一,它要求设计师在设计产品或系统时,使其易于使用,满足用户的需求和期望,提供有效和高效的交互方式。可用性的设计还应考虑用户的物理和心理特点,如手指大小、视力、注意力等,提供合适的大小、间距、颜色、对比度等视觉属性,以及合适的触摸区域、手势反馈等触觉属性。

以滴滴出行 App 为例,它让用户可以方便地通过手机预约和支付出行服务,无论是打车、拼车、顺风车还是公交、地铁等。它在界面上使用了清晰的图标、文字和颜色来指示用户如何操作,并且根据用户的手指大小和操作习惯,提供了合适的按钮和手势。它还考虑了用户在不同场景下的需求,如夜间模式、静音模式、紧急联系人等,提高了用户的安全感和舒适度。

8. 可学习性

这是交互设计的进阶原则之一,它要求设计师在设计产品或系统时,使其易于学习,让用户快速掌握其功能和操作方法。可学习性的设计还应提供适当的引导、提示、帮助等辅助功能,帮助用户解决问题和提高技能。

下面以美图秀秀 App 为例进行分析,如图 6.27 所示。

(1)清晰的界面布局。

美图秀秀采用简洁直观的界面布局,将不同的编辑功能以图标的形式展示在底部导航栏上。这种布局使用户可以快速浏览和选择所需的功能,并清晰地了解每个功能的作用。

(2)易于理解的操作方式。

美图秀秀提供了简单明了的操作方式,使用户能够快速掌握编辑工具的使用方法。例如,在涂鸦功能中,用户只需在屏幕上绘制即可进行涂鸦,而在滤镜功能中,用户只需滑动屏幕即可预览和选择不同的滤镜效果。

(3)引导和提示功能。

美图秀秀在首次使用时会提供引导和提示功能,帮助用户了解各个编辑功能的作用

图 6.27 美图秀秀 App 中的可学习性

人机交互技术

和操作方法。此外，在用户使用编辑工具时，还会提供相应的提示，例如，如何调整亮度、对比度等，以帮助用户快速掌握编辑技巧。

（4）帮助文档和社区支持。

美图秀秀还提供了帮助文档和社区支持，用户可以在需要时查阅相关的使用指南和教程，解决问题和提高技能。这种支持机制使用户能够更好地学习和掌握应用的各项功能和技巧。

6.4.2 导航与工具栏

导航与工具栏是移动应用中最常见和最重要的用户界面元素之一，它们可以帮助用户在应用中进行方向、位置、状态和功能的识别和切换，从而提高用户的效率和满意度。以下是一些设计导航与工具栏时应该遵循的原则及其说明。

1. 优先级

这是设计导航与工具栏时的基本原则，它要求设计师在设计导航与工具栏时，根据用户的需求和目标，确定不同的功能和信息的优先级，并按照优先级来分配屏幕空间和视觉重点。优先级的设计可以帮助设计师突出最重要和最常用的功能和信息，避免过多或过少的选项，提高用户的决策速度和准确度。例如，在微信这个应用中，底部的标签栏就体现了优先级的设计，它只提供了5个最核心和最频繁的功能：微信、通讯录、发现、我和微信支付，而其他次要或辅助的功能则放在了各个界面或模块中，如设置、收藏、表情等。

2. 简洁性

这是设计导航与工具栏时的挑战性原则，它要求设计师在设计导航与工具栏时，尽量减少不必要或冗余的元素、功能或信息，避免过度装饰和干扰，保持界面的清晰和整洁。简洁性的设计可以帮助设计师优化屏幕空间和信息结构，提高用户的注意力和理解力。例如，在网易云音乐这个应用中，底部的播放控制栏就体现了简洁性的设计，它只提供了最基本且必要的功能：上一曲、播放/暂停、下一曲、播放列表和歌词显示，并且使用了简单且直观的图标表示。

3. 一致性

这是设计导航与工具栏时的重要原则之一，它要求设计师在设计导航与工具栏时，保持内部和外部的一致性。内部一致性是指应用内部不同界面或模块之间的导航与工具栏保持统一和协调。外部一致性是指应用与其他相似或相关的应用，以及操作系统或平台的规范和习惯保持一致和符合。一致性的设计可以帮助设计师减少用户的混淆和犹豫，提高用户的信心和熟练度。例如，在知乎这个应用中，顶部的导航栏就体现了一致性的设计，它在不同的界面或模块中，都保持了相同的位置、样式和功能，如返回、标题、搜索、分享等，并且与其他社交类应用和操作系统的规范和习惯保持了一致和符合。

4. 适应性

这是设计导航与工具栏时的现代原则之一，它要求设计师在设计导航与工具栏时，考虑不同的设备、屏幕尺寸、分辨率、方向、输入方式、上下文、网络状况等因素，使导航与工具栏能够适应不同的环境和场景。适应性的设计可以帮助设计师提高导航与工具栏的可移植性和可扩展性，满足用户的多样化需求。例如，在百度地图这个应用中，底部的工具栏就体现了适应性的设计，它在不同的设备或屏幕尺寸上，都能够自动调整大小和位置，以适应不同的显示效果,并且在不同的输入方式或上下文下,都能够提供合适的功能和信息,如语音搜索、实时路况、附近推荐等。

以上原则可以指导设计师创建出高效、易用、美观的导航与工具栏。但是在实际应用中,并不是所有原则都能够完全满足或平衡。因此,在进行导航与工具栏的设计时,设计师还需要根据具体的情况,进行灵活的调整和权衡。例如,在微信这个应用中,底部的标签栏就体现了优先级、可见性、简洁性和一致性的设计,它只提供了 5 个最核心和最频繁的功能:微信、通讯录、发现、我和微信支付,并且使用了清晰且易于识别的图标和文字标签,并且在不同的界面或模块中都保持了相同的位置、样式和功能。这样的设计可以让用户快速地在不同的功能之间切换,而不需要进行多余的操作或思考。但是,这样的设计也有一些局限性,例如,它不能提供更多或更深入的功能或信息,如设置、收藏、表情等,这些功能或信息只能通过其他方式来访问,如点击右上角的菜单按钮或者进入个人主页。这样就增加了用户的操作步骤和认知负担。因此,在设计底部标签栏时,设计师需要根据用户的需求和目标,确定哪些功能或信息是最重要和最常用的,哪些是次要或辅助的,然后进行合理的分配和组织。

下面将以知乎 App 为例进行说明。如图 6.28 所示,知乎是一个在线问答社区,用户可以在这里提出问题、回答问题、分享知识、交流观点、发现新鲜事。

知乎的导航与工具栏主要有以下几个部分。

(1)顶部导航栏。

显示了扩展菜单按钮,由"想法""推荐""热榜"组成的一级导航栏,由各种信息分类组成的二级导航栏,用户可以通过点击或滑动在不同标签页间切换,方便用户快速访问和管理自己的账户和信息。

(2)底部标签式导航。

显示了知乎的核心功能,如首页、关注、发起话题("＋"号按钮)、会员、我的等,这些标签在不同的界面或模块中都保持了可见性和一致性。

知乎的导航与工具栏遵循了以下几个原则。

(1)优先级。

知乎根据用户的需求和目标,确定了不同的功能和信息的优先级,并按照优先级来分配屏幕空间和视觉重点。例如,底部标签栏只提供了 5 个最核心和最频繁的功能,而其他次要或辅助的功能则放在了顶部导航栏或左侧抽屉式导航中。

(2)简洁性。

图 6.28 知乎中的导航与工具栏

知乎尽量减少不必要或冗余的元素、功能或信息,避免过度装饰和干扰,保持了界面的清晰和整洁。例如,顶部导航栏只提供了最基本且必要的功能,如想法、推荐和热榜,并且使用简单且直观的图标表示。

可视化交互界面设计

（3）一致性。

知乎保持了内部和外部的一致性。内部一致性是指应用内部不同界面或模块之间的导航与工具栏保持统一和协调。外部一致性是指应用与其他相似或相关的应用，以及操作系统或平台的规范和习惯保持一致和符合。例如，底部标签栏在不同的界面或模块中，都保持了相同的位置、样式和功能，并且与其他社交类应用和操作系统的规范和习惯保持了一致和符合。

（4）适应性。

知乎考虑了不同的设备、屏幕尺寸、分辨率、方向、输入方式、上下文、网络状况等因素，使导航与工具栏能够适应不同的环境和场景。例如，右下角悬浮式工具栏在不同的设备或屏幕尺寸上，都能够自动调整大小和位置，以适应不同的显示效果，并且在不同的输入方式或上下文下，都能够提供合适的功能和信息，如提问、回答、分享和反馈等。

6.4.3 控件设计

控件是移动应用中最基本和最常用的用户界面元素之一，它们可以让用户与应用进行交互，输入数据，执行命令，获取反馈等。控件的设计直接影响了用户的操作效率、理解能力、满意度和忠诚度。以下是一些设计控件时应该遵循的原则及其说明。

1. 明确功能

这是设计控件时的首要原则，它要求设计师在设计控件时，明确控件的功能和目的，使控件能够有效地完成用户的任务和目标。功能性的设计可以帮助设计师提高控件的可用性和可靠性，避免无效或错误的操作。例如，在微博这个应用中，顶部的切换栏就体现了功能性的设计，它提供了 4 个主要的功能：关注、热门、发现和消息，并且使用了清晰且易于识别的图标和文字标签。

2. 简洁性

这是设计控件时的挑战性原则之一，它要求设计师在设计控件时，尽量减少不必要或冗余的元素、功能或信息，避免过度装饰和干扰，保持界面的清晰和整洁。简洁性的设计可以帮助设计师优化屏幕空间和信息结构，提高用户的注意力和理解力。例如，在知乎这个应用中，底部的浮动按钮就体现了简洁性的设计，它只提供了一个最常用且重要的功能：提问，并且使用了一个简单且直观的图标表示。

3. 可见性

这是设计控件时的关键原则之一，它要求设计师在设计控件时，尽量让用户能够清楚地看到和识别不同的控件及其状态，避免隐藏或模糊的元素，提供明确和一致的标签、图标和提示。可见性的设计可以帮助设计师降低用户的认知负担和操作错误，增强用户的信心和满意度。例如，在淘宝这个应用中，顶部右侧的购物车按钮就体现了可见性的设计，它不仅提供了一个明显且易于点击的购物车入口，并且还显示了购物车中的商品数量，提醒用户进行结算。

4. 反馈性

这是设计控件时的现代原则之一，它要求设计师在设计控件时，考虑不同的反馈方式，使控件能够及时地向用户反馈其操作的结果和状态，包括视觉、声音、触觉等。反馈性的设计可以帮助设计师提高控件的交互性和趣味性，满足用户的感官和情感需求。例如，在微信这个应用中,底部的语音输入按钮就体现了反馈性的设计,它在用户按住按钮时,会显示一个波形图,表示正在录音,并且会发出一个提示音,表示录音开始和结束。

以上原则可以指导设计师创建出高效、易用、美观的控件。但是,在实际应用中,并不是所有原则都能够完全满足或平衡。例如,在网易云音乐这个应用中,底部的播放控制栏就体现了功能性、一致性和反馈性的设计,它提供了最基本且必要的功能:上一曲、播放/暂停、下一曲、播放列表和歌词显示。并且使用了简单且直观的图标表示,在不同的界面或模块中都保持了相同的位置、样式和功能,在用户点击按钮时,会有相应的动画和声音反馈。但是,这样的设计也有一些局限性,例如,它不能提供更多或更深入的功能或信息,如收藏、分享、评论等,这些功能或信息只能通过其他方式来访问,如点击歌曲封面或者进入播放列表。因此,在设计底部播放控制栏时,设计师需要根据用户的需求和目标,确定哪些功能或信息是最重要和最常用的,哪些是次要或辅助的,然后进行合理的分配和组织。

以支付宝为例进行说明,如图6.29所示。

支付宝的控件设计主要有以下几个部分。

(1)顶部导航栏。

显示了扫一扫、收付款、出行、卡包等功能,方便用户快速访问和管理自己的账户和信息。

(2)顶部搜索栏。

显示了搜索框,方便用户快速定位到想要使用的功能或想要阅读的信息。

(3)中间内容区域。

显示了支付宝的主要功能模块,如运动、市民中心、信用卡还款、手机充值、余额宝等,用户可以通过单击标签使用相关的功能。支付宝还会告知用户最近的业务记录,向用户推荐合适的功能等。

(4)底部标签栏。

显示了支付宝的核心功能,如理财、生活、消息、我的等,这些标签在不同的界面或模块中都保持了可见性和一致性。

支付宝的控件设计遵循以下几个原则。

(1)明确功能。

支付宝根据用户的需求和目标,明确了不同控件的功能和目的,使控件能够有效地完成用户的任务和目标。例如,在首页中,每个功能模块都有一个清晰且易于识别的图标和文字标签,并且可以通过点击进入相应的界面或服务。

(2)简洁性。

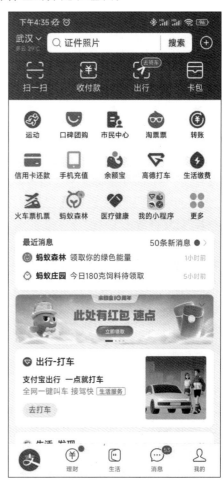

图6.29 支付宝的控件设计

支付宝尽量减少了不必要或冗余的元素、功能或信息,避免了过度装饰和干扰,保持了界面的清晰和整洁。例如,在"我的"中,只显示了最基本且必要的信息,如头像、昵称、余额宝、花呗等,并且使用了简单且直观的图标表示。

（3）可见性。

支付宝尽量让用户能够清楚地看到和识别不同的控件及其状态，避免隐藏或模糊的元素，提供明确和一致的标签、图标和提示。例如，在财富中，每个理财产品都显示了名称、年化收益率、期限等信息，并且使用了颜色或数字来表示不同的状态或等级。

（4）反馈性。

支付宝考虑了不同的反馈方式，使控件能够及时地向用户反馈其操作的结果和状态，包括视觉、声音、触觉等。例如，在付款时，用户可以通过各种控件来选择付款方式、输入金额、验证密码等，并且在每一步都会有相应的提示和确认，并且在付款成功或失败时会有相应的提示。

6.4.4 交互手势设计

交互手势是移动应用中一种常见且重要的用户界面元素，它们可以让用户通过触摸屏幕上的某个区域或物体，以一定的方式移动、旋转、缩放、滑动或敲击等，来实现不同的功能或命令。交互手势的设计直接影响了用户的操作效率、理解能力、满意度和忠诚度。以下是一些设计交互手势时应该遵循的原则及其说明。

1. 直观性

这是设计交互手势时的首要原则，它要求设计师在设计交互手势时，尽量让用户能够凭借自己的直觉和经验，轻松地理解和使用不同的交互手势，避免让用户感到困惑或迷惑。直观性的设计可以帮助设计师提高交互手势的可学习性和可记忆性，减少用户的认知负担和操作错误。例如，在微信这个应用中，左右滑动屏幕就可以切换不同的功能模块（微信、通讯录、发现、我），这是一个直观且常见的交互手势，用户可以很容易地掌握和使用。

2. 交互自然

这是设计交互手势时的现代要求，它要求设计师在设计交互手势时，尽量让用户能够以最自然和最舒适的方式进行操作，避免让用户感到累赘或不适。自然性的设计可以帮助设计师优化用户的操作姿势和手势，提高用户的舒适度和健康度。例如，在知乎这个应用中，长按屏幕上的问题或回答就可以弹出一个菜单，提供一些常用的功能，如赞同、感谢、收藏、分享等，并且可以通过手指滑动来选择不同的功能，这样可以让用户更方便地进行操作，而不需要频繁地点击屏幕。

以上原则可以指导设计师创建出高效、易用、美观的交互手势。但是，在实际应用中，并不是所有原则都能够完全满足或平衡。

例如，在网易云音乐应用中，左右滑动屏幕就可以切换不同的播放模式（单曲循环、列表循环、随机播放），这是一个直观且一致的交互手势，用户可以很容易地控制自己的播放偏好。但是，这样的设计也有一些局限性，例如，它不能提供更多或更深入的功能或信息，如调节音量、查看歌词等，这些功能或信息只能通过其他方式来访问，如点击屏幕上的按钮或图标。因此，在设计左右滑动屏幕时，设计师需要根据用户的需求和目标，确定哪些功能或信息是最重要和最常用的，哪些是次要或辅助的，然后进行合理的分配和组织。

再如，在百度地图应用中，双指捏合或分开就可以缩放地图，这是一个反馈友好且自然的交互手势，用户可以很方便地调整地图的显示范围和细节，并且会有相应的动画和声音反馈，这样可以让用户更清楚地看到地图上的信息。但是，这样的设计也有一些挑战性，例如，它需要考虑不同网络状况下的数据加载速度和质量,以及不同用户习惯下的缩放程度和速度。因此,在设计双指捏合或分开时,设计师需要根据不同的环境和场景,进行灵活的适应和优化。

6.5　网站交互设计

网站交互设计是指通过设计网站的信息架构、导航、页面和其他元素,来实现用户与网站之间有效、愉悦和目标导向的交互。网站交互设计的目的是提高用户体验,增强用户满意度,促进用户行为和网站目标的一致性。

6.5.1　信息架构设计

信息架构(Information Architecture,IA)是指对网站的内容和功能进行组织、标注和分类,以便用户能够快速、准确和方便地找到所需的信息和完成所需的任务。信息架构设计的主要任务如下。

(1)确定网站的目标、受众和内容范围。

(2)分析用户的需求、行为和心理模型。

(3)设计网站的结构、层次和导航系统。

(4)制定网站的标签、术语和元数据。

(5)测试和评估信息架构的可用性和有效性。

信息架构设计的常用方法和工具有以下几种。

(1)卡片分类(Card Sorting)。

通过让用户对一组代表网站内容或功能的卡片进行分组和命名,来了解用户对信息的认知和期望,如表6.1所示。

表 6.1　卡片分类示例

卡片编号	卡片内容或功能	用户分组	分组命名
1	首页	浏览类	浏览
2	商品展示	购物类	购物
3	购物车	购物类	购物
4	收藏夹	个人收藏类	收藏
5	用户登录	用户账户类	账户
6	用户注册	用户账户类	账户
7	订单管理	订单和购物历史类	订单
8	支付方式	购物类	购物
9	优惠活动	营销类	促销
10	客户服务	售后服务类	客户服务

(2)站点地图(Site Map)。

通过图形化地展示网站的结构、层次和关系,来呈现信息架构的概览,如图6.30所示。

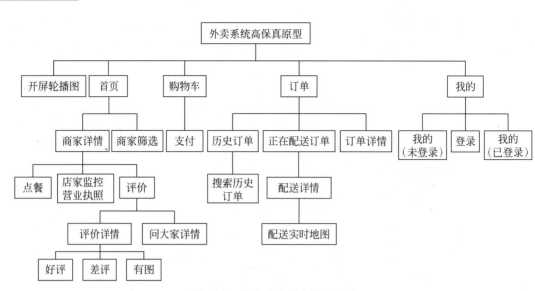

图 6.30　外卖系统站点地图示例

（3）用户流程图（User Flow）。

通过描述用户在网站上完成特定任务或场景时所经历的步骤和决策点，来展示用户与网站的交互过程，如图 6.31 所示。

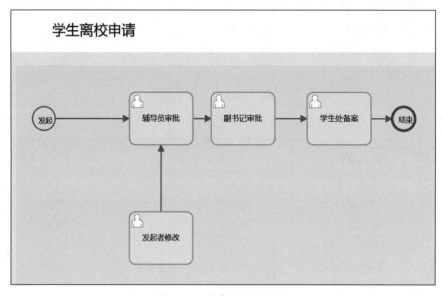

图 6.31　用户流程图示例

信息架构设计的评估方法有以下几种。

（1）可用性测试（Usability Testing）。

通过让真实的用户在网站上执行一些预先设定的任务，来观察和记录用户的行为、反馈和满意度，以评估信息架构的可用性和有效性。

（2）树测试（Tree Testing）。

通过让用户在一个只有导航结构的树状菜单中寻找特定的内容或功能，来评估导航系统的可理解性和易用性。

（3）首字母测试(First Click Testing)。

通过让用户在一个真实的网站页面中单击他们认为能够完成特定任务的第一个链接，来评估页面的可见性和可操作性。

6.5.2 导航设计

导航(Navigation)是指网站上用于帮助用户定位自己所在位置、了解可用选项，并指引用户前往目标位置的元素。导航设计是指根据信息架构和用户流程，设计出符合用户需求和习惯的导航系统。导航设计的主要任务包括：

（1）确定导航系统的类型、形式和位置。

（2）设计导航系统的样式、标签和状态。

（3）测试和评估导航系统的可见性、可理解性和可操作性。

导航系统的常见类型有以下几种。

1. 主导航

主导航(Main Navigation)位于网站顶部或侧边，提供网站最重要或最常用的内容或功能入口。

2. 次级导航

次级导航(Secondary Navigation)位于主导航下方或旁边，提供更细化或更具体的内容或功能入口。

3. 面包屑导航

面包屑导航(Breadcrumb Navigation)位于页面顶部或标题下方，显示用户当前所在位置以及到达该位置所经过的路径。

4. 上下文导航

上下文导航(Contextual Navigation)位于页面中部或底部，提供与当前页面相关联或相似的内容或功能链接。

5. 辅助导航

辅助导航(Auxiliary Navigation)位于页面任意位置，提供一些额外或特殊的内容或功能链接，如搜索框、帮助中心、登录注册等。

如图 6.32 所示简单地展示了上述常见导航类型。

图 6.32 网站导航设计示例

6.5.3 页面交互设计

页面交互设计是指为用户操作界面制定流程、方式和体验的过程。其目标是让用户能够顺畅、高效、愉悦地使用产品或服务。页面交互设计涉及以下主要内容。

1. 理解用户的目标、需求和场景

在页面交互设计过程中,了解用户的目标、需求和使用场景至关重要。通过用户研究和用户体验测试,设计师可以深入了解用户的期望和行为模式,从而为他们提供更符合其需求的界面交互方式。

2. 设计用户与界面之间的交互模式和逻辑

在确定用户需求和场景后,设计师需要设计用户与界面之间的交互模式和逻辑。这包括决定界面元素的摆放位置、操作流程的顺序以及用户输入和系统响应之间的关系等,以实现用户友好的交互体验。

3. 设计用户界面的布局、样式和状态

页面交互设计涉及设计用户界面的布局、样式和状态。设计师需要考虑页面元素的排列方式、颜色选择、字体样式等,以及不同交互状态下的界面表现,以确保用户能够清晰地理解和操作界面。

4. 设计用户界面的动效和反馈

页面交互设计还包括设计用户界面的动效和反馈机制。动效可以增强用户的理解和体验,如过渡动画、元素变化等。反馈机制可以及时地向用户传达操作结果或状态,如按钮单击的视觉效果、错误提示等,以提供明确的操作反馈。

5. 测试和评估用户界面的可用性、易用性和满意度

页面交互设计完成后,设计师需要进行用户界面的测试和评估,以确保其可用性、易用性和满意度。用户反馈和数据分析可以帮助设计师发现潜在的问题并进行相应的改进和优化。

以下是一些常见的页面交互设计示例。

(1)搜索功能设计。

搜索功能是用户在网站上查找特定信息的重要工具。良好的搜索功能设计应该具备准确性、快速性和易用性。通常,搜索框会被放置在页面的突出位置,如图 6.33 所示,如页面的顶部或侧边,并且会提供搜索建议或自动完成功能,以帮助用户更快地输入关键词。

图 6.33　搜索功能

（2）按钮和链接设计。

按钮和链接是用户与网站进行操作的关键元素，它们应该具备明显的可单击状态和清晰的表现效果，以提供良好的操作反馈，如图6.34所示。常见的设计原则包括使用明亮的颜色、合适的大小和样式，以及添加合适的鼠标悬停效果或单击效果等。

图6.34　按钮与链接

（3）鼠标悬停效果。

通过鼠标悬停在某个元素上时触发特定的效果，如改变颜色、显示额外信息或动画效果等，如图6.35所示，可以帮助用户快速了解元素的功能或状态。

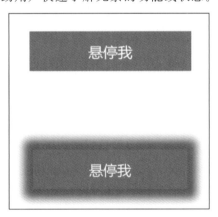

图6.35　鼠标悬停

（4）交互式表单验证。

当用户在填写表单时，交互式表单验证可以及时检查并提供反馈，如图6.36所示。例如，在密码输入框中，当用户输入密码时，通过实时检查密码的强度，可以在密码弱、中等或强时显示相应的反馈信息或图标。这种实时验证的交互方式可以帮助用户在填写表单时更加准确和方便。

可视化交互界面设计

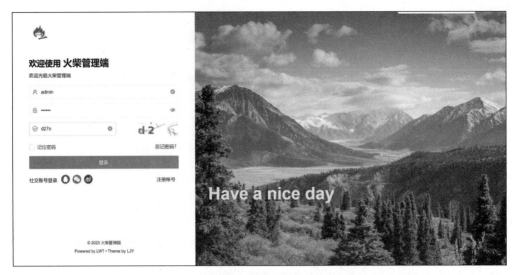

图 6.36　交互式表单验证

思考与实践

1. 什么是可视化交互界面设计？列举三个可视化交互界面设计的主要目标。

2. 解释费茨定律并说明其在界面设计中的应用价值。

3. 选择一个常用的移动应用或网页，分析其符合哪些设计原则。根据 6.2 节设计原则和策略，评估该软件的导航栏和工具栏设计在易用性、易学性和易操作性方面的优劣，并提出改进建议。

4. 选择一个移动应用或网页中的按钮设计，根据本章介绍的费茨定律的指导原则，分析其按钮大小和位置是否符合易操作性原则，给出你的观点并提出改进建议。

第7章 | 虚拟现实与多模态技术

7.1 引　　言

从虚拟现实到拓展现实,再到多模态交互,本章呈现了一个引人入胜的数字交互世界。读者将深入了解虚拟现实技术及其设计,探索虚拟现实在各领域的应用。此外,拓展现实技术将带领读者体验虚实融合的奇妙。多模态交互则将感官体验、可穿戴技术和脑机接口融合,为交互体验开辟新境界。无论是五感交互设计、可穿戴设备的前沿探索,还是脑机接口的情感交互,本章将带领读者领略交互技术的未来。无论读者是技术爱好者还是专业人士,本章内容必将引发读者对数字交互的无限遐想。

本章的主要内容包括:

- 介绍虚拟现实交互设计和虚拟现实交互场景。
- 介绍拓展现实技术和多模态交互技术。
- 介绍五感交互的体验设计。
- 阐述可穿戴技术、脑机接口技术与人机交互的关系。

7.2　虚拟现实技术概述

虚拟现实技术(Virtual Reality,VR)是一种通过计算机技术和感知设备,创造出仿真的三维环境,使用户感觉好像身临其境,与虚拟环境中的物体和场景进行交互的技术。在虚拟现实中,用户可以通过头戴式显示器、手柄、传感器等设备与虚拟环境进行互动,从而获得身临其境的沉浸式体验。虚拟现实技术的特点和优势使其在各个领域都得到了广泛的应用。

虚拟现实技术的特点和优势分为以下几种。

1. 沉浸式体验

虚拟现实技术可以为用户创造出逼真的虚拟环境,使用户感觉好像置身于其中。用户可以通过头戴式显示器获得360°的视角,从而实现身临其境的沉浸式体验。

用户可以通过手柄、手势、声音等多种方式与虚拟环境中的物体和场景进行交互。这种交互性使得虚拟现实不仅可以用于娱乐,还可以应用于教育、培训等领域。

2. 创造性应用

虚拟现实技术为创造性应用提供了广阔的空间,例如,虚拟现实艺术、设计、建筑等领域,可以让艺术家和设计师以前所未有的方式表达创意。

在一些危险、昂贵或不便的情况下,虚拟现实可以用于模拟实验,如飞行模拟器、医学手术模拟等。

虚拟现实技术的发展可以追溯到 20 世纪 60 年代,但在过去几年里,随着计算机技术、图形学、传感器技术的不断进步,虚拟现实得以更广泛地应用。其中,头戴式显示器、手柄、全景摄像头等硬件设备的发展使得虚拟现实体验更加逼真和流畅。

目前,虚拟现实技术在娱乐、游戏、教育、医疗、建筑、设计等领域都得到了应用。在游戏领域,虚拟现实游戏已经成为热门趋势,让玩家能够亲身体验游戏世界。在教育领域,虚拟现实可以模拟实验环境、历史场景等,提供更丰富的学习体验。在医疗领域,虚拟手术模拟可以帮助医生提高手术技能。在建筑设计中,虚拟现实可以用于模拟建筑场景,让设计师和客户更好地理解设计方案。在娱乐领域,虚拟现实游戏可以提供更加身临其境的游戏体验。

然而,虚拟现实技术也面临着一些挑战。例如,硬件设备的成本和舒适性问题,虚拟现实体验可能导致晕动症等不适症状。此外,虚拟现实技术在某些领域的应用仍面临技术和法律等方面的限制。尽管存在挑战,虚拟现实技术依然有着巨大的机遇。随着硬件设备的不断改进和技术的发展,虚拟现实体验将会更加逼真、流畅和舒适。未来,虚拟现实有望在教育、医疗、娱乐等领域发挥更大的作用。

在未来,随着人工智能、传感器技术、图形学等领域的不断发展,虚拟现实技术将会迎来更多的创新和突破。未来,虚拟现实技术有望实现更高分辨率的显示、更自然的交互方式、更舒适的佩戴设备等。同时,虚拟现实技术将与其他技术相结合,如增强现实、人工智能等,创造出更加丰富和多样化的体验。虚拟现实有望在教育、医疗、工业、文化等领域发挥更大的作用,为用户带来全新的体验和价值。

7.3 虚拟现实交互设计

本节将深入研究虚拟现实中的交互设计原则和方法,以确保用户在虚拟环境中能够高效、自然地进行操作和体验,从而提升用户的满意度和参与感。以下是虚拟现实交互设计的核心内容,包括目标与原则、设计流程与方法、内容质量、影响因素,以及常用的技术和工具。

1. 目标与原则

虚拟现实交互设计的主要目标是创造出沉浸式、易于操作且愉悦的用户体验。为了实现这一目标,设计师需要遵循以下原则,并通过具体例子来解释它们的意义和作用。

通过巧妙的虚拟环境布局、逼真的视觉效果和身临其境的音效,让用户感受到真实性,增强沉浸感。例如,像电影《阿凡达》中的潘多拉星球,通过细致的绘制和立体声音效,使观众仿佛身临其境,体验到强烈的沉浸感。

设计师应该模拟真实世界的交互方式,使用户能够直观地理解和操作虚拟环境中的物体和元素。例如,虚拟现实游戏 Beat Saber 中,玩家用手中的虚拟光剑切割飞来的方块,模拟了现实中挥动物体的自然动作。

在设计中,应该为用户提供引导,帮助他们快速熟悉虚拟环境,但同时保留一定的自由度,让用户可以自主探索和互动。例如,虚拟现实教育应用中,初始阶段可以有导航提示,但用户可以自由选择学习路径。

在不同的虚拟场景中保持一致的界面设计和交互方式,有助于用户在各种情况下都能够轻松上手,降低学习成本。例如,虚拟现实购物应用在不同商品页面的布局和交互方式保持一致,让用户感到熟悉。

2. 设计流程与方法

在虚拟现实交互设计过程中,需要综合考虑多个因素,下面将这些因素以表格的方式展示,如表7.1所示,以方便读者查找感兴趣的内容。

表7.1　虚拟现实交互设计流程与方法

步　骤	内　容	例　子
需求分析	通过用户研究和调查,深入了解用户的需求、偏好和使用场景	虚拟健身应用需要考虑用户的运动需求和偏好
概念设计	基于需求分析,设计整体虚拟环境布局、用户界面、交互方式等	为虚拟社交平台设计用户交流的界面布局
原型制作	利用原型工具创建虚拟环境的简化模型,以便测试和验证设计概念	制作一个虚拟购物应用的原型,测试用户在虚拟商店中的交互体验
用户测试	邀请用户参与测试,评估交互体验和可用性,获取反馈并优化设计	让用户试用虚拟现实旅游应用,收集他们的使用感受
开发实施	根据设计确定,使用虚拟现实技术实现交互设计,包括界面搭建和交互逻辑编程	基于设计制作一个虚拟博物馆应用
测试优化	进行全面测试,确保虚拟环境稳定运行,不断优化细节以提升用户体验	在虚拟房地产应用中测试用户在虚拟房屋中的导航和操作体验

不同用户群体的年龄、技能水平、习惯等会影响交互设计,因此设计师需要根据不同用户特点调整交互方式。例如,在设计针对儿童的虚拟教育应用时,需要考虑他们的认知水平。

3. 内容质量

这是指虚拟现实中呈现的内容是否能够满足用户的期望和需求,例如,是否有足够的丰富性、真实性、创新性等。为了提高内容质量,设计师可以采取以下措施,使用高质量的资源,例如,选择高清的图像、音频、视频等;利用人工智能技术,例如,使用机器学习、计算机视觉、自然语言处理等技术来生成和优化内容;鼓励用户参与,例如,让用户可以自己创建和修改内容,表达自己的想法和风格。

4. 影响因素

虚拟环境受到物理空间、设备性能等方面的限制,设计师必须在这些限制下进行设计。例如,虚拟现实游戏需要考虑用户的活动范围。

虚拟现实技术涉及多种设备,设计师需要确保设计在不同设备上都能够适用。例如,一个虚拟现实旅游应用需要适配不同型号的头戴显示设备。

如何呈现信息和交互元素,以及如何传递信息,都需要仔细考虑。例如,在虚拟培训应用中,用户需要清晰地看到虚拟教材内容。

5. 常用的技术和工具

头部追踪、手部追踪等技术可以捕捉用户的动作和位置,实现自然的交互。例如,用户可以通过转动头部来观察虚拟环境。

渲染技术用于在虚拟环境中呈现逼真的图形和场景,创造出身临其境的感觉。例如,在虚拟现实漫游应用中,渲染技术能够展现逼真的风景。

设计师可以采用点触、手势、语音等方式,帮助用户在虚拟环境中导航和操作。例如,虚拟现实购物应用中,用户可以通过手势选择商品。

手柄、手套等设备可以让用户与虚拟物体互动,增强交互体验。例如,虚拟现实绘画应用中,用户可以使用手柄模拟画笔。

下面是一些虚拟现实交互设计的经典案例。

(1) Google Earth VR。

如图 7.1 所示,Google Earth VR 是一款让用户以虚拟现实方式探索地球的应用程序,它具有出色的虚拟现实交互设计,允许用户与地球的不同地区互动。Google Earth VR 允许用户在地球上自由移动,而不受任何限制。用户可以在虚拟世界中自由漫游,仿佛身临其境。这种自由度使用户能够根据自己的兴趣和好奇心探索不同地区,从而提供了极具吸引力的体验。Google Earth VR 通过手势控制提供了直观的交互方式。用户可以使用 VR 控制器进行手势操作,例如,抓取和拖动地图,缩放以查看更详细的区域,或在地球上描绘线条和形状。这种自然的手势交互使用户能够更轻松地与虚拟地球互动。Google Earth VR 通过在虚拟地球上添加地标和信息层来提供更多的上下文和信息。这些地标可以是著名的建筑物、城市、地理特征等,用户可以单击它们以获取有关该地点的详细信息。这种方式使用户能够更深入地了解他们所浏览的地区。Google Earth VR 还提供了一种飞行模式,允许用户以自由飞行的方式浏览地球。用户可以像鸟一样在天空中飞翔,从空中俯瞰地球的美景。这种模式增加了探索地球的乐趣和令人兴奋的体验。Google Earth VR 还允许多名用户一起探索虚拟地球。用户可以邀请朋友加入他们的虚拟旅行,一起探索地球,互相交流和分享他们的体验。这种社交互动增加了应用程序的社交性和互动性。

图 7.1　Google Earth VR

(2) *Beat Saber*。

如图 7.2 所示,*Beat Saber* 是一款受欢迎的虚拟现实音乐游戏,具有出色的虚拟现实交互设计。游戏的核心交互是挥动虚拟的光剑来切割飞过的方块。这种动作非常直观,让玩家感到他们真的在游戏中,增加了沉浸感。挥动光剑的速度和精度对游戏进程和得分有影响,激发了竞争性的元素。*Beat Saber* 的虚拟现实交互设计非常成功,它通过直观的动作、音乐同步、多个难度层次、自定义地图和沉浸感来吸引玩家,使他们能够融入游戏世界中,享受音乐和游戏的结合。这种设计使游戏在虚拟现实游戏市场中成为一款备受欢迎的作品。

图 7.2 *Beat Saber*

(3) Tilt Brush。

如图 7.3 所示,Tilt Brush 是一款虚拟现实绘画应用程序,允许用户在虚拟现实环境中绘制和创作艺术作品。Tilt Brush 提供了一个自由创作的虚拟环境,用户可以在其中发挥他们的想象力,无须受到物理世界的限制。用户可以用手中的控制器自由绘制三维艺术作品,从而创造出独特的虚拟现实体验。Tilt Brush 的控制方式非常直观,用户可以使用手中的控制器来选择不同的绘画工具、颜色和笔刷。这种交互设计使用户能够轻松上手,并在虚拟环境中进行创作。Tilt Brush 允许用户在三维空间中绘制,这意味着用户可以创建具有深度和立体感的艺术作品。用户可以围绕自己的绘画走动,从不同角度欣赏他们的作品,这种体验在传统的平面绘画中是不可能的。

图 7.3 **Tilt Brush**

虚拟现实与多模态技术

（4）Facebook Horizon。

如图 7.4 所示，Facebook Horizon 是 Facebook 推出的虚拟现实社交平台，旨在让用户能够在虚拟现实环境中互动和社交。在 Facebook Horizon 中，用户可以自定义他们的虚拟化身（称为 Avatar）和虚拟环境。这使用户能够在虚拟世界中展示自己的个性，并将其虚拟自我与其他用户的虚拟自我区分开来，增加了社交互动的乐趣。Facebook Horizon 支持虚拟现实控制器，允许用户使用手势进行互动。这些手势可以包括挥手、拥抱、握手等，使社交互动更加生动和直观。用户还可以执行各种动作，如跳舞、跑步等，增加了活动的多样性。Facebook Horizon 设计了不同的虚拟社交空间，例如，会议厅、游戏区、聊天室等。这些空间为用户提供了多样的社交体验，使他们能够根据自己的兴趣选择合适的场所进行互动。

图 7.4　Facebook Horizon

（5）Neos VR。

如图 7.5 所示，Neos VR 是一款多人虚拟现实创作和社交平台，它具有复杂而创新的虚拟现实交互设计，允许用户在虚拟世界中创建、互动和分享内容。Neos VR 允许用户在虚拟环境中与物体互动。用户可以通过虚拟手势或控制器来抓取、移动、旋转和放置虚拟物体。这种物体互动使用户能够创建自己的虚拟世界，同时也增加了多人合作的可能性。Neos VR 支持多名用户在同一虚拟空间内进行实时协作。用户可以一起创造、编辑和共享虚拟内容，这对于项目团队、教育和创作社群非常有用。这种虚拟协作模式将用户连接在一起，创造了真实世界中无法实现的互动体验。Neos VR 提供了丰富的自定义创作工具，使用户可以创建自己的虚拟世界和虚拟物体。这包括建模、编程、动画等多种工具，允许用户将其创意付诸实践。这种自由创作的能力使 Neos VR 成为创作者的理想选择。Neos VR 允许用户使用编程和脚本语言来创建复杂的虚拟互动。这使得开发者和创作者能够实现高度定制的虚拟体验，包括交互式游戏、虚拟现实培训等。Neos VR 致力于提供社交互动体验。用户可以在虚拟空间中互相交流、合作和分享创意，同时也可以参与各种社交活动，如聚会、演出和展览。这种社交互动使 Neos VR 成为一个社交虚拟现实平台，不仅限于单纯的游戏。

图 7.5 Neos VR

6. 问题和挑战

1) 运动病

这是一种由于视觉和前庭系统的不协调而导致的不适感,它会影响用户的体验和健康。为了减轻运动病,设计师可以采取以下措施:调整视觉参数,例如,降低视场角、增加深度提示、减少闪烁等;增加参考物,例如,添加地平线、固定物体、人体部位等;使用舒适的设备,例如,选择合适的头戴显示设备、手柄等;提供反馈和提示,例如,显示运动速度、方向、时间等。

2) 社会接受度

这是指用户在使用虚拟现实时可能遇到的社会压力或障碍,例如,被他人嘲笑、打扰或误解等。为了提高社会接受度,设计师可以采取以下措施:设计美观的设备,例如,选择时尚的颜色、形状、材质等;提供隐私保护,例如,使用耳机、遮光罩等;增加社会互动,例如,让用户可以与其他虚拟现实用户交流和互动,形成社区和群体。

7.4 虚拟现实交互场景

虚拟现实是模拟现实环境的计算机技术,通过多感官交互实现用户沉浸体验。交互场景包括操作和交流。

7.4.1 虚拟现实交互场景的特点

虚拟现实交互场景的特点独具魅力,主要表现在其深度沉浸性与引人入胜的交互性上。当用户穿戴上头戴式显示器、握持手柄、感知体感设备等虚拟现实设备,迈入虚拟的次元之中,一种前所未有的身临其境感扑面而来,仿佛穿越了现实与虚构的次元壁,与虚拟环境实时互动的奇妙体验纵情展开。这种前沿而高度沉浸式的交互方式,催生了虚拟现实技术在多个领域内的广泛应用,包括但不限于游戏娱乐、职业培训、医疗保健、建筑与设计等领域。

在虚拟现实的魔幻世界中,用户不再仅仅是被动的旁观者,而是跃然于虚拟画布上的创作者与主角。如图 7.6 所示,他们可以在绚烂多彩的虚拟场景中自由行走,与虚拟对象进行无缝互动,驾驭自己的想象力,重新定义与数字世界的界限。这种身临其境的体验,不仅是感官上的全方位包围,更是心灵上的极致满足,让人恍若隔世。当用户在虚拟现实中探索神秘遗迹、与虚构生物互动,或者挑战惊险刺激的游戏关卡时,他们的情感与现实世界的纽带似乎暂时消失,唯余对虚拟世界的投入与沉浸。

图 7.6 与虚拟对象进行互动

综上所述,虚拟现实交互场景因其引人入胜的高度沉浸性与虚拟世界互动的交互性,正深刻地改变着用户的体验方式与应用领域。无论是拓展娱乐的边界、革新教育的方式,还是提升医疗与设计的水平,虚拟现实都为人类带来了前所未有的机遇与可能,将继续引领科技与人类文明的融合之路。

7.4.2 虚拟现实交互场景的应用领域

下面将深入探讨虚拟现实与多模态技术在人机交互领域的广泛应用与潜力。虚拟现实,作为一项引人入胜的计算机技术,通过模拟现实世界或构建虚构的环境,使得用户能够身临其境地与这些虚拟环境进行互动,实现一种身临其境的感觉与体验。与之相辅相成的多模态技术,更进一步地将多种感官交互手段,如视觉、听觉、触觉等,无缝融合在一起,为用户提供更加丰富、更为逼真的沉浸式体验。

在这个逐渐融合数字与现实的时代,虚拟现实技术的前景愈发令人振奋。它已经不再仅局限于娱乐领域,还在教育、医疗、工业等各个领域展现出巨大的应用潜力。通过虚拟现实,用户可以远离现实世界的限制,沉浸于虚拟环境中,以一种前所未有的方式进行学习、训练或治疗。例如,在医学领域,医生和学生可以通过 VR 模拟手术操作,从而提升技能并减少风险。另外,虚拟现实还为艺术家和创意人才提供了一个创作的新平台,使他们能够以全新的方式进行创意表达与展示。

与此同时,多模态技术的发展也为人机交互体验注入了全新的活力。传统上,人机交互主要依赖于单一感官,如键盘和鼠标的输入,以及显示器的输出。然而,多模态技术的崛起将不同感官的交互融合在一起,使用户可以更加自然地与计算机系统进行交流。通过结合视觉、听觉、触觉等多个感官,用户可以更准确地传达意图,系统也能够更全面地理解用户的需求,从而实现更高效、更智能的交互体验。

　　虚拟现实的崭新范式也为现代医疗带来了革命性的变革。从复杂的外科手术操作到危险环境下的紧急救援,虚拟现实为专业人士提供了低风险、高效能的实践平台。虚拟现实可以在虚拟环境中模拟真实情景,使医生在虚拟的世界中积累实际经验,从而更加自信地应对现实生活中的挑战。同时,如图7.7所示,医疗领域也将虚拟现实应用于治疗与康复中,帮助患者克服恐惧、减轻疼痛,甚至让行动不便的人重新感受到运动的快乐。虚拟现实在医学研究、心理治疗等方面的应用,将为人类的身心健康带来更多希望。

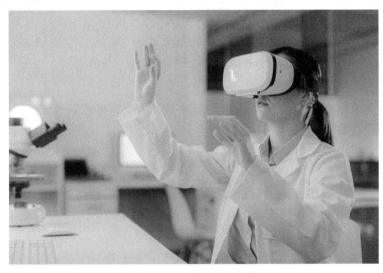

图 7.7　虚拟现实在现代医疗领域的应用

　　与此同时,虚拟现实也引领着建筑与设计领域的创新浪潮。在传统平面设计无法展示的空间感受与细节上,虚拟现实可以为设计师提供一个逼真的预览平台。如图7.8所示,建筑师可以在虚拟环境中漫游建筑内外,感受光影变化,审视比例与材质,以更高的精度进行设计与调整。这种与虚拟模型互动的方式,不仅减少了设计与施工中的误差,也加速了创意的迭代与完善。

　　综上所述,虚拟现实与多模态技术在人机交互领域的应用正在不断地拓展着人们的想象力与创新力。这些技术的结合为用户带来了更加丰富、更加真实的体验,推动着科技与人类互动方式的进步。无论是改善医疗培训、创造艺术作品,还是简化日常工作,虚拟现实与多模态技术都在不断地塑造着人们与科技互动的未来。虚拟现实交互场景在众多领域中发挥着重要作用。其中包括但不限于以下领域。

1. 游戏与娱乐

　　虚拟现实游戏是虚拟现实技术最为广泛应用的领域之一。利用头戴式显示器和交互设备,玩家可以完全融入游戏场景,成为游戏中的主角。虚拟现实游戏提供了更真实、更身临其境的游戏体验,玩家可以自由探索虚拟世界、与虚拟角色进行互动,并通过自己的动作和反应来影响游戏进程。这种高度沉浸的游戏体验让玩家更加投入,增加了游戏的挑战和

图 7.8　虚拟现实在现代建筑领域的应用

乐趣。

　　虚拟现实技术结合体感交互设备，为玩家带来了全新的体感游戏体验。通过身体的动作和姿势，玩家可以在虚拟现实游戏中进行各种操作，如跑步、跳跃、射击等，从而更加真实地参与游戏。体感游戏提供了更加直观和自然的交互方式，使玩家更加投入和积极参与游戏。

　　如图 7.9 所示，《工作模拟器》（*Job Simulator：The 2050 Archives*）是一款由 Owlchemy Labs 制作的虚拟现实模拟游戏，于 2016 年 4 月 15 日在 Microsoft Windows 平台上发售，并于 2016 年 10 月 13 日移步到 PlayStation 4 平台。玩家在游戏中将模拟出 4 个不同的工作：文职人员、厨师、便利商店职员以及汽车修理工。

图 7.9　《工作模拟器》游戏场景

　　除了游戏，虚拟现实技术还在交互式娱乐体验方面有着广泛的应用。例如，虚拟现实电影院可以让观众置身于电影情节中，与电影角色一同体验故事情节；虚拟现实主题公园可以提供虚拟游乐设施和游戏项目，让游客尽情享受刺激和快乐。

如图 7.10 所示,虚拟现实技术使得多人虚拟社交游戏成为可能。玩家可以在虚拟现实世界中与朋友或陌生人进行互动、交流和合作,共同完成游戏任务。虚拟社交游戏增强了游戏的社交性和团队合作性,为玩家提供了更加丰富和有意义的社交体验。

图 7.10　玩家体验虚拟现实游戏

2. 虚拟培训

虚拟现实技术在虚拟培训领域具有广泛的应用,为各个行业提供了高效、安全、沉浸式的培训体验。以下是虚拟现实交互场景在虚拟培训中的应用领域。

虚拟培训在企业中扮演着重要角色。通过虚拟现实技术,企业可以为员工提供模拟真实工作场景的培训,例如,安全培训、设备操作培训、团队协作培训等。员工可以在虚拟环境中进行模拟操作和决策,体验真实工作场景的挑战和复杂性。这种沉浸式的培训使员工更加积极主动地学习,提高了培训效果和学习成效。

如图 7.11 所示,在医疗领域,虚拟培训对医学学生和医务人员的培训起到了关键作用。虚拟现实技术可以用于模拟手术操作、病例诊断等场景,让医学学生在虚拟环境中进行实战演练。医务人员也可以通过虚拟培训进行紧急情况模拟,例如急救培训,提高应对紧急情况的能力和自信心。虚拟培训在医疗领域有助于提高医务人员的专业水平和临床技能,减少医疗事故的风险。

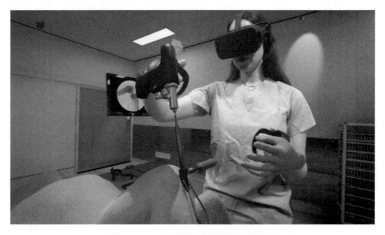

图 7.11　医学领域虚拟培训画面

危险行业和高风险工作环境也广泛应用虚拟培训。在石油、化工、航空等行业,虚拟现实技术可以模拟危险场景,让员工在虚拟环境中学习安全操作规程和应对紧急情况的方法。这种虚拟培训可以降低真实场景中的事故风险,保障员工的安全。

军事领域也是虚拟培训的重要应用领域。虚拟现实技术可以在军事演习和指挥训练中起到关键作用。通过虚拟现实技术,军事人员可以在虚拟战场中进行模拟战斗,提高战斗技能和战术应变能力。虚拟培训还可以用于军事指挥官的决策培训,让指挥官在虚拟环境中练习指挥决策和应对战场情况。

如图7.12所示,摩尔空间是宙谷科技旗下专注于VR教育的独立品牌,打造由拥有自主技术专利的MolSpaxeX VR编辑器系统、VR中控系统、VR云系统、5G+VR教学直播系统、VR多人交互远程协同系统及教育资源共享平台等软件系统构成的"5G+VR教育云平台"。

图 7.12 摩尔空间 VR 教室

虚拟培训的优势在于其沉浸式和互动性。通过虚拟现实技术,学员可以身临其境地参与虚拟场景,与虚拟对象进行互动,获得更加直观、实际的培训体验。虚拟培训还可以实时反馈学员的表现和数据,帮助教育者评估培训效果和改进培训内容。随着虚拟现实技术的不断发展,虚拟培训将在更多领域发挥更大的作用,为人们提供更好的学习和培训体验。

3. 医疗与健康

虚拟现实技术在医疗与健康领域应用广泛。它用于医学培训、模拟手术、疼痛管理、心理治疗、康复训练和健康教育。通过虚拟环境,医学学生和医务人员进行实战演练,为患者进行心理治疗,设计个性化康复训练方案,加快康复进程。虚拟现实技术提供全面、精准、便捷的医疗服务和健康管理。

如图 7.13 所示,ImmersiveTouch 平台通过创建平台来增强医生的能力,发展微创技术,并创建重新定义最佳患者结果的新护理类别,为手术计划、培训和教育创建虚拟现实解决方案。该公司的 ImmersiveView Surgical Plan 平台可扫描患者生成 3D 复制品,使外科医生能够充分研究并与他们的团队合作制定手术策略。使用 Oculus Rift 头显,外科医生能够使用多种工具,例如切割、绘制和测量工具,模拟真实手术。

图 7.13 ImmersiveTouch 平台

4. 建筑与设计

虚拟现实技术在建筑与设计领域有广泛应用。建筑师和设计师通过虚拟现实环境创建建筑模型,实时展示三维可视化效果,提高设计质量和效率。工地安全培训利用虚拟环境模拟施工场景,培训工人的安全意识和技能。室内设计师利用虚拟现实展示家具、装饰品,让客户更好地理解和反馈设计方案。城市规划师通过虚拟现实优化规划和交通设计,提高城市发展的可持续性。房地产开发商利用虚拟漫游吸引潜在买家,提前销售房产项目。虚拟现实在建筑与设计领域为提升用户体验和应用效果带来了巨大潜力。

如图 7.14 所示,成立于 2018 年 1 月的以见科技,总部位于上海市杨浦区,是国家高新技术企业。该企业为建筑全生命周期提供 BIM 数据可视化管理与智能服务,通过 AR/MR、AI 等技术将 BIM 融入实景,辅助设计成果展示,施工过程管理以及运营维护管理。公司构建了丰富和创新的产品矩阵,在 AR/MR 技术、AI 技术、IoT 技术等领域积累了深厚的优势,并拥有高水平的 BIM 数据生产与优化能力,为地产开发、工程管理等领域提供高质量的 BIM 咨询、施工过程管理软件、BIM 运维可视化软件等产品与服务。目前已实现自研的基于环境定位的增强现实技术,为建筑工程、施工行业提供了 BIM 全生命周期智能实施工具"一见 BIM＋AR 系列软件"。

图 7.14　一见施工助手

5. 旅游与文化

虚拟现实技术在旅游与文化领域有广泛应用。如图 7.15 所示,通过虚拟现实眼镜或头戴式显示器,人们可以在家中享受沉浸式的虚拟旅游体验,游览世界各地的名胜古迹、自然景观、博物馆和艺术展览。虚拟现实还为文化遗产保护与传承带来创新,通过数字化建模和虚拟展示,保存历史和文化遗产,促进文化传统的传承和弘扬。此外,虚拟现实技术也为博物馆和艺术展览带来新的展示方式,为观众提供更加丰富的互动体验。虚拟导游服务为旅游带来便捷和个性化体验,帮助游客了解景点的历史和背景。虚拟文化交流与体验为不同文化之间的交流搭建了桥梁,让人们了解不同文化的传统、习俗和美食。虚拟现实在旅游与文化领域的应用为人们带来更加丰富、便捷和沉浸式的体验,促进了文化多样性的交流与理解。

图 7.15　虚拟现实技术在旅游与文化领域的应用

如图 7.16 所示,故宫博物院上线了故宫展览 App,以一期一个主题的方式为用户提供不同展厅不同展品的 VR 视频,即使错过线下展览也可以通过 App 观展。除了 VR 技术,故宫团队还在加紧制作 AR(增强现实)技术,推出新的文创产品。例如,通过 AR 技术,打开手机 App,扫描故宫的某一个牌匾,即可弹出与这块牌匾及宫殿相关的历史影像。

图 7.16　VR 游故宫

7.4.3　虚拟现实交互场景示例

虚拟现实交互场景的一个成熟应用是虚拟现实游戏。

虚拟现实游戏是虚拟现实技术的一个成熟应用领域。玩家可以穿戴虚拟现实头显,进入游戏世界,与虚拟角色互动,探索虚拟环境。如图 7.17 所示,由国内独立团队穴居人(Caveman Studio)开发、目前能成功上线 Oculus Quest 平台的国产 VR 游戏 *Contractors* 允许玩家亲身体验单人的第一人称射击视角。

虚拟现实交互场景的一个前沿应用是虚拟现实医疗训练。

在虚拟现实医疗训练领域,一些前沿应用正在崭露头角。医学生和医护人员可以利用虚拟现实技术进行手术模拟训练,以增加操作技能。如图 7.18 所示,虚拟现实手术模拟器可以模拟真实的手术场景,使医学生能够在虚拟环境中进行手术操作,提升手术技能。

透过这些范例,我们得以清晰地窥见虚拟现实交互技术在广泛领域中的应用。从游戏娱乐到医疗培训,其潜力无限。时至今日,科技的蓬勃发展正推动着虚拟现实与多模态技术在更为多元领域中催生出令人陶醉的交互体验,这种变革正以惊人的速度为人们所接受与融入。

虚拟现实与多模态技术

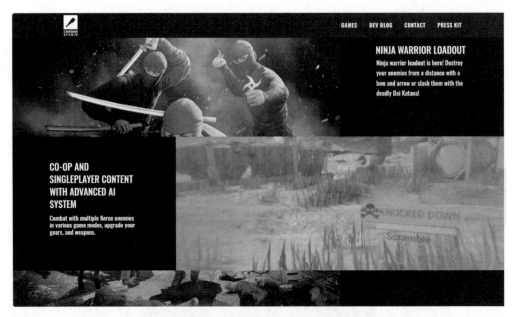

图 7.17　VR 游戏 *Contractors* 宣传画面

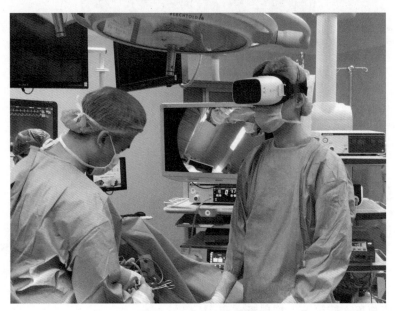

图 7.18　虚拟现实医疗训练

　　首先,虚拟现实技术在游戏娱乐领域的应用令人叹为观止。玩家不再只是局限于屏幕前被动地观赏,而是融入游戏世界之中,感受着逼真的虚拟环境。他们可以亲身体验角色的冒险,身临其境地探索未知领域,从而获得前所未有的沉浸式乐趣。这种技术的进步也不断激发游戏创作者挑战想象力的极限,创造出更加引人入胜的游戏体验,不仅拓展了游戏产业的可能性,更为玩家们带来了视听交融的绝妙享受。

　　其次,虚拟现实技术在医疗培训领域也展现出巨大的潜力。医学学习往往需要高度的实践与体验,然而在真实环境中进行临床实践可能带来风险。虚拟现实技术通过模拟真实医疗场景,为医学生和医护人员提供了一个安全且逼真的训练平台。他们可以在虚拟环境中进行手术模拟、病例讨论,甚至是紧急情况的演练,从而积累宝贵的经验,提升专业素养。这种技术不仅有效地弥补了传统培训方法的不足,还为医疗行业培养了更加娴熟的从业人员,为患者提供更安全、高质量的医疗服务。

随着科技的日新月异,虚拟现实与多模态技术正迅速渗透到更多领域。从教育到工业,从艺术创作到社交互动,这些技术正在为我们带来无限的可能性。它们能够让用户穿越时空,体验遥远的历史,探索神秘的宇宙,与他人分享虚拟的现实。在这个不断演变的数字时代,虚拟现实交互技术将继续成为创新的引擎,为人类创造出更加丰富多彩、身临其境的交互体验。

7.4.4 关键技术与挑战

要实现高质量的虚拟现实交互场景,必须依赖于一系列关键技术的有机结合,同时还需要应对众多复杂的问题。这个过程涉及多个层面,从硬件设备到软件系统,从用户体验到技术架构,每个方面都充满机遇和挑战。

在硬件层面,实现优质的虚拟现实交互需要先进的显示技术,以确保画面的清晰度、稳定性和流畅性。高分辨率的头戴式显示设备,如头盔或眼镜,能够为用户呈现更加逼真的虚拟世界。此外,精准的位置追踪技术也是不可或缺的,这可以使用户在虚拟环境中的动作得到准确反映,从而增强沉浸感和互动性。

如图 7.19 所示,Steam 平台的旗舰级 VR 硬件设备 Valve Index 是一款偏"电竞"的 VR 设备,由游戏开发公司 Valve 制作。它配备了高分辨率的显示器、高精度的追踪传感器、高品质的音频等,旨在提供更加逼真的虚拟现实体验。

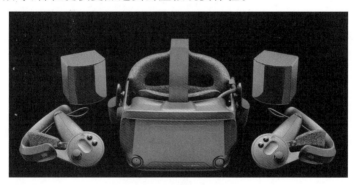

图 7.19　Valve Index

在软件系统方面,开发人员需要设计并实现强大的虚拟现实应用程序,这些应用程序能够利用硬件设备提供的功能,将用户带入逼真的虚拟体验中。这要求精湛的编程技巧和创造力,以构建出丰富多彩且功能丰富的虚拟世界。同时,优化软件以在不同硬件配置上实现良好性能也是一个挑战,因为虚拟现实对计算资源的需求通常较高。

如图 7.20 所示,Google Daydream 是 Google 为第 7 代 Android 操作系统开发的虚拟现实平台。Daydream 平台包括 Daydream View 头戴式显示器和 Daydream 控制器,用户可以通过这些设备体验 VR。Daydream 平台支持的设备需要满足一定的软硬件要求。Daydream 平台提供了许多应用程序,例如,视频播放器、游戏和其他娱乐应用程序。此外,

Daydream 平台还支持 Google Street View 和 Google Play Movies 等应用程序。

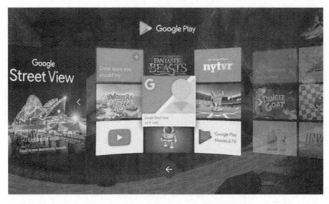

图 7.20　Google Daydream 平台

　　然而,要实现出色的虚拟现实交互,还需要关注用户体验。用户界面的设计和互动模式需要经过深思熟虑,以确保用户能够自然而然地与虚拟环境进行互动,而不会产生晕眩或不适感。这可能需要借鉴心理学和人机交互领域的知识,以创建出既引人入胜又易于使用的交互体验。

　　技术架构方面也是一个需要考虑的关键因素。虚拟现实交互涉及大量的数据处理,包括图形渲染、声音合成、位置计算等。因此,构建高效的技术架构以处理这些任务至关重要。分布式计算、并行处理和优化算法等技术在此发挥着重要作用,以确保虚拟现实应用程序能够在实时性和稳定性方面达到最佳表现。

　　如图 7.21 所示,Autodesk 公司的 Revit 软件是一款用于建筑设计和建筑信息建模(BIM)的软件。Revit 软件可以帮助建筑师、工程师和施工专业人员在 3D 环境中设计、建模和协作。Revit 软件提供了许多功能,例如,可视化设计、自动化文档生成、协作工具、分析工具等。此外,Revit 软件还可以与虚拟现实设备配合使用,以便建筑师可以在虚拟环境中浏览和修改他们的设计。

图 7.21　Revit 软件

然而,实现优质虚拟现实交互并不是一帆风顺的。首先,硬件和软件之间的紧密集成需要解决多样性和互操作性方面的挑战,以便在不同的设备上提供一致的体验。其次,对于虚拟现实技术的研发和推广需要大量资金投入,这可能会限制其普及速度。此外,解决晕眩、恶心等副作用问题仍然是一个持续的课题。

综上所述,实现优质的虚拟现实交互场景是一个复杂的任务,涉及多个关键技术和领域的协同合作。只有克服了硬件、软件、用户体验和技术架构方面的挑战,虚拟现实交互才能够达到真正引人入胜且令人满意的水平。

1. 显示技术

虚拟现实交互场景中,显示技术是至关重要的关键技术之一。显示技术的发展直接影响着虚拟现实体验的质量和逼真程度。关键技术和挑战包括分辨率和像素密度、刷新率、透视感和视场角、防止眩晕和晕动,以及无线化和便携性。高分辨率、高像素密度、较高的刷新率、透视感、广阔的视场角以及防止晕动和眩晕等问题是虚拟现实显示技术所面临的关键技术挑战。随着技术的不断进步,虚拟现实显示技术将不断得到改进和优化,为用户带来更加真实、舒适和沉浸式的虚拟体验。虚拟现实设备需要考虑无线化和便携性,无线化提高用户的灵活性和自由度,轻便舒适的设备可增加用户长时间使用的便捷性。虚拟现实显示技术的改进将为用户带来更真实、舒适和沉浸式的虚拟体验。

目前,诸如 Vive 和 Oculus 等头部 VR 一体机厂家都采用了有源矩阵 OLED(AMOLED)这项技术。AMOLED 适用于手机和昂贵的电视机。AMOLED 的物理结构将 OLED 矩阵置于 TFT 或"薄膜电晶体"层上,每个 OLED 有两个晶体管,分别控制停止和启动一个存储电容器。如图 7.22 所示,AMOLED 显示器有惊人的黑色色彩表现力和非常快的刷新率,通常是 VR 一体机的完美选择。

图 7.22 AMOLED 显示效果

2. 交互设备

在虚拟现实交互场景中,交互设备是实现与虚拟环境互动的关键技术之一。有效的交互设备可以增强用户体验,使用户能够在虚拟现实中自由移动和进行操作。

常见的虚拟现实交互设备包括手柄控制器、头部追踪器、身体追踪器、眼动追踪器和声音识别技术等。

如图 7.23 所示,手柄控制器类似于游戏手柄,通过按钮、摇杆和触摸板等进行各种交互操作。它们能够让用户在虚拟环境中进行移动、选择、拾取物品和进行各种动作,增强了虚拟现实体验的沉浸感。

头部追踪器是虚拟现实交互中的重要技术。如图 7.24 所示,它能够跟踪用户头部的运动,实时更新虚拟环境的视角,使用户能够自然地在虚拟空间中观察周围环境。通过头部追踪器,用户可以感受到更真实的虚拟现实体验,并且更自然地与虚拟环境进行互动。

虚拟现实与多模态技术

图 7.23　手柄控制器

图 7.24　头部追踪器

身体追踪器是一种先进的交互设备,它可以跟踪用户身体的运动,使用户能够在虚拟环境中进行全身动作和互动。这种设备使得用户在虚拟现实中可以更真实地表现动作和姿态,提高了虚拟体验的真实感和互动性。

眼动追踪器是一种新兴的虚拟现实交互技术。如图 7.25 所示,它能够追踪用户的眼动轨迹,实时获取用户的注视点和注意力焦点。通过眼动追踪器,虚拟环境可以根据用户的注视点进行交互和反馈,实现更加智能化的虚拟互动。

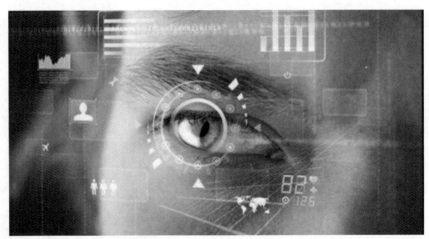

图 7.25　眼部追踪

图 7.26　PlayStation VR

如图 7.26 所示,索尼的 PlayStation VR 便是一款引人注目的产品。这款产品之所以引人注目,要归功于索尼对其开发的支持,以及与游戏 PC 相比 PlayStation 4 的可负担性和可用性。用户只需要头戴式设备、PlayStation 4 和 PlayStation 摄像头(现在大多数 PlayStation VR 套装中都包含)。PSVR 也与 PlayStation 5 兼容,但用户需要向索尼索取免费适配器才能使 PlayStation 摄像头工作。

PSVR 上有一些出色的游戏,如 Moss、Rez Infinite 等。许多 PlayStation VR 游戏都使用 DualShock 4,因此用户甚至不需要运动控制。运动控制是 PlayStation VR 落后的地方。头显仍然使用 PlayStation 3 时代的 PlayStation Move 控制器,而且功能和舒适度都落后于 Oculus Touch 控制器。并且售价昂贵,不包含在 PlayStation VR 套装中。

3. 虚拟环境建模

虚拟环境建模是虚拟现实交互场景中的一个关键技术,它涉及创建和呈现虚拟世界的三维模型和场景。虚拟环境建模的目标是以尽可能真实和逼真的方式重现现实世界或创造虚构的场景,以提供身临其境的虚拟体验。

在虚拟环境建模中,存在着一系列挑战。首先,虚拟环境需要高度精细地建模,包括建筑物、景物、物体等。要在虚拟环境中实现逼真感,需要进行详细的建模工作,以保证场景的真实性和细节。

其次,有些虚拟环境需要呈现大规模场景,如城市、自然景观等。要实现实时渲染和流畅的交互,需要处理大量的模型和纹理数据,对计算能力提出了高要求。

虚拟环境的真实感与光照和阴影效果密切相关。要在虚拟环境中模拟光线的传播和反射,以及各种光照效果,以使虚拟场景更加逼真。

虚拟环境需要实时响应用户的交互操作,这对系统的实时性能有着很高的要求。虚拟环境建模需要在保证高质量渲染的同时,保持较低的延迟,以提供流畅的交互体验。

最后,虚拟环境通常需要在多种不同的平台上运行,如 PC、游戏主机、移动设备等。建模过程中需要考虑不同平台的兼容性和性能差异,以确保在各种设备上都能提供一致的虚拟体验。

如图 7.27 所示,最受欢迎的游戏开发工具之一 Unity 已被用于制作虚拟环境建模,如 Pokémon Go、Hearthstone 和 Rimworld。它的实时游戏引擎、高保真图像,以及与不同 VR 头盔的大量集成和兼容性,使其成为开发者创建 VR 应用和体验的首选。特别地,Unity 游戏引擎提供了一个 VR 模式,当开发者设计虚拟环境时,可以在自己的眼镜上预览工作。

图 7.27　Unity

4. 人机交互技术

在虚拟现实与多模态技术领域,人机交互技术是实现用户与虚拟环境互动的关键。人机交互技术涉及用户输入和系统响应之间的交流,旨在提供自然、直观和高效的交互方式。

虚拟现实中的人机交互技术包括手势识别、视线追踪、身体动作捕捉、虚拟现实控制器和自然语言处理等。这些技术使用户能够通过手势、视线、身体动作、物理控制器或语音指令与虚拟环境进行互动,增加了虚拟体验的真实感和互动性。

然而,人机交互技术也面临挑战。首先,要实现自然和直观的交互方式,需要确保交互技术能够准确捕捉用户的意图和动作。其次,不同用户可能有不同的交互习惯和偏好,因此交互技术需要具有一定的灵活性和个性化定制能力。此外,人机交互技术还需要考虑用户的舒适度和健康问题，以确保长时间使用时不会引发不适。

5. 运动传感与空间定位

运动传感与空间定位是虚拟现实与多模态技术中的关键技术之一，它涉及追踪用户的运动和确定其在虚拟环境中的位置。这项技术对于实现沉浸式虚拟现实体验至关重要。

在虚拟现实中，准确地捕捉用户的运动和位置对于实现真实感和交互性至关重要。运动传感技术包括惯性测量单元(IMU)、加速度计、陀螺仪和磁力计等，用于检测用户的身体姿态和运动状态。通过运动传感技术，系统可以实时跟踪用户的头部、身体和手部动作，以便在虚拟环境中准确地呈现用户的行为。

空间定位技术用于确定用户在虚拟环境中的位置和方向。虚拟现实系统通常使用多种传感器，如红外线传感器、摄像头、超声波传感器等，来感知用户在现实世界中的位置，并将其映射到虚拟环境中。这样，用户可以在虚拟环境中自由移动，与虚拟物体进行交互，并获得逼真的空间感。

然而，运动传感与空间定位技术也面临一些挑战。首先，要实现高精度的运动追踪和空间定位，需要克服传感器误差和噪声等问题。其次，用户可能在不同的环境中进行虚拟体验，因此运动传感与空间定位技术需要适应不同的场景和条件。此外，系统必须能够处理多用户交互时的位置重叠和干扰，以确保每个用户都能获得准确和独立的虚拟体验。

7.5 拓展现实技术

拓展现实(Extended Reality,XR)是一种综合利用虚拟现实(VR)、增强现实(AR)以及混合现实(MR)等技术的交叉领域。通过拓展现实技术，用户可以在虚拟和真实世界之间实现无缝切换，从而创造出新的交互体验。本节将探讨拓展现实技术的基本概念、特点以及其在各个领域的应用。

7.5.1 拓展现实技术的基本概念

拓展现实技术融合了虚拟现实技术和增强现实技术的优势。虚拟现实技术可以创建完全虚构的虚拟环境，让用户身临其境；而增强现实技术则是将虚拟信息与现实世界融合，通过头戴式显示器或移动设备将虚拟元素叠加在真实场景中。拓展现实技术使用户能够与虚拟对象进行互动，同时感知和操作真实世界。

7.5.2 拓展现实技术的特点

拓展现实技术作为人机交互领域的重要分支，正以其独特的特点和潜力引领着技术创新和用户体验的演进。拓展现实技术不仅改变了人们与数字信息的互动方式，还将现实世界与虚拟元素无缝地融合，为人类创造了前所未有的沉浸式体验。下面是一些拓展现实技术的主要特点，这些特点共同塑造了拓展现实在各个领域广泛应用的基础。

1. 融合虚拟与现实

拓展现实技术的特点之一是融合虚拟与现实，这使得用户能够在现实世界中体验虚拟内容，或者将虚拟内容嵌入到现实环境中。这种融合创造了一种新的交互范式，将现实和虚拟元素相互交织，从而创造出更丰富、更具创意和更有趣的用户体验。

在融合虚拟与现实的拓展现实技术中,虚拟元素可以被叠加到现实世界中,与实际物体进行互动。这可以通过头戴式显示器、智能眼镜或移动设备等实现。例如,用户可以穿戴智能眼镜,通过透明显示屏看到现实世界,并在显示屏上叠加虚拟物体、信息或图像。这种方式使用户能够与周围环境进行互动,同时享受虚拟内容的增强体验。

另一种方式是将虚拟内容嵌入到现实环境中,以创造出一种全新的虚拟现实体验。例如,通过虚拟现实头戴设备,用户可以在现实世界中看到虚拟物体、场景或角色,与之进行互动,仿佛虚拟世界与现实世界融为一体。

融合虚拟与现实的拓展现实技术为用户带来了许多独特的体验和应用场景。用户可以在现实环境中浏览虚拟信息、导航路径或实时数据,提供了更直观、便捷的信息获取方式。同时,虚拟元素的叠加也为用户创造了沉浸式的娱乐和娱乐体验,例如,在现实世界中与虚拟角色互动、玩游戏或观看虚拟表演。

然而,融合虚拟与现实的拓展现实技术也面临一些挑战。其中一个挑战是如何实现虚拟元素与现实世界的高度融合,以使用户能够自然地在两者之间切换。此外,技术需满足实时性、准确性和稳定性等要求,以确保用户获得无缝和流畅的体验。

总的来说,融合虚拟与现实的拓展现实技术为用户带来了创新和多样化的体验,将现实世界与虚拟内容有机地结合在一起,创造出更丰富、更具趣味性和更具交互性的用户体验。随着技术的不断发展,融合虚拟与现实的拓展现实技术将在娱乐、教育、工作和其他领域展现出更广阔的应用前景。

2. 交互灵活性

拓展现实技术的另一个显著特点是其交互灵活性,即用户在与虚拟内容或现实环境互动时所具有的灵活性和多样性。这种交互灵活性赋予用户更自由、自主的体验,使其能够根据需求和创意来选择不同的交互方式。

在拓展现实技术中,交互灵活性体现在多个方面。首先,用户可以通过多种方式与虚拟内容互动,如手势、语音、头部追踪、触摸等。这种多样化的交互方式使用户能够根据情境和个人喜好选择最适合的方式,增加了交互的自然性和便捷性。

其次,拓展现实技术允许用户在不同环境中进行交互,无论是在室内还是室外,都能实现灵活的虚拟体验。用户可以在家中、办公室、公共场所或户外环境中使用拓展现实设备,进行各种交互活动,如学习、娱乐、工作等。

此外,拓展现实技术还支持多用户的交互和协作。多人可以同时在同一个虚拟环境中进行交互,共同完成任务、游戏或合作项目。这种多用户交互促进了团队协作和社交互动,创造了更加丰富和有趣的虚拟体验。

交互灵活性也扩展了拓展现实技术的应用领域。除了娱乐和媒体领域,拓展现实技术在教育、医疗、设计、工业等各个领域都有广泛的应用。例如,在教育领域,学生可以通过拓展现实设备参与互动式学习,更深入地理解教材内容。在医疗领域,医生可以使用拓展现实技术进行手术模拟和导航,提高手术精确性和安全性。

总的来说,拓展现实技术的交互灵活性为用户提供了更自由、多样化的交互体验。用户可以根据情境和个人需求选择不同的交互方式,同时也扩展了技术的应用领域,创造了更具创新性和实用性的虚拟体验。随着技术的不断发展,交互灵活性将进一步推动拓展现实技术在各个领域的发展和应用。

3. 增强现实体验

拓展现实技术的另一个显著特点是增强现实体验,它通过将虚拟信息与现实环境相结合,丰富和增强用户在现实世界中的感知和认知。这种技术创造了一种全新的交互方式,将虚拟内容融入用户的视觉、听觉和触觉中,使其能够更深入地理解和体验现实世界。

在增强现实体验中,虚拟内容可以与现实世界中的物体、场景和情境相互关联。通过拓展现实设备,用户可以在现实环境中看到虚拟物体的叠加,与之进行互动并获取相关信息。例如,在参观博物馆时,用户可以通过拓展现实设备观看虚拟的历史场景,了解更多关于展品的背景和历史。

另一种增强现实体验的方式是通过虚拟信息的标注和指引来丰富用户的现实感知。例如,用户在手机或头戴设备上可以看到虚拟导航线路,帮助他们找到目的地。在购物体验中,用户可以使用拓展现实技术在现实环境中查看虚拟商品,了解商品的详细信息、评价和价格。

增强现实体验还可以在教育和培训中发挥重要作用。如图7.28所示,通过拓展现实技术,教师可以将虚拟实验室带入课堂,让学生在现实环境中进行科学实验。医学培训中,医生可以通过虚拟模拟进行手术操作,提高手术技能和信心。

图 7.28　VR 教育

然而,实现增强现实体验也面临一些挑战。首先,虚拟内容与现实环境的融合需要高度精确的定位和跟踪技术,以确保虚拟元素与实际物体相符合。其次,用户对增强现实的接受程度和适应能力可能存在差异,需要寻找最佳的设计和交互方式,以满足不同用户的需求。

综上所述,拓展现实技术的增强现实体验为用户带来了更丰富、更深入的现实感知和认知。通过将虚拟内容与现实环境相结合,用户可以获得更多信息、指引和互动,提升了他们对现实世界的理解和体验。虽然面临技术精度和用户适应等挑战,但随着技术的进步和创新,增强现实体验将在各个领域中创造出更多有意义和有趣的应用。

4. 多设备支持

拓展现实技术的另一个重要特点是多设备支持,这意味着用户可以在不同类型的设备上体验拓展现实应用,从智能手机和平板电脑到头戴式显示设备和虚拟现实眼镜。这种多设备支持为用户提供了更广泛的选择和灵活性,使他们能够根据需求和环境选择最合适的设备来体验拓展现实技术。

多设备支持使拓展现实技术能够适应不同的使用场景和用户需求。用户可以使用轻便的移动设备，如智能手机或平板电脑，随时随地体验拓展现实应用。这些设备可以通过相机和传感器来捕捉现实世界的信息，并在屏幕上叠加虚拟内容，实现增强现实体验。

另一方面，头戴式显示设备和虚拟现实眼镜提供了更沉浸式的拓展现实体验。这些设备通常包括高分辨率显示屏、运动传感器和眼动追踪技术，能够将用户完全沉浸在虚拟世界中。用户可以通过这些设备更自然地与虚拟内容进行互动，例如，通过头部追踪来控制视角，通过手势识别来操作虚拟物体。

多设备支持还促进了跨平台和跨设备的互操作性。用户可以在不同设备上访问相同的拓展现实应用，无论是在移动设备上浏览虚拟信息，还是在头戴式设备上进行沉浸式体验。这种互操作性使用户能够无缝地切换设备，享受一致的虚拟体验。

然而，多设备支持也带来了一些挑战。不同设备之间可能存在性能差异、交互方式的差异以及用户体验的变化。因此，开发人员需要考虑不同设备的适应性和优化，以确保在各种设备上都能提供高质量的拓展现实体验。

综上所述，多设备支持是拓展现实技术的一个重要特点，为用户提供了更广泛的选择和灵活性。通过移动设备、头戴式显示设备和虚拟现实眼镜等不同类型的设备，用户可以在不同场景和需求下体验拓展现实技术，从而获得更丰富、更沉浸式和更灵活的虚拟体验。

7.5.3 拓展现实技术的应用领域

拓展现实技术以其在多个领域的广泛应用，正在改变人们的生活方式、工作方式以及与数字信息的互动方式。以下是拓展现实技术在各个领域具体的应用示例。

1. 教育与培训

在教育和培训领域，拓展现实技术正在引领教学方法和学习体验的革新。通过将虚拟元素叠加到现实环境中，拓展现实为教育带来了许多新的可能性。

首先，拓展现实技术创造了更加沉浸式的学习环境。如图 7.29 所示，学生可以通过拓展现实应用在课堂上或自己的学习空间中观察虚拟模型、图表或实验，从而更加直观地理解抽象的概念。例如，在生物学课程中，学生可以通过拓展现实应用观察细胞结构，深入了解生物过程。

图 7.29　拓展现实技术在教育领域的应用

虚拟现实与多模态技术

此外,拓展现实也提供了实时互动的机会。教师可以利用拓展现实技术在课堂上呈现虚拟元素,与学生一起探讨问题、解决难题。这种互动性促进了学生的参与感和合作能力,使学习变得更加有趣和积极。

拓展现实还为学生提供了虚拟实验室的体验。在实验课程中,学生可以通过拓展现实模拟进行实验,观察实验过程和结果。这不仅提高了学生的实践能力,还在安全的环境下进行了实验,避免了潜在的风险。

历史教育也得到了拓展现实的丰富。学生可以通过拓展现实应用在现实环境中观察虚拟的历史场景,了解历史事件和文化背景。这样的体验使历史变得更加生动有趣,激发了学生的学习兴趣。

对于语言学习而言,拓展现实可以通过虚拟角色和场景提供实时翻译和语音指导。学生可以与虚拟人物进行互动对话,提高语言表达和交流能力。

拓展现实还在职业培训领域发挥了作用。从医疗到工程,不同行业可以使用拓展现实模拟实际工作场景,为员工提供实时指导。这有助于员工获得实际操作经验,提高工作效率和质量。

2. 医疗保健

拓展现实技术在医疗保健领域的应用正在为医疗实践和医学培训带来巨大变革。以下是拓展现实在医疗保健领域的具体应用情况。

在手术领域,拓展现实技术为外科手术提供了精确的辅助。如图7.30所示,医生可以通过拓展现实眼镜在手术过程中显示虚拟的解剖结构,提高手术的准确性和安全性。这对于复杂手术如心脏手术和脑部手术尤其有益。医生可以实时查看患者身体的内部结构,避免损伤周围组织。

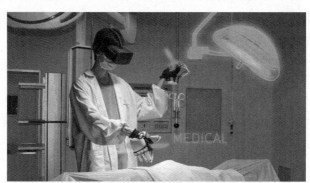

图7.30　拓展现实技术在医疗保健领域的应用

医学培训也从拓展现实技术中受益匪浅。学生可以使用拓展现实应用进行虚拟手术练习,模拟实际手术步骤和情境。这种实践有助于医学生获得更多实际操作经验,为日后的临床工作做好准备。

诊断和治疗方面,拓展现实技术可以帮助医生更好地理解患者的情况。通过拓展现实眼镜,医生可以查看实时的医学影像,如X射线和CT扫描结果,直接在患者身上显示。这有助于医生更准确地做出诊断和制定治疗方案。

康复和物理治疗也可以借助拓展现实技术变得更加有趣和有效。患者可以通过拓展现实应用进行康复训练,如平衡训练和运动恢复。虚拟元素的参与可以增加患者的动力,帮助他们更好地进行康复。

在医疗教育方面，拓展现实可以用于解剖学学习。学生可以使用拓展现实应用查看虚拟人体解剖模型，了解不同器官的位置和功能。这使得解剖学学习更具交互性和实践性。

3. 制造业和维护

在制造业和维护领域，拓展现实技术正发挥着关键作用，从设计到生产再到维护，为企业带来了全新的效率和创新。拓展现实技术的应用范围涵盖了多个环节。

在设计和制造过程中，拓展现实技术使得产品设计更加直观和精确。工程师可以通过可视化的虚拟模型在现实环境中呈现出产品的外观和结构，实时进行评估和修改。这种实时的反馈有助于提高设计效率，减少了设计迭代的时间和成本。

制造过程中，拓展现实技术可以提供实时的生产指导。如图 7.31 所示，操作员可以通过拓展现实设备获得装配、焊接和加工等步骤的虚拟引导，确保操作的准确性和一致性。这减少了操作错误和培训时间，提高了生产效率。

图 7.31　拓展现实技术在制造业和维护领域的应用

在维护和保养方面，拓展现实技术可以帮助技术人员更好地理解设备的结构和维修流程。通过拓展现实眼镜，维修人员可以在设备上显示虚拟的维修步骤，避免了翻阅烦琐的手册。这有助于提高维修的准确性和速度，减少了停机时间。

另外，拓展现实技术还能提供设备的实时数据和状态信息。维护人员可以通过拓展现实应用查看设备的性能指标、工作状态和故障信息，从而更早地识别和解决问题。这有助于实现预防性维护，减少了设备故障造成的损失。

总之，拓展现实技术在制造业和维护领域的应用正在创造更智能、高效和可持续的生产和维护模式。它通过虚拟信息的叠加，为设计、制造和维护流程带来了实时性和准确性的提升。这使得企业能够更好地适应市场需求，提高生产效率，降低成本，并提供更高质量的产品和服务。

4. 零售和电子商务

在零售和电子商务领域，拓展现实技术正在创造出前所未有的购物体验，为消费者和商家带来了全新的互动性和创新性。拓展现实技术在零售领域的应用呈现了多个方面的优势。

首先，拓展现实技术为消费者带来了更具沉浸感和互动性的购物体验。通过拓展现实应用，消费者可以在现实环境中虚拟试穿服装、试戴饰品，甚至在家中尝试家具摆放效果。这种实时的虚拟互动使购物变得更加真实和有趣。

拓展现实技术还为零售商提供了创新的营销方式。商家可以通过拓展现实应用为产品增加虚拟元素,如品牌故事、特殊优惠等,以吸引消费者的注意力。这种创新的互动方式有助于提升品牌形象和产品销售。

在电子商务中,拓展现实技术可以弥补线上和线下购物的差距。通过拓展现实应用,消费者可以在虚拟环境中观察产品的细节,如材质、大小和功能。这为消费者提供了更准确的购物信息,降低了线上购物的不确定性。

拓展现实技术还可以为消费者提供个性化的购物建议。通过分析消费者的购物历史和偏好,拓展现实应用可以推荐适合的产品,并在消费者的现实环境中展示。这为消费者提供了更高效的购物体验。

此外,拓展现实技术也在零售场景中提供了实用的导航和定位功能。消费者可以使用拓展现实应用查找店铺位置、产品所在位置等,帮助他们更快地找到目标商品。

综合来看,拓展现实技术正在零售和电子商务领域创造出全新的购物体验。它为消费者带来了沉浸式的互动和个性化的服务,为商家提供了创新的营销和销售方式。随着技术的不断发展,拓展现实技术有望进一步改变购物方式,促进零售行业的发展和创新。

5. 旅游和文化遗产

在旅游和文化遗产领域,拓展现实技术正为游客带来丰富多彩的体验,将历史和文化重新演绎,为古老的景观注入了新的生命。拓展现实技术在旅游领域的应用呈现了多重可能性。

首先,拓展现实技术为游客创造了沉浸式的旅游体验。如图 7.32 所示,游客可以通过拓展现实应用在现实世界中观看虚拟的历史场景,了解古代建筑、文化传统等。这种互动性带来了更加丰富和有趣的旅游体验。

图 7.32 拓展现实技术在旅游和文化遗产领域的应用

拓展现实技术也为游客提供了实时的文化遗产信息。游客可以使用拓展现实应用在文化遗产地点获取相关历史和文化知识,使参观更加有深度和意义。这有助于提高游客对历史遗产的认知和尊重。

对于博物馆和展览来说,拓展现实技术为展品增加了新的层次。游客可以通过拓展现实应用观看虚拟的展品演示、互动介绍,使展览更具教育性和趣味性。这种融合了虚拟和现实的展示方式吸引了更多的观众。

拓展现实技术还可以将历史场景重现在现实环境中。游客可以通过拓展现实应用在古老的城市遗址、历史建筑等地点观看虚拟的古代景象,感受时光的流转和历史的厚重。

此外，拓展现实技术还能够为旅游导航提供实用的功能。游客可以使用拓展现实应用查看虚拟的导航箭头、地图和路线，帮助他们更方便地游览景点。

综合来看，拓展现实技术正在旅游和文化遗产领域创造出全新的探索方式。它为游客提供了互动性、实时性和沉浸式的旅游体验，将历史和文化以前所未有的方式呈现在游客面前。随着技术的不断进步，拓展现实技术有望继续丰富旅游和文化遗产领域的内容，促进人们更好地了解和尊重历史遗产。

这只是拓展现实技术应用领域的一小部分例子，随着技术的不断发展，它将在更多领域发挥作用，改善用户体验、提高效率和创造全新的可能性。从教育到医疗，从制造到娱乐，拓展现实技术正在以其独特的能力重塑人们与数字世界的互动方式。

7.5.4　技术挑战和发展趋势

在拓展现实技术的迅速发展和广泛应用背后，仍然存在一些技术挑战需要克服，同时也有一些发展趋势值得关注。

1. 技术挑战

1）硬件性能与成本

在拓展现实技术的发展过程中，硬件性能与成本一直是需要平衡的关键问题。尽管在过去几年中取得了显著进展，但仍然存在一些技术挑战和发展趋势。

计算和图形性能是实现高质量拓展现实体验的基础。要在实时情况下将虚拟元素准确地叠加到现实世界中，需要处理复杂的计算任务。然而，高性能的计算要求通常会导致设备的能耗和发热增加。随着移动芯片技术的进步，新一代的处理器和图形单元将使设备能够更好地处理复杂的图形渲染和计算任务，同时保持低能耗。

感知和跟踪技术也是硬件性能的关键方面。拓展现实技术需要精确的感知和跟踪能力，以确保虚拟元素与现实环境的准确对齐。但是，开发高精度的传感器和跟踪技术可能会增加设备的复杂性和成本。未来的发展趋势可能会集中在设计更可靠、更精确的传感器，以实现更高水平的跟踪和位置定位。

设备尺寸和重量直接影响用户的使用体验。过大或过重的设备可能会限制用户的自由移动，并影响他们的舒适性。因此，设计轻便且紧凑的设备是一个挑战。随着技术的发展，硬件制造商将更加关注设备的轻薄化和集成化。将多个传感器和组件整合到一个更小、更紧凑的设备中，有望提高设备的便携性和舒适性。

此外，成本问题一直是限制拓展现实技术普及的一个因素。然而，随着制造工艺的改进和规模的扩大，硬件设备的生产成本有望下降。这将使更多的用户能够承担得起高性能的拓展现实设备，从而推动市场的发展。未来，预计会有更多的厂商进入市场，推动竞争，进一步降低设备的成本。

2）精准定位与跟踪

精准定位与跟踪是拓展现实技术中至关重要的技术领域之一。然而，在确保虚拟元素与实际环境准确对齐的过程中，存在着一系列的挑战。传感器的精确度和算法的可靠性直接影响虚拟元素在现实世界中的位置和角度。不同环境和场景的变化、光照条件的变化等因素可能会对精准定位和跟踪造成影响。

在技术发展方面，不断寻求解决精准定位和跟踪问题的创新方法是一个持续的趋势。

多传感器融合是其中之一,将多种传感器(如相机、惯性传感器、深度传感器等)融合起来,可以提高虚拟元素的定位和跟踪的准确性,实现在不同场景中的稳定性。

此外,计算机视觉和机器学习的发展也为精准定位和跟踪提供了新的工具。深度学习算法可以通过大量数据的训练,提高识别和跟踪的精度。图像特征提取和目标检测等技术也有助于改善定位和跟踪的效果。

可视 SLAM 技术是另一个值得关注的方向,它结合了计算机视觉和几何推理,可以在没有先验地图的情况下实现相对精确的定位和跟踪。此外,增强现实云服务的兴起可以为定位和跟踪提供更多的数据支持和计算能力,从而提高其精度,减轻设备的负担。

3)内容创作和交互设计

内容创作与交互设计是拓展现实技术领域中的关键要素,涉及如何将虚拟元素融入现实环境,创造出有趣、有用和引人入胜的用户体验。这一领域存在一系列挑战和发展趋势。

在内容创作方面,设计人员需要考虑如何创造吸引人的虚拟元素,以及如何将这些元素与现实场景进行有机结合。这需要创意思维和艺术感,以确保虚拟元素既能够传达所需的信息,又不会干扰用户的现实体验。此外,虚拟元素的外观、动画和交互性都需要仔细地设计,以确保它们与用户的期望相符。

设计人员还需要考虑用户体验的因素。虚拟元素的大小、位置和角度都会影响用户的感知和交互。因此,设计人员需要考虑如何在不同设备上实现一致的用户体验,以及如何使用户与虚拟元素进行自然而又流畅的互动。

此外,内容创作与设计还需要考虑不同应用场景的需求。拓展现实技术在医疗、教育、娱乐等领域都有广泛的应用,因此虚拟元素的内容和设计必须针对特定的应用场景进行定制。

技术的发展趋势将影响到内容创作与设计的方法和方式。

4)能耗与电池寿命

能耗与电池寿命是拓展现实技术发展中需要重点关注的关键领域,涉及如何平衡高性能的虚拟体验与设备的能源消耗。

拓展现实技术通常需要高性能的计算和图形处理,以确保虚拟元素能够在实时场景中准确显示和交互。然而,高性能计算需要更多的能源,这可能导致设备电池的迅速消耗。此外,虚拟元素的显示和渲染也需要大量的能量,进一步影响了电池的使用寿命。

2. 发展趋势

1)混合现实融合

混合现实(Mixed Reality,MR)融合是拓展现实技术中的重要趋势,它将拓展现实和虚拟现实技术相结合,创造出更为丰富和综合的体验。混合现实融合的目标是在虚拟世界和现实世界之间实现无缝的互动与融合,使用户能够在这两个世界之间自由切换。

在混合现实融合中,虚拟元素不仅可以叠加到现实世界中,还可以与现实世界进行互动。用户可以通过手势、语音、控制器等方式与虚拟元素进行交互,实现更加沉浸式的体验。这使得用户能够在虚拟世界中进行操作、探索和互动,同时保持与现实世界的连接。

技术的发展将推动混合现实融合的实现。随着传感器、跟踪技术和图形处理的发展,拓展现实技术的质量和效能不断提高。这为实现更加真实、逼真的混合现实融合打下了基础。将虚拟现实技术与拓展现实技术融合,可以实现用户从完全虚拟的环境到完全现实的环境的平滑切换。这为用户提供了更大的自由度和体验选择。

混合现实融合需要精确的空间感知技术,以确保虚拟元素在现实世界中的准确对齐和交互。深度传感器和 SLAM 技术的进步将有助于实现更精确的空间感知。随着手势识别、眼球追踪、语音识别等人机交互技术的发展,用户在混合现实环境中的交互方式将变得更加自然和多样化。

综合来看,混合现实融合代表了拓展现实技术的未来发展方向,将为用户创造更加丰富、沉浸式和多维的体验。通过将虚拟和现实世界进行无缝融合,混合现实融合将在娱乐、教育、工业等多个领域中掀起新的浪潮,拓展人们的想象力和体验边界。然而,实现高质量的混合现实融合仍然需要解决技术挑战,如精准空间感知、流畅的交互以及虚拟与现实的平衡,这将需要持续的研究和创新。

2)增强人机交互

增强人机交互是拓展现实技术领域的重要发展方向。其目标是改善用户与技术之间的互动,创造更自然、直观和灵活的体验。

在增强人机交互方面,技术的发展趋势和挑战包括以下几个方面。

拓展现实技术可以通过手势识别、语音识别、眼球追踪等技术,实现更自然的用户界面。这意味着用户可以使用自然的动作和语言与虚拟元素进行交互,无须依赖复杂的控制器或键盘鼠标。

拓展现实技术可以创造出更加沉浸式的交互体验。用户可以通过身体动作、手势或触摸来操控虚拟元素,使交互更加直观和身临其境。

增强人机交互强调实时反馈的重要性。系统需要迅速响应用户的动作,并在虚拟元素的显示和交互方面提供即时的反馈,以确保用户体验的连贯性和流畅性。

利用深度学习技术,拓展现实系统可以更好地理解用户的行为和情感。这有助于个性化地交互体验,使系统能够根据用户的情感状态做出相应的反应。

增强人机交互强调多样性,允许用户在不同场景和任务中选择最适合的交互方式。这可以提高用户的舒适度和满意度。

综合来看,增强人机交互是拓展现实技术发展的关键方向之一。通过创新的交互方式、自然的用户界面和更好的实时反馈,拓展现实技术可以提供更出色的用户体验,使用户能够更自如地与虚拟元素和现实世界互动。然而,实现这一目标需要克服技术挑战,包括精确的感知、智能的算法和优化的界面设计,同时也需要考虑用户的隐私和安全问题。

3)可穿戴设备发展

可穿戴设备的发展是拓展现实技术领域中一个重要且具有前景的方向。这些设备将拓展现实技术融入用户的身体上,为用户创造更加便捷、沉浸式的体验。可穿戴设备需要具备足够的轻便性和舒适度,以便用户能够长时间佩戴而不感到不适。随着技术的进步,设计人员将不断探索更轻薄、符合人体工学的设计。设备的显示技术也是关键,高分辨率、透明度和折叠屏等技术的进步,将使得显示更加真实且无缝融入用户的视觉感知。

设备的计算能力同样重要,以便在设备上进行实时的图像处理和交互。随着移动芯片技术的发展,设备的计算性能将不断提高。然而,长时间的使用对电池续航时间提出了挑战。能源管理技术的创新将是可穿戴设备的重要发展方向,以保障设备在使用过程中不断电。

可穿戴设备需要实现自然而又便捷的人机交互。手势识别、语音识别、眼球追踪等技术的进步,将使用户能够更直观地与设备进行互动。然而,设备的数据隐私和安全问题同样重要。确保用户数据的保密性和安全性是设备开发者需要关注的问题。

综合来看,可穿戴设备的发展将为拓展现实技术带来新的机会。通过将拓展现实技术融入用户的服装、眼镜、手表等设备中,可以为用户创造更加身临其境的虚拟体验。然而,实现高质量的可穿戴设备仍然需要解决技术和设计方面的挑战,以确保设备的便捷性、舒适度和性能。

4)垂直领域应用

垂直领域应用是拓展现实技术在不同行业和领域中的特定应用。这些应用基于拓展现实技术的特点,为特定的行业需求提供定制化的解决方案。

在教育领域,拓展现实可以为学生创造更加生动、互动的学习体验。学生可以通过拓展现实应用与虚拟元素进行互动,观察复杂的概念和现象,从而更好地理解和记忆知识内容。

在医疗保健领域,拓展现实可以用于医学培训、手术规划和诊断支持。医生可以使用拓展现实技术查看患者的内部器官,辅助手术规划,并在手术过程中实时显示关键信息。

在制造业和维护领域,拓展现实可以帮助工人进行设备维护、装配和培训。工人可以通过拓展现实应用获取操作指导,查看设备内部结构,以及进行远程协助和培训。

在零售和电子商务领域,拓展现实可以改变购物体验。消费者可以使用拓展现实应用在虚拟试衣间中试穿衣物,查看商品的详细信息,以及在实际环境中预览家具和装饰品。

在旅游和文化遗产领域,拓展现实可以为游客提供更丰富的体验。游客可以使用拓展现实应用获取历史信息、导航指引和增强的景点介绍,从而更好地了解当地文化和历史。

在娱乐领域,拓展现实可以为电影、游戏和娱乐活动带来全新的互动方式。用户可以通过拓展现实应用将虚拟角色和元素融入现实环境中,创造出更加身临其境的体验。

总的来说,垂直领域应用充分利用了拓展现实技术在不同行业中的潜力。通过定制化的解决方案,拓展现实可以为各个领域提供创新的体验和应用,从而改变人们的工作方式、学习方式、娱乐方式和生活方式。

7.6 多模态交互技术概述

多模态交互技术是指利用多种感知通道和交互手段来实现人机交互的技术。在多模态交互中,用户可以通过不同的输入方式(例如语音、手势、触摸、视觉等)与系统进行交互,同时系统也可以通过多种输出方式(例如声音、图像、触觉反馈等)向用户提供信息和反馈。这种交互方式能够更贴近人类自然的沟通方式,提高交互的便捷性和智能化水平。本节将概述多模态交互技术的基本概念、特点以及其在人机交互中的重要作用。

7.6.1 多模态交互技术的基本概念

多模态交互技术旨在实现多种感知通道和交互方式的融合,从而提供更全面、更灵活、更自然的交互体验。它允许用户使用不同的输入方式来与系统进行交流,同时系统也能通过多种输出方式传达信息和反馈。如图 7.33 所示,多模态交互技术涉及多个领域的技术融合,包括自然语言处理、计算机视觉、语音识别、手势识别、触觉反馈等。

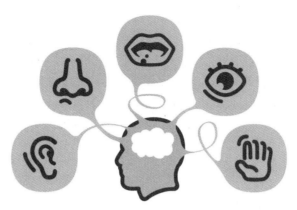

图 7.33　多模态交互技术涉及的领域

1. 自然与高效

多模态交互技术在拓展现实与虚拟现实领域中具有重要的特点,其中之一是自然与高效的交互方式。这种技术通过结合多种感知通道,如视觉、听觉、触觉和语音,使用户能够以更加自然和直观的方式与虚拟环境进行互动。

自然与高效的多模态交互技术能够模仿人类在现实世界中的交流方式,使用户能够以更自然的方式表达意图、传达信息和操作虚拟内容。例如,用户可以使用手势来选择、拖曳或放大虚拟物体,通过视线来定位目标,使用语音来进行指令输入,以及通过触觉反馈来感知虚拟物体的属性。

这种多模态的交互方式能够提供更高的效率和便捷性。用户可以利用不同的感知通道同时进行交互,从而在一定程度上提高操作速度和精确度。此外,多模态交互还可以为用户提供多样化的选择,使他们能够根据不同情境和个人偏好来选择最合适的交互方式。

通过自然与高效的多模态交互技术,用户可以更轻松地掌握拓展现实与虚拟现实应用。无论是在娱乐、教育、工作还是其他领域,用户都能够通过直观的手势、准确的视线控制、便捷的语音输入等方式来实现与虚拟环境的互动。这种交互方式不仅提升了用户的体验,还为他们带来更高的生产力和创造力。

然而,实现自然与高效的多模态交互技术也面临一些挑战。不同感知通道之间的协调和集成需要精确的技术支持,以确保用户能够无缝地切换交互方式。此外,多模态交互技术还需要考虑用户的舒适度和健康问题,以保证长时间的使用不会造成不适。

总的来说,自然与高效的多模态交互技术为拓展现实与虚拟现实领域带来了重要的优势。通过结合不同的感知通道,使用户能够以更自然、直观和高效的方式与虚拟环境进行互动,提升了用户体验和应用价值。随着技术的不断发展和创新,多模态交互技术将在拓展现实与虚拟现实应用中发挥更重要的作用。

2. 适应多样性

多模态交互技术的另一个显著特点是其适应多样性,它允许不同用户在不同环境和情境下选择最合适的交互方式,从而满足不同个体的需求和偏好。

适应多样性的多模态交互技术能够在不同用户之间实现个性化的交互体验。不同人的感知和交互能力可能存在差异,例如,一些用户更擅长使用手势,而另一些用户更喜欢通过语音进行交互。多模态交互技术可以灵活地适应这些差异,让每个用户都能够选择最舒适和熟悉的交互方式。

此外,多模态交互技术还能够适应不同的使用场景和环境。用户可能会在家庭、办公室、公共场所或移动环境中使用拓展现实与虚拟现实应用。多模态交互技术可以根据环境的特点和限制,提供适合的交互方式,以确保用户在各种情境下都能够方便地使用。

适应多样性的多模态交互技术还具有未来的发展潜力。随着技术的不断进步,交互方式可能会进一步多样化和创新。例如,随着生物传感技术的发展,用户可能可以通过脑电波或肌电信号进行思维控制,从而实现更直接、灵敏的交互方式。

然而,实现适应多样性的多模态交互技术也面临一些挑战。不同交互方式之间的切换和集成需要高度的技术支持,以确保用户能够平稳地切换交互方式。此外,个性化定制和用户偏好的考虑也需要在技术设计和开发中得到充分的重视。

综上所述,适应多样性是多模态交互技术的一个关键特点,它使不同用户在不同环境和情境下都能够选择最适合的交互方式。通过灵活地适应个体差异和使用场景,多模态交互技术提供了更加个性化、便捷和丰富的交互体验,为用户带来更满意和有意义的虚拟体验。随着技术的不断演进,适应多样性的多模态交互技术将持续推动拓展现实与虚拟现实应用的发展。

3. 容错性

多模态交互技术的另一个重要特点是其容错性,即技术能够在用户交互中容忍一定程度的误差或不精确性,从而减少用户操作的要求和限制。

容错性的多模态交互技术可以在用户操作出现错误或偏差时,通过智能算法或技术手段进行校正或补偿。这使用户能够更自由地进行交互,无须过于担心操作的精确性,从而增加了交互的灵活性和自由度。

容错性还能够增强用户的体验和满意度。用户在使用拓展现实与虚拟现实应用时,可能会遇到环境变化、设备限制或自身能力的限制,导致操作不够精确。容错性的多模态交互技术能够在一定程度上弥补这些不足,让用户能够更轻松地进行交互,减少因操作错误而引起的不满和挫败感。

此外,容错性还能够提高拓展现实与虚拟现实应用的可用性和普及程度。不同用户的交互能力和经验可能存在差异,容错性技术可以使应用更加适用于不同用户群体,无论是年龄、技术水平还是身体状况。这有助于推广拓展现实与虚拟现实技术,让更多人能够享受其带来的益处。

然而,实现容错性的多模态交互技术也面临一些挑战。在提供容错性的同时,技术还必须保持合理的准确性和可靠性。过度的容错性可能会导致误解或混淆用户意图,从而降低交互的效率和效果。因此,在设计和实现容错性技术时需要进行平衡和权衡。

综上所述,容错性是多模态交互技术的一个重要特点,它减少了用户操作的要求和限制,提高了交互的灵活性和自由度。通过在一定程度上校正用户操作的误差或不精确性,容错性技术增强了用户体验和满意度,使拓展现实与虚拟现实应用更加普及和易用。随着技术的不断发展,容错性技术将继续为多模态交互在各个领域的应用带来更大的潜力和机会。

4. 智能化

多模态交互技术的另一个重要特点是其智能化,即技术可以通过智能算法和人工智能技术来识别、理解和响应用户的意图和行为,从而实现更智能、更自适应的交互体验。

智能化的多模态交互技术能够分析和解释用户在交互过程中的动作、语音、手势等多种信号,从而准确地理解用户的意图。通过使用机器学习和模式识别等技术,系统可以逐渐学习和适应用户的交互模式,进而提供更个性化和精准的交互响应。

这种智能化使多模态交互变得更加智能和自动化。系统可以根据用户的历史行为和偏好,预测其下一步的意图,提前做出相应的响应。例如,当用户举起手臂时,系统可以自动识别为选择操作,并在显示屏上呈现相关选项。

智能化的多模态交互技术还可以实现更高层次的人机交互,如自然语言理解和对话交流。用户可以通过语音指令与系统进行对话,系统能够理解用户的问题并做出合理的回应。这种智能化的对话交互使用户能够更自由地表达意图,实现更自然、更流畅的交流体验。

然而,实现智能化的多模态交互技术也面临一些挑战。首先,准确地理解和响应用户的意图需要复杂的算法和模型支持,这需要大量的训练数据和计算资源。其次,用户隐私和数据安全也需要得到充分的保护,在实现智能化的同时确保用户的个人信息不受侵犯。

综上所述,智能化是多模态交互技术的一个重要特点,它通过智能算法和人工智能技术实现了更智能、更自适应的交互体验。通过分析用户的意图和行为,系统可以提供更个性化、更精准的交互响应,使用户能够更自由地进行交互和沟通。随着人工智能技术的不断发展,智能化的多模态交互技术将在拓展现实与虚拟现实领域中发挥越来越重要的作用。

7.6.2 多模态交互技术在人机交互中的作用

多模态交互技术在人机交互领域的作用是不可忽视的。随着科技的不断发展,人们对于与计算机和设备的交互方式提出了更高的要求,希望能够获得更自然、丰富、高效的体验。多模态交互技术应运而生,其以独特的特点和优势为人们带来了新的交互范式。

多模态交互技术的核心理念在于将多种感知通道和交互方式融合在一起,以实现更全面、多样的用户体验。传统的人机交互往往局限于键盘、鼠标等有限的方式,限制了用户与系统的互动。而多模态交互技术则通过整合视觉、听觉、触觉等多个感官通道,使用户能够以更自然的方式与系统进行交流。这种多感知通道的融合不仅丰富了交互内容,也更贴近人类在日常生活中的交流方式,提升了交互的质量。

在多模态交互技术中,自然性和直观性是其重要特点之一。人们不再需要学习复杂的命令或操作,而是可以借助语音、手势、眼神等方式来表达自己的意图。这种自然性使得交互过程更加轻松愉快,降低了技术使用的门槛。用户可以用自己最熟悉的方式与设备进行交互,让技术更好地适应用户,而不是让用户去适应技术。

多模态交互技术的个性化体验也是其独特之处。每个人的交互偏好和习惯都不同,而多模态交互技术可以根据用户的个人特点,自动选择最合适的交互方式。这种个性化的交互体验不仅提高了用户的满意度,也让用户感受到系统的关注和关怀,从而更加愿意持续使用和探索这些技术。

容错性是多模态交互技术的另一个优势。在传统的单一交互方式下,一旦出现设备故障或通道限制,用户的交互体验就会受到影响甚至中断。而多模态交互技术则在一定程度上解决了这个问题。当一个感知通道出现问题时,用户仍然可以使用其他通道进行交互,保障了交互的连续性和稳定性。

在处理复杂任务和场景方面,多模态交互技术具有独特的优势。某些情境下,用户需要处理多个任务或同时关注多种信息源。多模态交互技术可以在同一时间内处理多个感知通道和信息源,提高了信息处理和操作的效率。例如,在虚拟现实环境中,用户可以通过手势、语音和触摸同时进行操作,使得复杂任务更加容易完成。

社交互动的创新也是多模态交互技术的亮点之一。传统的社交媒体平台往往依赖于文字和图片进行交流,而多模态交互技术为社交互动带来了新的可能性。用户可以通过语音、表情和手势更丰富地表达情感和意图,使得社交体验更加真实和沉浸。

最后,多模态交互技术对于协作和合作也有着积极的影响。在多人协作环境中,多模态交互技术可以促进更有效的沟通和信息共享。用户可以通过多种通道分享信息,更好地协同工作,提高协作效率。

综上所述,多模态交互技术在人机交互中扮演着重要角色。它不仅提供了丰富的信息表达方式,也增强了自然感知和表达,同时还提高了个性化体验、应对设备限制、支持复杂任务和创新社交互动。通过将多种感知通道和交互方式融合在一起,多模态交互技术正在不断推动着人机交互的创新,为用户提供更加丰富、自然和高效的交互体验。

7.7 五感交互的体验设计

随着虚拟现实和多模态交互技术的不断发展,五感交互逐渐成为人机交互领域的关键议题。五感交互旨在通过模拟人类的感官体验,如视觉、听觉、触觉、嗅觉和味觉,为用户创造更加沉浸式、逼真的虚拟体验。

7.7.1 视觉体验设计

在人机交互中,视觉体验设计扮演着至关重要的角色。视觉是人类感知的主要通道之一,因此在五感交互的体验设计中,视觉体验被赋予了特殊的重要性。通过高分辨率的虚拟现实设备和先进的图形渲染技术,设计师能够创造出逼真的虚拟景象,使用户仿佛置身于另一个世界。为实现令人信服的视觉体验,需要考虑以下关键要素。

一方面,图形质量与逼真度是视觉体验设计的核心。通过优化图形引擎和渲染技术,设计师能够实现高质量的图像呈现,包括逼真的光照、阴影效果和纹理映射。这些元素共同协作,创造出一个真实感十足、生动丰富的虚拟环境。例如,在虚拟现实游戏中,通过精细的图形设计和高度逼真的渲染,玩家可以沉浸在一个栩栩如生的游戏世界中,与虚拟角色和环境进行互动。

另一方面,用户界面设计同样在视觉体验中具有重要性。虚拟环境中的用户界面设计需要考虑如何合理布局界面元素,如交互按钮、菜单和信息展示区域,以增强用户的操作便捷性。一个清晰、易于理解的用户界面可以让用户更轻松地与虚拟世界互动。例如,在虚拟现实应用中,用户界面的布局需要符合人类的操作习惯,以确保用户能够轻松地浏览和使用各种功能。

然而,视觉体验设计也面临着一些挑战。长时间的虚拟现实体验可能导致用户的视觉疲劳和不适感。因此,在设计过程中,需要采用适宜的颜色、亮度和对比度,以减轻用户的视觉负担,提高用户的舒适感。例如,在虚拟现实应用中,通过选择柔和的颜色和适中的亮度,可以减少用户在使用过程中的视觉疲劳。

通过运用图形设计、用户界面布局和色彩心理学等知识,视觉体验设计旨在创造出引人入胜、逼真的虚拟景象,使用户完全融入虚拟现实的世界。在软件工程方法的指导下,可以通过图形引擎的优化、渲染技术的实现和用户界面的开发,充分发挥视觉体验在五感交互中的关键作用。

尽管视觉体验设计能够创造出令人惊叹的虚拟世界,但其也面临着一些挑战。不同设备的显示性能差异、用户的个人感知差异以及图形资源的限制等因素需要被充分考虑。此外,为了确保用户的健康和舒适感,视觉疲劳和不适感也需要得到认真对待。通过综合考虑这些因素,视觉体验设计可以为用户提供一个引人入胜、舒适愉悦的虚拟交互环境。

7.7.2 听觉体验设计

在人机交互中,听觉体验设计作为五感之一的关键要素,扮演着重要的角色。它旨在通过模拟声音和音效,为用户创造出更加逼真、沉浸式的虚拟体验。在五感交互的背景下,听觉体验设计具有如下关键因素。

首先,立体声音效是听觉体验设计的重要组成部分。通过利用立体声和环绕声技术,虚拟现实环境中的声音可以在空间中被准确地定位和呈现。这使得用户能够感受到声音的方向和距离,从而增强了虚拟体验的真实感。例如,在虚拟现实游戏中,通过适当的音效处理,玩家可以听到来自不同方向的声音,从而更准确地判断敌人的位置和行动。

其次,音效清晰度与逼真度对于听觉体验设计至关重要。音效的清晰度和逼真度直接影响用户对虚拟环境的感知。通过合理的声音处理和音频设计,可以创造出丰富多样的音效,从而使虚拟世界更加生动。例如,在虚拟旅游应用中,通过逼真的自然环境音效,用户可以仿佛置身于真实的自然风景中,感受到鸟鸣、水流等声音的环绕。

此外,情感与认知反应是听觉体验设计的另一个重要考虑因素。不同声音和音效能够激发用户的情感和认知反应。在设计过程中,需要考虑音效对用户情绪的影响,以及如何利用声音来引导用户在虚拟环境中的行为。例如,在教育应用中,通过运用激励性的声音反馈,可以帮助用户更好地完成学习任务。

通过运用声学工程、音频设计和心理声学等领域的知识,听觉体验设计旨在为用户创造出身临其境、引人入胜的虚拟听觉体验。软件工程方法在这一过程中发挥着重要作用,通过音频引擎的优化、声音设计的实现和音效控制的开发,可以实现听觉体验的最佳表现和用户满意度。

然而,在听觉体验设计中也存在一些挑战。不同用户对声音的感知和反应存在差异,因此需要平衡不同用户的需求。此外,长时间的虚拟现实体验可能对听觉系统产生疲劳,需要考虑如何减轻用户的听觉负担,保障用户的舒适感。

未来,随着技术的进一步发展,听觉体验设计将不断创新,为虚拟现实和多模态交互提供更加出色的用户体验。通过综合运用软件工程方法,设计师可以充分发挥听觉体验在五感交互中的作用,为用户创造出身临其境的虚拟音乐世界,推动人机交互领域向前迈进。通过不断的探索和创新,听觉体验设计将持续为人们带来更加感知丰富的虚拟体验。

7.7.3 触觉体验设计

在这个多感官的世界中,触觉体验设计作为其中的一部分,扮演着重要的角色,旨在通过模拟触觉反馈,为用户创造出更加真实、身临其境的虚拟体验。触觉体验设计的关键因素如下。

首先,触觉反馈设备是触觉体验设计的核心。通过利用力反馈设备、触觉传感器和虚拟现实控制器等,用户可以在虚拟环境中感受到触觉的反馈,如物体的质感、形状和运动。这些设备能够为用户创造出触觉上逼真的互动体验,使虚拟世界更加身临其境。例如,在医疗仿真应用中,通过触觉反馈设备,医学学生可以模拟进行手术操作,感受到组织的质地和手感,从而提升实际操作的准确性。

其次,虚拟物体的物理模拟与交互设计是触觉体验设计的重要组成部分。通过模拟虚拟物体的物理属性和交互行为,用户可以感受到触觉上的真实互动。例如,当用户触摸虚拟物体时,系统可以通过触觉反馈设备模拟出物体的质感和形状,增强用户的触觉体验。在虚拟购物应用中,用户可以通过触摸屏幕来感受商品的材质和手感,为在线购物带来更真实的体验。

此外,触觉与其他感官的综合也是触觉体验设计的重要考虑因素。触觉体验不仅局限于触觉本身,还需要与其他感官如视觉和听觉进行协调。通过将触觉反馈与视听效果结合,可以创造出更加沉浸式和逼真的虚拟体验。例如,在虚拟现实游戏中,玩家不仅可以听到环境的声音,还可以通过触觉反馈设备感受到游戏角色的动作和碰撞。

通过应用机械工程、生物力学和交互设计等领域的知识,触觉体验设计旨在为用户创造出身临其境的触觉互动。在软件工程方法的支持下,可以通过触觉反馈设备的优化、虚拟物体的物理模拟和交互设计的实现,充分发挥触觉体验在五感交互中的关键作用。

然而,触觉体验设计也面临一些挑战。不同用户对触觉反馈的感知和偏好存在差异,因此需要考虑如何满足不同用户的需求。此外,触觉反馈的实现也需要克服技术限制,以实现更加精准和逼真的触觉体验。

在未来,随着技术的进一步进步,触觉体验设计将不断演进,为虚拟现实和多模态交互提供更出色的用户体验。通过综合应用软件工程方法,设计师可以充分发挥触觉体验的潜力,为用户创造出触感逼真、身临其境的虚拟互动体验,推动人机交互领域的发展。通过不断的探索和创新,触觉体验设计将持续为人们带来更加感知丰富的虚拟体验。

7.7.4 嗅觉体验设计

嗅觉体验设计是多感官交互中的一大挑战和潜力所在,其目标是通过模拟气味感知,为用户创造出更加身临其境、逼真的虚拟体验。然而,嗅觉体验设计也面临着一些特殊的问题和限制。

首先,嗅觉模拟技术的挑战是显而易见的。目前,模拟真实气味的技术尚处于初级阶段。虽然已有一些尝试,例如,电子气味传感器和嗅觉显示器,但要实现逼真的嗅觉体验仍然具有一定的挑战性。尤其是人类嗅觉系统对于复杂气味的感知是非常精细和复杂的,模拟其精确细节仍需更多地研究和创新。

其次,嗅觉与情感、记忆之间有着紧密的联系。气味可以唤起人们的情感和记忆,因此在嗅觉体验设计中,需要考虑如何利用气味来增强用户的情感体验和认知感知。举例来说,在虚拟旅游应用中,通过模拟当地特有的气味,用户可以更加真实地感受到所处环境的氛围和情感。

另外,个体差异与适应性也是嗅觉体验设计的一个重要考虑因素。不同人对气味的感知存在个体差异,而且人们对特定气味的适应性也可能影响体验效果。因此,在嗅觉体验设计中,需要考虑如何满足不同用户的感知需求,并提供个性化的体验。例如,通过让用户自定义虚拟环境中的气味,可以增加个体化和参与感。

虽然嗅觉体验设计面临着技术和感知的挑战,但也具有巨大的创新潜力。通过应用化学工程、嗅觉心理学和虚拟现实技术,设计师可以不断努力实现更加逼真、引人入胜的嗅觉体验。软件工程方法在这一过程中发挥着关键作用,通过嗅觉模拟技术的研发、情感与记忆的连接设计以及个体适应性的考虑,可以实现嗅觉体验的最佳表现和用户满意度。

然而,嗅觉体验设计也面临一些技术和心理学上的限制。模拟气味的技术需要进一步突破,以实现更加逼真的嗅觉感知。此外,如何平衡情感体验与个体适应性也需要在设计中加以考虑。

未来,随着技术的不断发展,嗅觉体验设计将有望取得更大的突破,为虚拟现实和多模态交互带来更加身临其境的体验。通过持续的研究和创新,嗅觉体验设计有望成为多感官交互领域的重要发展方向,为用户带来更加丰富的虚拟感知体验。

7.7.5 味觉体验设计

作为多感官交互的一部分,味觉体验设计具有独特的挑战和潜力,旨在通过模拟味觉感知,为用户创造出更加深入、身临其境的虚拟体验。然而,味觉体验设计也面临着一些独特的难题和限制。

首先,味觉模拟技术的挑战是显而易见的。目前,模拟真实味觉的技术尚处于初级阶段。虽然已有一些尝试,如电子舌头和味觉模拟器,但要实现逼真的味觉体验仍然存在一定的困难。人类味觉系统对于不同化学物质的感知是非常复杂的,模拟其细微差异和多样性仍需更多地研究和创新。

其次,味觉与情感之间存在着紧密的联系。食物的味道可以唤起人们的情感体验,因此在味觉体验设计中,需要思考如何利用味觉来增强用户的情感和认知感知。举例来说,在教育应用中,通过模拟不同味道的食物,可以帮助学生更好地理解化学原理,同时激发情感上的学习体验。

此外,健康和安全问题也是味觉体验设计必须考虑的重要因素。模拟味觉可能涉及化学物质或物质释放,因此需要在设计中确保用户的健康和安全。在医疗仿真应用中,通过模拟特定药物的味道,可以帮助医学学生更好地理解药物的特性和效果。

尽管味觉体验设计面临着技术和安全的挑战,但也具有巨大的潜力。通过应用化学工程、味觉心理学和虚拟现实技术,设计师可以尝试创造出更加逼真、引人入胜的味觉体验。软件工程方法在这一过程中发挥着重要作用,通过味觉模拟技术的研发、情感连接的设计以及健康与安全的考虑,可以实现味觉体验的最佳效果和用户满意度。

然而,味觉体验设计也需要克服一系列挑战。模拟味觉的技术需要不断创新,以实现更加逼真的味觉感知。此外,如何平衡情感体验与用户健康安全也需要在设计中加以考虑。

未来,随着技术的不断进步,味觉体验设计有望成为虚拟现实和多模态交互的新领域。通过综合运用软件工程方法,设计师可以不断探索创新的味觉模拟技术,为用户创造出更加深入、多感官的虚拟体验,推动人机交互领域的进一步创新。

虚拟现实与多模态技术

7.8 可穿戴技术与人机交互

近年来,在人机交互领域,可穿戴技术蓬勃发展,成为引人瞩目的重要领域之一,其取得的显著进展令人瞩目。这项技术的核心概念是将计算能力和传感器功能融合到用户的日常衣物、时尚配饰甚至是身体各个部位,从而开启了一种全新维度的人机交互方式。可穿戴技术的兴起为用户带来了前所未有的沉浸式体验,赋予他们与计算系统更加自然、无缝的互动手段,将虚拟与现实世界紧密融合于日常生活之中的可能性进一步扩展。

这些令人兴奋的创新推动着人类与技术之间的界限,为人机交互开启了全新篇章。随着可穿戴技术的不断演进,用户能够更加便捷地与数字世界互动,无须受限于传统的键盘和鼠标。通过简单的手势、声音命令或是脑电信号,用户便能够轻松探索虚拟环境,与智能设备进行互动,甚至在现实世界中获取即时信息,实现了信息获取和处理的即时性与高效性。

这种技术的融入为用户带来了前所未有的便利,无论是在日常生活中还是专业领域中。举例来说,医疗保健行业利用可穿戴技术来监测患者的生理数据,实时反馈给医护人员,从而提高了疾病管理和治疗的效率。教育领域也借助这项技术,创造了更加互动和沉浸式的学习体验,使知识传递变得更加生动有趣。

然而,随之而来的是对隐私和数据安全的新挑战。随着个人数据在可穿戴设备中的不断积累,如何保障用户的个人信息不被滥用成为亟待解决的问题。此外,技术的快速发展也意味着需要建立更加完善的法律法规来规范其使用,确保其在不同领域的应用都能够得到合理监管和引导。

7.8.1 可穿戴技术的分类

可穿戴技术作为一种创新性的科技领域,涵盖了多个富有活力的子领域,其中包括但不限于智能手表、智能眼镜、智能手环、智能服装等。这些令人振奋的设备通过融合先进的传感器技术、高效的处理器单元以及无线通信模块,彰显出了无限的潜能,能够深度互动地收集用户的生物信息、周围环境的实时数据以及各类感知信息。

着眼于智能手表,它不仅是一种时间的指示器,更是一个全方位的信息集散地。内置的各类传感器能够实时监测用户的心率、血压、步数等生理指标,进而为用户的健康状况提供实时的分析和建议。同时,它也具备了智能助手的功能,通过语音识别和自然语言处理技术,能够理解用户的指令并进行有益的反馈,为用户的日常生活提供诸如天气预报、行程规划等个性化的信息和服务。

另一方面,智能眼镜则赋予了用户前所未有的视觉体验。嵌入其中的微型摄像头不仅可以记录用户的所见所得,还能够进行实时的图像识别和分析。通过对用户周围环境的理解,智能眼镜能够为用户呈现增强现实的内容,例如,在旅行中为用户提供导航指引,或者在学习时展示丰富的知识点。此外,智能眼镜还可以连接到互联网,使用户能够即时地与亲友分享所见所想,极大地拓展了社交互动的可能性。

智能手环则以其轻便的设计和多功能的特点受到了广泛的欢迎。通过对用户运动数据的跟踪和分析,智能手环不仅能够监控用户的运动状态,还能够根据用户的习惯和目标提供个性化的健身建议。此外,智能手环还能够监测用户的睡眠质量,通过对睡眠周期的分析,为用户制订科学合理的作息计划,帮助用户改善睡眠质量,提升生活品质。

智能服装则将科技与时尚巧妙地融合在一起。内置的微型传感器能够实时感知用户的体温、湿度等信息,进而调整服装的通风和保温效果,为用户创造舒适的穿着体验。此外,智能服装还可以与智能手机等设备进行连接,实现与外界的无缝互动。例如,在户外运动时,智能服装可以向用户提供实时的健康数据和建议,保障用户的安全和健康。

综上所述,这些引人入胜的可穿戴技术设备不仅是科技的杰作,更是人们日常生活的密友。通过传感器、处理器和通信模块的协同作用,它们能够以智能化的方式收集、分析和应用各类数据,为用户提供个性化、实用性极强的信息和服务,不断地推动着科技的前进步伐。

7.8.2 可穿戴技术案例

可穿戴技术的第一个案例是华为智能手表。

如图7.34所示,华为智能手表是中国杰出科技巨头华为推陈出新的杰作,是一款引人瞩目的可穿戴科技设备。这款智能手表集健康监测、通信以及智能助手等多重功能于一身,为用户带来了一场科技与生活的完美交融。通过智能手表,用户得以时刻关注心率、步数等关键健康数据,实时掌握身体状态的变化,同时也能以便捷的方式接听来电、传递信息,甚至在需要时与智能语音助手进行互动交流,打造了无缝便捷的数字生活体验。这种精湛科技的引入,不仅使用户能够毫不费力地获取所需信息,更将人与智能计算系统间的连接推向了一个前所未有的新高度,为现代科技与日常生活之间架起了一座坚实的桥梁。

可穿戴技术的第二个案例是华为智能眼镜。

如图7.35所示,华为智能眼镜作为一款引领科技潮流的创新可穿戴设备,融合了前沿的虚拟现实技术,为用户带来了前所未有的身临其境体验。借助这一惊人的眼镜,使用者得以沉浸于无限可能的虚拟世界,尽情畅游于沉浸式游戏的奇妙乐趣之中,或是实现即时的虚拟旅游,仿佛身临其境地穿越千山万水。

图7.34 华为智能手表　　　　　　　图7.35 华为智能眼镜

然而,华为智能眼镜的魅力绝不仅限于此。其精妙的语音识别技术以及灵活多变的手势控制功能,赋予了用户与虚拟环境间更加自然而流畅的互动方式。无须烦琐的操作,只需轻声细语或轻轻一挥,就能够实现与虚拟现实世界的紧密互动,轻松创造出一个更加逼真、更加引人入胜的体验。

华为智能眼镜的问世,无疑彰显了华为对技术创新的不懈追求与执着。其独特设计与卓越性能的结合,不仅使虚拟现实技术得以全新演绎,更是在日常生活中为用户打造出一个兼具娱乐、实用和未来感的引人设备。无论是探索未知的虚拟世界,还是与虚拟环境互动交融,华为智能眼镜都将成为引领科技浪潮的不可或缺的伙伴,开启人类与科技更加深入融合

虚拟现实与多模态技术

的崭新篇章。

7.8.3　可穿戴技术的挑战与前景

虽然可穿戴技术在人机交互领域展现出了巨大的潜力,但随之而来的也是一系列令人不容忽视的挑战,这些挑战包括但不限于电池寿命、隐私保护、数据安全等问题。

电池寿命一直以来都是可穿戴技术发展的一大制约因素。用户期望在不频繁充电的情况下能够长时间使用这些设备,因此提升电池寿命成为技术开发者们的重要目标之一。通过研发更高效的电池技术、优化设备的功耗管理,以及采用节能的硬件和软件设计,在不久的将来可穿戴设备的续航能力将得到显著提升。

另一个不容忽视的挑战是隐私保护。随着可穿戴设备记录用户的生理指标、行为习惯等敏感信息,如何保障用户的隐私权成为亟待解决的问题。技术开发者需要采取有效的数据加密和安全传输措施,以确保用户的个人数据不会被未授权访问或滥用。同时,政府和行业监管机构也需要制定相应的法规和准则,以规范可穿戴技术领域的数据收集和隐私保护实践。

然而,尽管面临这些挑战,可穿戴技术的前景依然令人振奋。随着技术不断演进,我们将在医疗、娱乐、教育等多个领域看到其广泛应用。在医疗领域,可穿戴设备可以用于监测患者的健康状况,及时发现异常并提供预警,为医疗保健提供更加精准和个性化的解决方案。在娱乐领域,可穿戴技术可以创造出身临其境的虚拟现实体验,将用户带入沉浸式的游戏和娱乐世界。在教育领域,可穿戴设备可以为学生提供更加多样化的学习方式,促进知识的深入理解和应用。

可穿戴技术作为人机交互领域的重要组成部分,为用户提供了更加自然、沉浸式的交互方式,将继续在未来的软件工程方法中发挥重要作用。

7.9　脑机接口与情感交互

随着人机交互领域的不断发展,脑机接口(Brain-Computer Interface,BCI)技术逐渐引起了广泛关注。脑机接口是一种先进的交互技术,它允许直接从大脑中获取信号,并将这些信号转换为计算机可以理解的指令,从而实现人与计算机之间的无须经过传统输入设备的交流。情感交互作为脑机接口的一个重要分支,致力于通过解读用户的情感和情绪状态,实现更加智能和自然的人机交互体验。

脑机接口技术依赖于神经科学、信号处理和机器学习等领域的深入研究。通常,脑机接口系统由以下几个关键组件构成。

1. 信号采集单元

用于捕获大脑活动的电信号,如脑电图(EEG)、功能磁共振成像(fMRI)等。

2. 信号处理算法

对采集到的脑电信号进行预处理、特征提取和分类,以识别用户的意图或情感状态。

3. 控制单元

将处理后的信号转换为计算机可以理解的指令,实现对应的交互动作。

情感交互进一步拓展了脑机接口的应用领域,通过分析脑电信号中的情感信息,实现情感状态的识别和情感导向的交互设计。这种情感交互可以增强用户与虚拟环境或计算机之间的情感共鸣,提升交互体验的情感深度和情感互动性。

脑机接口的一个案例是 BrainRobotics 智能仿生手,如图 7.36 所示。

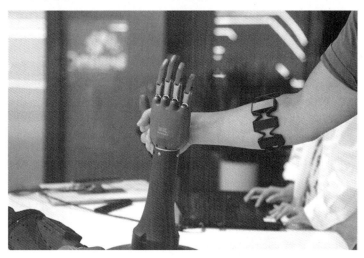

图 7.36　BrainRobotics 智能仿生手

中国的脑机接口研究领域取得了显著成果,其中一项著名案例是国内首家脑机接口独角兽 BrainCo 强脑科技旗下的产品 BrainRobotics 智能仿生手。该项目旨在帮助上肢运动能力受限的人士实现手臂的自主移动。通过分析用户脑电信号,系统可以识别用户的移动意图,从而控制手臂的方向、速度和停止等操作,实现精准的脑控移动。

脑机接口方面的一个前沿应用是情感导向的虚拟现实治疗,如图 7.37 所示。

图 7.37　虚拟现实情感治疗

在情感交互的前沿领域,研究人员探索了将脑机接口与虚拟现实相结合,用于情感调节和心理治疗。通过监测用户的情感状态,系统可以调整虚拟现实环境中的情感元素,如景色、音乐和氛围,以帮助用户放松、减压或改善情感状态。

例如,虚拟现实治疗应用可以根据用户的脑电信号实时调整虚拟自然风景的颜色和声音,以引导用户进入放松的情感状态,从而达到情感治疗的效果。

在国外,脑机接口也有着广泛的应用。如图 7.38 所示,Neurable 是一家位于美国马萨诸塞州的公司,成立于 2015 年,致力于开发脑机接口技术。该公司的产品可以帮助人们通过大脑活动控制虚拟现实和增强现实应用程序。Neurable 的技术基于神经科学和机器学习,可以通过分析大脑活动来预测用户的意图。该公司的产品已经被用于许多不同的领域,例如,游戏、培训、医疗等。

Neurable 公司的主要产品是 Neurable Horizon,这是一款基于脑机接口技术的虚拟现实头戴式设备。该设备可以通过分析大脑活动来控制虚拟现实应用程序。Neurable Horizon 还配备了眼动跟踪技术,可以帮助用户更好地与虚拟环境进行交互。

国外的另一个案例是 Emotiv 公司。Emotiv 是一家位于澳大利亚的公司,成立于 2003 年,致力于开发脑机接口技术。该公司的产品可以帮助人们通过大脑活动控制游戏和其他应用程序。

Emotiv 公司的主要产品是 Emotiv Insight,这是一款基于脑机接口技术的头戴式设备,如图 7.39 所示。该设备可以通过分析大脑活动来控制游戏和其他应用程序。Emotiv Insight 还配备了心率传感器和运动传感器,可以帮助用户更好地了解他们的身体状态。

图 7.38　Neurable 公司产品　　　　图 7.39　Emotiv Insight

脑机接口与情感交互的结合将为人机交互领域带来新的可能性,使交互更加智能化、个性化和情感化。虽然该技术在中国已经取得了显著进展,但在全球范围内,仍有许多前沿应用和研究正在不断涌现,为人们提供更加丰富多彩的交互体验。

思考与实践

1. 什么是拓展现实技术?

2. 什么是脑机接口(BCI)?

3. 假设你正在设计一个虚拟现实游戏,描述一个典型的虚拟现实交互场景,并讨论其中的交互设计原则。

4. 想象你是一个医疗科技公司的产品经理,你决定开发一款基于可穿戴技术的健康监测设备,该设备可以实时监测用户的心率、步数和睡眠质量。你将如何平衡用户体验、数据隐私和设备的功能设计?

5. 你是一家虚拟现实游戏开发公司的首席用户体验设计师。你的公司正在开发一款沉浸式的虚拟现实角色扮演游戏,其中,玩家需要与虚拟环境中的角色进行互动,解谜并完成任务。请详细描述一个典型的游戏场景,包括玩家的交互方式、环境元素、角色互动以及如何利用多模态技术提升游戏体验。

6. 你是一家创新科技初创公司的创始人,致力于开发一种脑机接口设备,可以帮助残障人士实现更好的日常生活。你计划设计一个基于脑机接口的系统,使用户能够通过思维控制智能家居设备、发送信息,甚至是与他人进行情感交流。请详细阐述你的系统设计,包括脑机接口的工作原理、用户与设备的交互流程、可能涉及的情感识别技术,以及如何确保用户隐私和数据安全。

虚拟现实与多模态技术

第 8 章　交互原型设计与构建

8.1　引　　言

在当今数字化时代,人机交互(Human-Computer Interaction,HCI)的重要性愈发凸显,软件工程领域的发展不再只关注功能的实现,而更加专注于用户体验的优化。随着用户对软件产品期望的不断提高,交互原型设计与构建作为软件开发的重要组成部分,显得愈发不可或缺。它为软件工程师提供了一个可视化的、具象化的框架,使得用户体验在开发过程中得以更早地被考虑和反馈,从而确保最终产品的质量和用户满意度。

本章将深入探讨交互原型设计与构建在软件工程中的关键作用,强调其在实现成功的人机交互体验方面的重要性。交互原型的设计是一个旨在通过展示用户界面、交互行为和信息流程的过程,从而帮助软件团队更好地理解和满足用户需求的方法。通过逐步迭代、渐进演进的方式,软件工程师能够充分利用原型设计的优势,及早发现并解决潜在问题,减少后期开发阶段的成本和风险。

本章中将深入研究交互原型设计与构建的基本原则和方法。首先,将介绍交互原型设计的概念及其与传统原型的区别,强调交互原型作为沟通工具的独特价值。其次,将探讨在设计交互原型时需要考虑的关键因素,例如,用户需求分析、任务流程规划、信息架构等。通过这些步骤的全面分析,设计师能够更好地把握用户的真实期望,将其转换为软件产品的核心功能和特性。

接下来,本章将聚焦于交互原型构建的实践技巧。这包括选择适当的原型工具和技术,以及在设计过程中的有效迭代和演化策略。交互原型的构建需要设计团队之间紧密合作,以确保所建立的模型准确地反映用户体验,从而有效地回应用户需求的变化。此外,本章内容还将涉及用户参与的重要性,探讨如何在原型构建中融入用户反馈,持续优化设计方案。

最后,本章还将回顾一些成功案例,展示交互原型设计与构建在实际项目中的应用。这些案例将涉及不同领域和规模的软件开发项目,旨在帮助使用者更好地理解交互原型设计与构建的实际效果和益处。

通过本章的学习,使用者将能够全面了解交互原型设计与构建的核心概念和方法,掌握关键技巧,为软件工程项目的成功实施提供坚实的基础。无论是从事软件开发、用户体验设计还是项目管理的专业人士,都能够从中获得实用的指导和启发,推动人机交互领域的进一步发展。

本章的主要内容包括:

- 介绍交互原型的作用和分类。
- 阐述概念设计和具体设计的概念与方法。
- 介绍原型构建的基本方法。
- 介绍常见的原型工具。

8.2 原型概述

8.2.1 原型的作用

在人机交互的软件工程方法中,原型是一个重要的工具,用于帮助设计师、开发人员和利益相关者共同理解和沟通关于软件系统交互的需求和设计。原型可以被看作一个初步的、可交互的系统模型,展示了软件系统的外观、功能和交互方式。

原型的作用是多方面的。首先,它可以帮助设计师和开发人员更好地理解用户的需求和期望。通过创建原型,设计师能够将抽象的概念和想法具象化,并通过模拟用户与系统的交互过程,更好地了解用户在实际使用中可能遇到的问题和困难。这种通过实际交互体验来发现问题的方式,可以帮助设计师提前发现并解决潜在的设计缺陷,从而减少在后期开发和测试中的修复工作,节省时间和成本。

其次,原型还可以用于与利益相关者进行沟通和反馈。利益相关者包括用户、产品经理、开发人员和其他相关人员。通过展示原型,设计师能够更清晰地传达他们的设计意图,使利益相关者更好地理解系统的功能和交互方式。同时,利益相关者也可以通过与原型的交互体验,提供反馈和建议,帮助设计师进一步改进和优化系统设计,从而实现更好的用户体验。

此外,原型还可以作为软件开发过程中的一个中间产物,用于指导和辅助开发工作。通过原型,开发人员可以更加清晰地了解系统的需求和交互细节,从而更高效地进行编码和测试。原型可以作为一个参考,帮助开发人员在实际开发过程中遵循设计师的意图,并及时发现和修复潜在的问题。

总之,原型在人机交互的软件工程方法中扮演着至关重要的角色。它能够帮助设计师、开发人员和利益相关者更好地理解和沟通关于软件系统交互的需求和设计。通过提供初步的、可交互的系统模型,原型不仅能够发现和解决设计缺陷,减少后期修复工作,还能够促进利益相关者的参与和反馈,并指导和辅助开发工作。因此,原型的应用对于开发出满足用户期望的优秀交互软件系统具有重要意义。

8.2.2 原型的分类

在交互原型设计与构建中,原型可以根据其形式和功能进行分类。不同类型的原型在设计和开发过程中扮演着不同的角色,帮助团队更好地实现软件系统的交互设计目标。

原型分类有许多方法,最常见的分类方法是将原型分为低保真原型和高保真原型。

(1) 低保真原型(Low-Fidelity Prototypes)。

低保真原型是交互原型设计与构建中的一种常见形式,它通常在设计早期阶段使用。

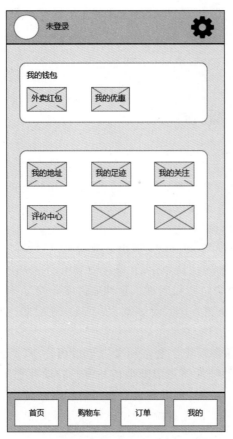

图 8.1 某外卖系统低保真原型示例

如图 8.1 所示,低保真原型着重于传达设计概念和基本交互流程,而不关注具体的视觉和细节设计。这种原型通常采用简化的手绘草图、线框图或简单的交互模型来呈现。

低保真原型的主要目的是快速探索和讨论各种设计方案,以及与利益相关者进行初步的沟通和反馈。由于低保真原型的制作相对简单和快速,设计师可以迅速尝试不同的交互设计想法,并通过原型的形式将这些想法传达给团队成员和利益相关者。

虽然低保真原型在视觉和交互细节上可能较为简略,但它们能够帮助设计师和利益相关者更好地理解和讨论系统的整体交互流程、功能结构和信息架构。通过低保真原型,设计团队可以共同探索用户界面的基本组成部分、页面布局、导航结构和功能交互方式,从而形成初步的设计共识。

另外,低保真原型还可以用于进行快速迭代和改进。由于制作低保真原型所需的时间和成本较低,设计师可以轻松地修改和调整原型,根据反馈和讨论的结果进行迭代。这种迭代过程可以帮助设计团队逐步完善交互设计,提高系统的可用性和用户体验。

综上所述,低保真原型在交互原型设计与构建中具有重要作用。它们通过简化的手绘草图、线框图或简单的交互模型,快速传达设计概念和基本交互流程,促进设计团队和利益相关者之间的沟通和共识达成。同时,低保真原型也便于快速迭代和改进,帮助设计团队逐步完善交互设计。

(2) 高保真原型(High-Fidelity Prototypes)。

高保真原型是交互原型设计中的一种类型,相较于低保真原型而言,它更接近最终产品的外观和交互细节。如图 8.2 所示,高保真原型具有更高的视觉精度和交互模拟,通过使用专业设计工具和交互原型工具创建,能够呈现真实的用户界面、动画效果和交互行为。这种类型的原型在设计迭代的后期阶段发挥重要作用,用于验证设计决策、收集详细的用户反馈和进行用户测试。

高保真原型的设计过程通常需要考虑各个方面的细节,如颜色、字体、布局、图标等,以确保原型的视觉表现力和真实感。此外,交互细节也是高保真原型的关键部分,包括用户界面元素的交互效果、过渡动画、用户输入和系统反馈等。通过精心设计和模拟这些交互细节,高保真原型能够更准确地模拟用户与系统的实际交互过程,让利益相关者能够更好地理解系统的功能和交互方式。

高保真原型在用户测试和评估中也扮演着重要角色。通过将高保真原型交给用户进行实际操作和反馈,设计团队可以获得更具体和有针对性的用户反馈,了解用户对界面和交互的感受,从而进一步改进和优化系统设计。此外,高保真原型还可以用于与利益相关者的演示和沟通,让他们更直观地感受到系统的外观和交互细节,以便更好地理解和支持设计决策。

总的来说,高保真原型在交互原型设计中扮演着关键的角色。它能够以高度还原度模拟最终产品的外观和交互细节,帮助设计团队验证设计决策、收集用户反馈,并与利益相关者进行沟通和演示。通过高保真原型的使用,设计团队能够更准确地实现用户需求,提供出色的用户体验,并在开发阶段为开发人员提供有价值的参考和指导。

除了分为低保真原型和高保真原型,原型还可以分为可操作原型和演示原型等。

（1）可操作原型（Interactive Prototypes）。

可操作原型是一种具有交互功能的原型,它允许用户在模拟的软件环境中进行实际操作。如图 8.3 所示,这种类型的原型通过模拟用户界面、用户输入和系统反馈来实现。可操作原型可以使用交互原型工具或编程技术来构建,使用户能够体验系统的交互流程和功能操作。通过可操作原型,设计师和开发人员可以更直观地展示用户与系统的实际交互。

图 8.2　某外卖系统的高保真原型示例

图 8.3　某外卖系统的可操作原型示例

可操作原型具有许多优势。首先,它可以帮助设计师和开发人员更好地理解用户需求和期望。通过可操作原型,设计师可以模拟用户在实际使用中的交互过程,从而更好地了解用户可能遇到的问题和困难。这种实际交互体验的方式可以帮助设计师及早发现并解决潜在的设计缺陷,从而提高系统的用户体验。

其次,可操作原型也可以用于用户测试和评估系统的可用性和易用性。通过让用户在可操作原型上进行操作,设计师和开发人员可以收集用户的实际反馈和意见。用户可以根据他们的体验提供反馈,指出系统中的问题和改进的机会。这种用户参与和反馈有助于优化系统设计,确保最终的软件产品能够满足用户的期望和需求。

此外,可操作原型还可以在团队内部进行沟通和协作。团队成员可以通过实际操作可操作原型来理解和评估交互流程和功能操作。这种形式的共同体验有助于团队成员之间的沟通和共识达成,提高开发过程的效率和质量。

总之,可操作原型是一种重要的原型类型,它通过模拟用户界面、用户输入和系统反馈,使用户能够在模拟的软件环境中进行实际操作。它在人机交互的软件工程方法中扮演着关键的角色,帮助设计师、开发人员和利益相关者更好地理解系统的交互需求和设计,并提供一个实际交互的平台,用于用户测试、反馈和团队协作。

(2)演示原型(Presentation Prototypes)。

演示原型是一种用于展示和传达设计概念的原型形式。如图 8.4 所示,它通常被用于演示产品理念、功能特性和交互体验给利益相关者,如管理层、投资者或潜在合作伙伴。演示原型注重视觉效果和交互效果的展示,而不太关注实际的功能实现。通过精心设计的界面和交互动画,演示原型能够以直观的方式展示系统的外观和用户体验,从而引起观众的共鸣。

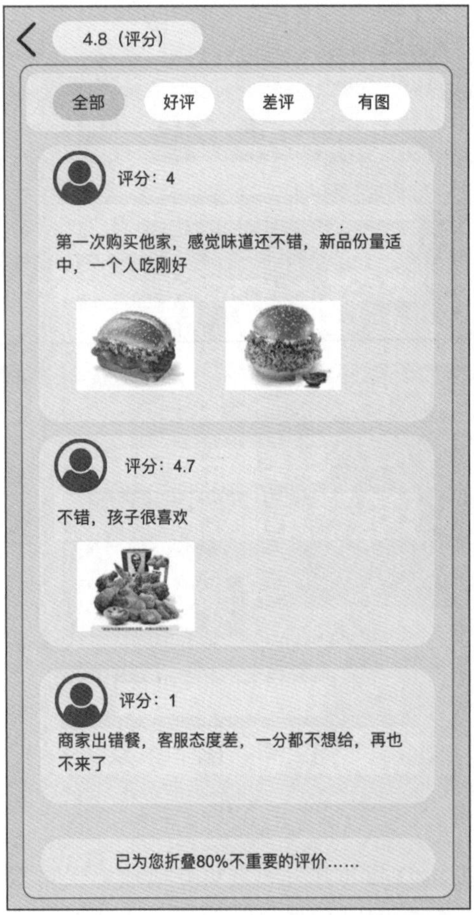

演示原型可以采用静态或动态的方式展示。静态演示原型通常是一系列精美的设计图,以静态图片或页面展示产品的不同界面和交互元素,通过视觉呈现来传达设计的概念和风格。这种形式的演示原型可以用于初期概念验证或与利益相关者进行初步讨论和反馈。

另一种形式是动态演示原型,它通过交互动画或交互模拟的方式展示系统的交互流程和功能操作。动态演示原型可以使用交互原型工具或编程技术创建,模拟用户与系统的实际交互过程。这种形式的演示原型能够更真实地展示系统的交互效果,使观众能够亲身体验系统的功能操作。

演示原型的设计注重于引起观众的兴趣和共鸣。通过运用精美的界面设计、动画效果和视觉呈现,演示原型能够在短时间内吸引观众的注意力,同时有效地传达设计的价值和潜力。它可以帮助利益相关者更好地理解产品的特点和潜在的商业价值,促进决策者对项目

图 8.4　某外卖系统的演示原型示例

的支持和投资。

总而言之,演示原型作为一种展示和传达设计概念的工具,通过精心设计的界面和交互效果,以直观的方式展示产品的外观和用户体验,引起利益相关者的兴趣和共鸣。演示原型在展示产品理念、功能特性和交互体验方面具有重要作用,促进利益相关者之间的沟通和共识达成。

需要注意的是,原型的分类不是严格互斥的,而是存在一定的交叉和综合使用。根据项目的需求和阶段,可以选择合适的原型类型或将多种类型结合使用,以达到最佳的设计和开发效果。

综上所述,原型的分类涵盖了低保真原型、高保真原型、可操作原型和演示原型等类型。这些不同类型的原型在设计和开发过程中发挥着不同的作用,帮助团队更好地实现软件系统的交互设计目标,并促进利益相关者之间的沟通和共识达成。

8.3 原 型 设 计

8.3.1 概念设计

概念设计是原型设计的关键阶段,它涉及理解用户需求、定义设计目标和制定初步的设计方案。在概念设计阶段,设计师将通过探索各种设计思路和解决方案,为软件系统的交互设计建立起一个初步的框架。

首先,概念设计要求设计师深入理解用户需求和使用场景。通过用户研究、需求分析和用户故事等方法,设计师能够获取关于用户期望、行为模式和使用环境的信息。这些信息将成为概念设计的基础,帮助设计师确定关键的设计要素和交互特点。

其次,概念设计需要明确设计目标和原则。如表 8.1 所示,设计目标是指设计师希望通过交互设计达到的效果和目的,如提升用户体验、提高系统效率或增强用户参与度等。设计原则是指在设计过程中应遵循的指导原则和准则,如一致性、可用性、可访问性和可扩展性等。明确设计目标和原则有助于概念设计的方向确定和设计决策的制定。

表 8.1 设计目标和原则

设计目标和原则	定 义
用户体验	设计一个用户友好、愉悦和高效的交互界面
一致性	保持界面和交互设计的一致性
可用性	设计一个易学易用且容易上手的系统
可访问性	设计一个无障碍的界面,使所有用户都能使用
可扩展性	设计一个能够灵活适应未来需求和变化的系统

在概念设计过程中,设计师会生成多个设计方案和原型概念。这些方案和概念将根据用户需求和设计目标来探索不同的设计思路和解决方案。设计师可以通过手绘草图、线框图或基于交互原型工具的设计来表达这些概念。这些初步的设计方案和概念将作为后续设计和开发的基础。

如表 8.2 所示,在概念设计阶段,设计师还可以与利益相关者进行讨论和反馈,以获取他们的意见和建议。这种合作和参与可以帮助设计师进一步细化设计方案,确保设计与用户需求和利益相关者的期望相一致。通过与利益相关者的沟通,设计师可以获得宝贵的反馈信息,从而优化设计并提高最终产品的质量。

表 8.2　利益相关者与设计师响应

利益相关者	反馈和建议	设计师响应	修改和优化
用户	提出浏览商品的速度较慢的问题	改进页面加载速度	优化服务器和前端代码
	请求更直观的界面导航和布局	重新设计用户界面	优化布局和导航
业务经理	希望系统支持更多销售数据报告和分析	增加新功能和工具	扩展系统功能,增加新模块
	请求更灵活的权限管理和控制	调整用户权限和角色	重新设计权限管理系统
技术团队	建议改进系统的性能和可扩展性	优化系统架构和性能	进行系统性能调优和代码重构
	建议使用最新的技术和框架	更新开发工具和技术	采用最新的开发框架和技术

总之,概念设计是原型设计过程中至关重要的阶段。它通过深入理解用户需求、明确设计目标和生成初步的设计方案,为后续的原型开发和细化提供基础。通过概念设计阶段的探索和合作,设计师能够建立起一个可行的设计框架,为后续的原型设计和开发奠定坚实的基础。

8.3.2　具体设计

具体设计是指在创建交互原型时,进行具体设计的过程。在这一阶段,设计师将关注于界面的外观、布局、交互细节和视觉效果,以实现良好的用户体验和界面可用性。以下是在具体设计阶段中需要考虑的几个关键方面。

1. 界面布局和导航

在具体设计中,合理的界面布局和导航设计对于用户的操作和体验至关重要。如图 8.5 所示,通过精心考虑和确定主要功能和信息的布局方式,以及导航元素的位置和样式,设计师能够创造出易于理解和操作的用户界面,从而提高用户的效率和满意度。

首先,界面布局的合理性对于用户的使用体验

图 8.5　某外卖系统原型的界面布局和导航

至关重要。一个好的界面布局可以帮助用户快速找到所需的功能和信息,并减少用户的操作步骤。在设计布局时,设计师需要考虑用户的使用习惯和行为模式,将常用的功能和信息

放置在易于访问和操作的位置。通过合理的布局,用户能够轻松地导航和浏览界面内容,提高其操作的效率和准确性。

其次,导航设计在用户体验中起着至关重要的作用。导航元素的位置、样式和交互方式直接影响用户对系统的理解和操作。设计师需要确保导航元素的可见性和易用性,使用户能够快速准确地导航到所需的功能和信息。常用的导航元素包括顶部导航栏、侧边栏菜单、标签页和面包屑导航等。通过一致的导航结构和样式,用户能够轻松地掌握系统的结构和功能,提高其对界面的理解和控制能力。

此外,界面布局和导航设计需要考虑到不同设备和屏幕尺寸的适应性。响应式设计已成为现代界面设计的重要趋势,使界面能够自适应各种设备和屏幕尺寸,提供一致的用户体验。在具体设计中,设计师需要关注不同分辨率、设备方向和触摸操作等因素,确保界面在各种设备上都能够良好地呈现和操作。通过响应式设计,用户可以在不同设备上都能够舒适地使用系统,无论是在手机、平板还是桌面上。

综上所述,合理的界面布局和导航设计对于用户的操作和理解具有重要影响。通过考虑主要功能和信息的布局方式,确定导航元素的位置和样式,并实施响应式设计,设计师可以创造出易于理解和操作的用户界面,提高用户的效率和满意度。

2. 交互细节和反馈

在具体设计中,交互细节起着至关重要的作用,它涵盖了用户与系统之间的各种交互操作,如选择、拖动、输入等。设计师需要详细定义这些交互细节,并确保系统能够准确地理解和响应用户的操作,以提供出色的用户体验和界面可感知性。

首先,设计师需要考虑用户的期望行为和操作方式。通过深入了解用户需求和行为模式,设计师能够在具体设计中恰当地定义各种交互细节。例如,对于一个按钮,设计师需要确定用户在选择按钮时预期的响应,如页面跳转、数据提交或弹出窗口等。这样的定义能够确保用户在操作时得到准确的反馈,使其感到系统与自己的预期一致,进而增强用户的可感知性和满意度。

其次,设计师需要确定适当的反馈机制来强化用户与系统之间的交互。这包括视觉反馈和音频反馈等多种形式。例如,在用户选择按钮时,可以通过改变按钮的外观,如变色、变形或添加动画效果,来提供直观的视觉反馈。这样的反馈能够让用户明确知道他们的操作已被系统接受,并加强用户对操作结果的感知。

此外,在某些情况下,音频反馈也可以增强用户的感知和交互体验。例如,在输入框中输入错误的内容时,系统可以播放错误提示音或显示相应的错误消息,以便用户及时发现并纠正输入错误。这样的音频反馈不仅提供了额外的感知通道,还可以帮助用户更快地理解和处理系统的反馈信息。

在确定交互细节和反馈机制时,设计师还需要考虑用户界面的一致性和可用性,确保不同界面元素之间的交互行为一致,并符合用户的预期,使用户能够快速学习和掌握系统的操作方式。此外,设计师还可以根据用户的反馈和需求进行迭代和改进,以不断优化交互细节和反馈机制,提供更加出色的用户体验。

总之,在具体设计中,详细定义交互细节并确定适当的反馈机制对于打造出优秀的用户体验至关重要。如图 8.6 所示,通过仔细考虑和实现交互细节,设计师能够增强用户对系统的感知和控制,从而提高用户的满意度和忠诚度。

交互原型设计与构建

图 8.6　某外卖系统原型的交互细节和反馈

3. 视觉设计和样式

视觉设计在具体设计中扮演着重要的角色,它是创造令人愉悦的用户界面、增强用户体验,以及提升用户对系统的信任感和专业感的关键因素。视觉设计涉及诸多方面,包括颜色、字体、图标、按钮样式等元素的精心选择和搭配。通过统一的视觉设计风格,可以为用户创造一种整体一致的视觉体验,使用户在使用系统时感受到一种连贯性和可信度。

在视觉设计中,颜色是一个非常重要的因素。色彩的选择可以根据系统的定位和目标用户来进行,例如,使用明亮的色彩来传达活力和年轻感,或选择柔和的色调来传递温暖和放松的感觉。此外,颜色的搭配也要考虑到对比度和可读性,确保用户能够轻松辨识界面上的信息。

字体也是视觉设计中的重要组成部分。字体的选择应该与系统的定位和内容相匹配,如选择现代化的字体传达科技感,或选择优雅的字体来传递高端和专业的氛围。此外,字体的大小和行间距等因素也需要考虑,以确保文本的易读性和舒适性。

图标和按钮样式是视觉设计中的关键元素,它们在界面上起到引导和操作的作用。图标的设计应简洁明了,符合用户对不同功能和操作的认知。按钮样式应具有可选择性的视觉效果,例如,使用阴影、渐变或选择动画等,以增强用户的操作感知和互动体验。

除了以上元素,界面的布局和排版也是视觉设计中需要关注的方面。合理的布局可以提供清晰的信息层次结构和导航路径,使用户能够快速找到所需的内容。排版的规范性和一致性有助于提升用户的阅读体验和信息获取效率。

综上所述,视觉设计在具体设计中具有重要的地位。通过精心选择和搭配颜色、字体、图标和按钮样式等元素,以及合理的布局和排版,可以塑造出令人愉悦、易用且专业的用户界面。如图 8.7 所示,这种视觉设计的重视不仅能提升用户体验,还能加强用户对系统的信任感,使其更愿意长期使用和推荐该系统。

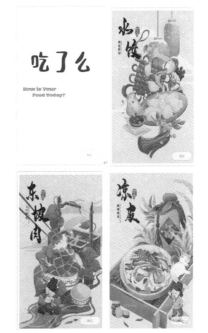

4. 响应式设计

随着移动设备的普及和用户对多平台访问的需求增加,响应式设计已经成为具体设计的重要考虑因素之一。响应式设计的目标是使界面能够自适应不同屏幕尺寸、分辨率和设备类型,以提供一致的用户体验,并确保用户可以方便地在任何设备上访问和操作应用程序或网站。

在具体设计中,设计师需要特别关注以下几个因素,以确保界面在各种设备上都能够良好地呈现和操作。

图 8.7 某外卖系统原型的视觉设计和样式

1)不同分辨率和屏幕尺寸的适配

响应式设计要求界面能够适应不同的屏幕尺寸和分辨率,从小型移动设备如智能手机,到中型设备如平板电脑,再到大型设备如台式计算机和笔记本。设计师需要通过灵活的布局、自适应图像和可伸缩的元素,确保界面在不同屏幕尺寸下保持一致和可用。如表 8.3 所示列出了常见的移动设备、平板电脑和台式计算机等设备的尺寸和分辨率。

表 8.3 常见设备的尺寸和分辨率

设 备	尺寸（屏幕对角线）	分 辨 率
iPhone 14 Pro Max	6.7 英寸	2796px×1290px
HUAWEI P60	6.67 英寸	2700px×1220px
HUAWEI Mate X3	内屏 7.85 英寸 外屏 6.4 英寸	内屏 2496px×2224px 外屏 2504px×1080px
Xiaomi13 Ultra	6.73 英寸	3200px×1440px
联想拯救者 Y9000P 2023	16 英寸	2560px×1600px
MacBook Pro 2023	14.2 英寸 16.2 英寸	3024px×1963px 3456px×2034px
联想 L24e-30 显示器	23.8 英寸	1920px×1080px

交互原型设计与构建

2）设备方向的适应

用户可能在横向和纵向两种不同的设备方向下使用应用程序或网站。响应式设计需要考虑不同方向下界面元素的排列和布局,以确保内容和功能在横向和纵向模式下都能够合理呈现,并且用户可以顺畅地进行操作。

3）触摸操作的支持

移动设备上的触摸操作成为主要的交互方式之一。响应式设计需要考虑到用户使用手指触摸屏幕的情况,并相应地调整界面元素的大小、间距和交互方式,以提供更好的触摸操作体验。例如,增加按钮的大小和间距,以确保用户可以准确地选择目标,避免误操作。如表8.4所示列出了一些常见的触摸操作,以及针对每种操作的建议和最佳实践。设计师可以根据具体应用场景和目标用户的需求进行调整和定制。

表8.4　触摸操作建议

触 摸 操 作	建议和最佳实践
按钮大小	• 普遍推荐按钮大小不小于9mm×9mm(36px×36px) • 大型按钮适用于主要操作,大小不小于13mm×13mm(52px×52px)
按钮间距	• 为按钮提供足够的间距,避免过于接近,以减少误触和混淆 • 普遍推荐按钮间距不小于2mm(8px)
触摸手势	• 使用常见的触摸手势,如单击、双击、长按、滑动和捏合等 • 保持手势操作的简单性和直观性,避免复杂手势的使用 • 提供适当的视觉反馈来确认手势操作的触发和成功完成
滚动操作	• 使用自然的滚动方向,与用户在其他应用中的习惯保持一致 • 提供平滑的滚动效果,确保内容的流畅展示和操作
输入操作	• 为输入框提供足够的大小,以便用户可以准确地选择和输入 • 在文本输入时,自动弹出适合输入的软键盘类型
导航手势	• 在屏幕边缘或底部提供导航手势区域,如滑动返回或底部导航栏 • 显示导航手势的视觉提示,帮助用户发现和学习手势操作

4）流体布局和弹性元素

为了适应不同屏幕尺寸和方向,响应式设计通常采用流体布局和弹性元素。流体布局通过相对比例和百分比来定义元素的宽度和高度,使其能够根据可用空间自动调整大小。弹性元素可以根据屏幕尺寸的变化而自动伸缩,以适应不同的设备和分辨率。如表8.5所示列出了不同屏幕尺寸下界面元素的相对比例和百分比设置。在实践过程中,具体的比例和百分比值应根据实际情况和设计需求进行调整。在此表格中,屏幕尺寸包括小型设备(如手机)、中型设备(如平板)、大型设备(如台式计算机)和超大型设备(如大屏幕显示器)。相对比例指的是界面元素相对于屏幕宽度的比例关系,如1∶1表示元素与屏幕宽度相等,2∶1表示元素的宽度是屏幕宽度的一半。百分比设置表示元素宽度相对于屏幕宽度的百分比,如100%表示元素占满屏幕宽度,80%表示元素宽度是屏幕宽度的80%。

表8.5　流体布局示例

屏 幕 尺 寸	相 对 比 例	百分比设置
小型设备(手机)	1∶1(相等比例)	100%(占满屏幕宽度)
中型设备(平板)	2∶1(较大比例)	100%(占满屏幕宽度)
大型设备(台式计算机)	3∶1(较大比例)	70%(占屏幕宽度的70%)
超大型设备(大屏幕)	4∶1(最大比例)	60%(占屏幕宽度的60%)

5）媒体查询和断点设计

媒体查询是响应式设计中常用的技术，用于根据设备特性和屏幕尺寸应用不同的样式和布局规则。设计师可以设置断点，即设定屏幕宽度的特定阈值，在不同的断点上应用不同的布局和样式，以实现更精确的适配。如表 8.6 所示列出了不同断点和屏幕宽度的设定值，并提供了在不同断点上应用的样式和布局规则的描述。在表格中，"断点名称"列列出了不同断点的命名，如手机小屏幕、平板小屏幕、平板大屏幕和桌面屏幕。"屏幕宽度范围"列指定了每个断点对应的屏幕宽度范围，以 px 为单位。"样式和布局规则"列描述了在每个断点上应用的样式和布局规则。此表格可以帮助设计师和开发人员了解不同断点和屏幕宽度范围，并根据不同断点应用相应的样式和布局规则。

表 8.6 响应式断点设计

断 点 名 称	屏幕宽度范围	样式和布局规则
手机小屏幕	<576px	使用单列布局，垂直堆叠各个模块
平板小屏幕	576~767px	采用两列布局，部分模块水平排列
平板大屏幕	768~991px	采用两列或三列布局，模块呈现较大尺寸，水平排列
桌面屏幕	>992px	采用多列布局，模块尺寸更大，水平排列

通过关注以上因素，设计师可以在具体设计阶段考虑和实现响应式设计，以确保界面能够在不同设备上提供一致的用户体验。响应式设计可以增强用户满意度，提高可用性，并减少用户在切换设备时的学习成本和适应时间。最终，这有助于提高应用程序或网站的可访问性和市场竞争力。

5. 可用性测试和优化

具体设计阶段是一个关键的时机，不仅是为了创建交互原型，还为了进行可用性测试和用户反馈收集。在这个阶段，设计师着重关注界面的外观、布局、交互细节和视觉效果，以实现最佳的用户体验和界面可用性。

其中，可用性测试是一个重要的环节，它通过将原型提供给真实用户，并收集他们的反馈和意见，来评估系统的易用性和用户满意度。通过与真实用户的互动，设计师能够更好地了解用户的需求和期望，发现潜在的问题和改进点。这种用户参与的反馈和意见对于改进具体设计和最终交互体验至关重要。设计师可以通过用户访谈、问卷调查、观察用户操作等方法来收集用户反馈，从而识别用户痛点和需求，进一步优化具体设计。

在进行具体设计时，设计师可以使用各种设计工具和软件来创建原型。这些工具提供了丰富的界面元素、交互模板和视觉效果库，以帮助设计师更高效地进行界面设计和交互设计。一些常用的设计工具包括 Sketch、Adobe XD、Figma 等，它们提供了直观易用的界面，使设计师能够轻松绘制界面布局、添加交互元素、创建页面链接等。这些工具还允许设计师预览和演示原型，与团队成员或用户进行分享和反馈，以便更好地理解和改进设计。

通过在具体设计阶段进行可用性测试和不断优化，设计师能够确保最终的交互原型符合用户需求和期望，并提供良好的用户体验。这个过程是一个循环迭代的过程，设计师根据用户反馈和需求不断改进具体设计，直到达到用户满意的交互体验为止。因此，在具体设计阶段充分利用可用性测试和用户反馈的机会，是提升最终产品质量和用户满意度的关键一步。

综上所述，原型设计的具体设计阶段涉及界面布局、导航设计、交互细节、视觉设计和响

交互原型设计与构建

应式设计等方面的考虑。通过精心的设计和优化,可以创建出具有良好用户体验和界面可用性的交互原型。可用性测试和优化也是这一阶段的重要步骤,以确保最终的原型符合用户需求,并满足设计目标。

8.4 原型构建

8.4.1 草图和快照

在交互原型设计与构建中,草图和快照是常用的原型构建方法之一。它们以简洁和快速的方式,帮助设计师将概念和想法转换为可视化的形式,从而更好地传达设计意图和交互流程。

图 8.8 某外卖系统草图示例

草图是一种粗略的手绘或数字绘制的原型形式。它们通常具有简化的线条和基本的几何形状,重点放在了表达基本结构和布局上,而不关注细节和精确的外观。如图 8.8 所示,草图的优势在于快速、灵活和易于修改。设计师可以用草图表达不同的设计概念和交互方式,尝试多种设计方案,与团队和利益相关者进行讨论和迭代。草图还可以用于快速验证设计的可行性,发现可能存在的问题和改进点。

快照是一种静态的视觉设计原型,通常采用绘图工具或原型工具创建。它们呈现了系统的外观和交互细节,更接近最终产品的视觉效果。与草图相比,快照更注重界面设计的细节、颜色、排版和图标等方面。快照可以包括不同的页面和界面状态,用于展示系统的各种功能和交互场景。通过快照,设计师可以更清晰地传达界面的外观和布局,帮助利益相关者理解和评估设计的视觉效果。

草图和快照的使用可以相互补充。设计师可以从草图开始,用简洁的手绘草图表达设计的基本构思和交互流程,然后逐步转换为更具细节和精确度的快照。草图和快照的迭代过程中,设计师可以收集团队和利益相关者的反馈,逐步改进和优化设计方案。如表 8.7 所示清晰地列出了草图和快照在用途和优势方面的差异。草图强调了其简化、快速和灵活性,用于探索设计概念、传达基本结构和布局,以及快速验证设计可行性、收集反馈和迭代。快照注重细节、外观和视觉效果,用于展示系统的外观、交互细节和视觉效果,更接近最终产品,帮助理解和评估设计的视觉效果。

表 8.7 草图与快照对比

类　型	用　途	优　势
草图	强调简化、快速和灵活性	• 探索设计概念 • 传达基本结构和布局 • 快速验证设计可行性 • 收集反馈和迭代
快照	注重细节、外观和视觉效果	• 展示系统的外观、交互细节和视觉效果 • 更接近最终产品 • 帮助理解和评估设计的视觉效果

需要注意的是,草图和快照在构建原型时主要关注外观和交互的表达,而不涉及真实的功能和交互操作。它们是在早期设计阶段用于探索和传达设计概念的工具,不同于后续的可交互原型或开发阶段的实际实现。

综上所述,草图和快照是常用的原型构建方法,它们以简洁和快速的方式帮助设计师将概念和想法转换为可视化的形式。草图适合表达基本结构和布局,快照更注重界面设计的细节和视觉效果。这些原型构建方法在设计迭代和与利益相关者的沟通中起到重要的作用。

8.4.2　故事板

故事板是原型构建过程中常用的一种工具,用于描述和展示用户故事和交互场景。如图 8.9 所示,故事板通过图文结合的方式,将用户需求和系统交互以故事的形式呈现出来,以帮助设计师和开发人员更好地理解和演示系统的功能和交互流程。

图 8.9　故事板格式示例图

故事板通常由用户故事、图片或界面截图、文字描述这几个要素组成。

1. 用户故事

用户故事是软件开发中一种用于描述用户需求的简洁且易于理解的工具。它从用户的角度出发,描述用户的角色、目标和期望,以及用户与系统之间的交互过程。用户故事的形式通常是简短的句子或故事,如"作为一个[用户角色],我想要[实现的目标],以便[获得的价值]"。用户故事的目的是帮助团队成员更好地理解用户需求,以用户为中心进行系统的交互设计和开发。与传统的详细需求文档相比,用户故事更加简洁和易于理解,便于团队快速把握用户需求并展开工作。它强调与用户的密切合作,以持续迭代和演进的方式不断完善和满足用户的真实需求。用户故事有助于避免过度设计和复杂化,专注于满足用户的最基本需求,同时促进团队之间的沟通和协作。随着项目的进行,新的用户故事可以不断补充和更新,以适应需求的变化和演化。

表 8.8 列出了各个用户故事的详细信息,包括用户角色、目标、期望以及实现的价值。该表格可以帮助团队成员更清晰地了解每个用户故事的要点和关键细节。

交互原型设计与构建

表 8.8　用户故事列表示例

用户角色	目　　标	期　　望	实现的价值
买家	浏览不同类别的商品 添加商品到购物车 下单购买商品	快速找到感兴趣的商品 管理购物车和商品数量 简化的下单购买流程	提供个性化的购物体验 方便进行批量购买 快速完成购物操作
卖家	发布商品信息 处理买家订单 查看销售数据和库存状态	管理商品信息和库存 有效处理订单和通知买家 方便管理业务和库存	促进商品销售和管理 提供良好的客户服务 帮助做出决策和规划

表 8.9 展示了用户故事地图,将不同用户故事按照优先级、价值或其他标准进行了排列。该表格可以帮助团队了解用户故事的相对重要性和优先级,以指导后续的开发和设计工作。

表 8.9　用户故事地图示例

用户故事	优先级	价值
浏览商品	高	5
添加购物车	中	3
下单	高	5
发布商品	中	4
处理订单	高	5
销售数据	低	2

综上所述,用户故事在软件开发中具有重要的作用,它能够帮助团队理解用户需求,以用户为中心设计系统的交互,并促进项目的敏捷迭代和持续演进。

2. 图片或界面截图

故事板中可以插入相关的图片或界面截图,以呈现系统的外观和界面设计。这些图片或截图可以帮助使用者更好地理解故事中描述的交互场景和用户界面的呈现方式。

图片或界面截图在原型构建和设计过程中扮演着重要的角色。它们用于呈现系统的外观和界面设计,帮助团队成员更好地理解和模拟用户与系统之间的交互体验。图片或界面截图可以是静态的图像,也可以是动态的交互模拟。

通过插入相关的图片或界面截图,设计师可以将设计概念和交互元素以直观的方式展示给利益相关者。这些图像可以包括系统的各个界面,如主页、菜单、表单等,以及交互元素的样式和布局。界面截图可以通过设计工具或原型工具创建,确保呈现出真实的用户界面和视觉效果。

图片或界面截图不仅有助于使用者更好地理解和评估设计的外观,还能够传达设计的风格、品牌形象和用户体验。通过适当的颜色、排版和视觉效果,图片或界面截图能够引起观众的共鸣,并帮助他们更好地理解设计的意图。

对于动态的交互模拟,可以使用原型工具或交互设计工具来创建。这些工具允许设计师模拟用户与系统的交互过程,并通过动画效果展示界面元素的变化和交互行为。动态的交互模拟可以更准确地呈现用户与系统之间的交互体验,使团队成员能够更好地理解系统的功能和交互流程。

总而言之,图片或界面截图在原型构建和设计过程中是一种重要的视觉呈现工具。它们通过直观的图像展示系统的外观和界面设计,帮助团队成员更好地理解和评估设计的效果。无论是静态的图像还是动态的交互模拟,图片或界面截图都能够传达设计的风格、用户体验和交互行为,促进团队成员之间的沟通和共识达成。

3. 文字描述

故事板通过文字描述来展示故事的情节和交互过程。文字描述可以包括用户的行为和系统的响应,以及相应的界面变化和反馈信息。通过清晰的文字描述,使用者可以更准确地理解和模拟用户与系统之间的交互过程。

文字描述在原型构建过程中扮演着重要的角色。它是通过文字来描述用户故事和交互过程的详细情节。文字描述可以包括用户的行为、系统的响应,以及相应的界面变化和反馈信息。通过清晰的文字描述,使用者能够更准确地理解和模拟用户与系统之间的交互过程。

文字描述应该具备以下几个关键特点:准确性、清晰度和简洁性。它应该精确地描述用户的行为和期望结果,使使用者能够清楚地理解交互的具体步骤和流程。同时,文字描述应该尽可能简洁明了,避免冗长和复杂的表达,以便使用者能够快速理解和消化所述内容。

在撰写文字描述时,应该注重以下几个方面:用户的初始状态和目标、用户的具体行为和操作、系统的响应和界面变化,以及最终的结果和反馈。通过有序而清晰的描述,使用者可以形象地想象用户与系统的交互过程,理解用户在不同步骤中的操作和体验。

此外,使用一致的语言和术语也是重要的,以确保描述的一致性和准确性。避免使用模糊或歧义的词语,尽量采用明确和专业的术语,以便使用者准确理解所述的内容。

文字描述在原型构建中起着桥梁和纽带的作用,它能够将用户故事和界面设计有机地结合在一起,帮助设计师和开发人员更好地理解用户需求和系统交互。通过精心编写的文字描述,团队成员可以共同参与讨论和决策,从而确保系统的交互流程与用户需求保持一致,并达到设计目标和预期的用户体验。

故事板的构建过程通常从收集用户需求和设计用户故事开始。设计师和开发人员可以与利益相关者进行讨论和沟通,了解用户的需求和期望,并将其转换为故事板中的用户故事和交互场景。随后,设计师可以使用适当的工具(如绘图软件、原型工具等)来创建故事板,将用户故事与界面图像、文字描述相结合,形成一个连贯和生动的故事。

故事板的优势在于它能够以生动的方式呈现系统的功能和交互,让设计师、开发人员和利益相关者更容易理解和评估系统的交互体验。通过故事板,团队成员可以共同参与讨论和决策,从而提前发现和解决潜在的设计问题,并确保系统的交互流程与用户需求保持一致。

总体而言,故事板是一种描述用户故事和交互场景的工具,通过图文结合的方式呈现系统的功能和交互,帮助设计师和开发人员更好地理解和演示系统的交互流程。它能够促进团队成员之间的沟通和共识达成,提高系统的设计质量和用户体验。

8.4.3 导航图

原型构建的过程中,导航图是一个关键的元素,用于定义系统中不同页面和功能之间的导航结构和流程。导航图可以被视为一个系统的蓝图,提供了用户在应用程序或网站中浏览和操作的路径指引。

导航图通常以树状结构或流程图的形式呈现,展示了系统的各个页面、模块或功能之间的关系。它可以显示页面之间的跳转关系、菜单结构、侧边栏或标签页等导航元素,以及页面之间的层次结构和交互流程。通过导航图,设计师和开发人员可以更清晰地理解系统的整体导航架构,确保用户能够顺利地浏览和操作系统。

导航图在原型构建中的作用是多方面的。首先,它能够帮助设计师规划和组织系统的导航结构,确保用户能够轻松地找到所需的信息和功能。通过定义页面之间的导航路径和交互流程,导航图可以帮助设计师优化用户体验,减少用户的迷失和混淆,提升整体的可用性和易用性。

其次,导航图还可以用于与利益相关者进行讨论和确认。通过展示导航图,设计师能够与产品经理、开发人员和其他相关人员共同讨论系统的导航结构和功能流程,确保各方对系统的导航设计有共识和理解。导航图可以作为一个可视化的工具,帮助各方更好地理解系统的组织架构和用户交互。

此外,导航图还可以作为原型的指导和参考。在创建交互原型时,导航图可以为设计师提供一个蓝图,帮助他们在原型中正确地设计和链接各个页面和功能。设计师可以根据导航图定义的页面关系和导航流程,在交互原型中设置正确的跳转链接和交互逻辑,确保原型的完整性和一致性。

表 8.10 列出了不同页面的名称、导航路径和页面类型。设计师可以根据实际系统的页面结构,填写具体的页面名称和导航路径。页面类型可以根据功能或内容的不同进行分类,如主页、内容页面和功能页面等。

表 8.10　导航结构和页面关系示例

页 面 名 称	导 航 路 径	页 面 类 型
首页	—	主页
产品列表	首页→产品列表	内容页面
产品详情	产品列表→产品详情	内容页面
购物车	首页→购物车	功能页面
订单确认	购物车→订单确认	功能页面
个人中心	首页→个人中心	功能页面

总之,导航图在原型构建中扮演着重要的角色。它作为系统导航结构的蓝图,能够帮助设计师规划和组织系统的导航结构,优化用户体验,并与利益相关者进行共识达成。同时,导航图还可以作为原型构建的指导和参考,帮助设计师在交互原型中正确设置页面链接和交互逻辑。通过合理利用导航图,设计团队可以更高效地构建出符合用户期望的交互原型。

8.4.4　线框图

线框图是交互原型设计中常用的一种表达方式,它通过简洁的线条和基本的几何形状来展示用户界面的结构和布局,突出了功能组件和交互元素的位置和关系。线框图通常以二维平面的方式呈现,不涉及具体的颜色、字体和图像等视觉细节,而专注于捕捉交互设计的基本框架。

线框图的主要作用是帮助设计师和开发人员快速概括和沟通用户界面的结构,准确表达设计意图,并为后续的视觉设计和开发工作奠定基础。它强调功能和交互流程的关系,帮助团队成员理解用户界面的组成部分和各个组件之间的关联。线框图还能够用于和利益相关者进行初步的讨论和反馈,快速收集意见和建议,从而指导后续的设计迭代和开发过程。

在构建线框图时,设计师需要考虑以下几个方面。

1. 结构和布局

线框图应该准确地呈现用户界面的整体结构和布局,包括页面的层次关系、组件的位置和排列方式等。通过合理的结构和布局,可以使用户在使用过程中能够快速理解界面的组织结构,并顺利完成交互任务。

2. 功能和交互元素

线框图应该明确展示各个功能模块和交互元素的位置和关系。例如,按钮、输入框、菜单等交互组件应该在线框图中清晰可见,并与相应的功能模块进行关联。这样可以帮助开发人员准确理解需求和实现功能,同时为后续的视觉设计提供基础。

3. 线条和标注

线框图使用简洁的线条和标注来表示界面元素的位置和关系。设计师可以使用不同的线型、箭头和注释来区分不同的交互路径和交互方式。这种简洁而清晰的表达方式有助于准确传达设计意图,避免歧义和误解。

4. 反馈和迭代

线框图是一个灵活的工具,可以根据反馈和需求的变化进行迭代和改进。设计师可以根据利益相关者的意见和建议,调整线框图中的布局和交互元素,以更好地满足用户需求和设计目标。

综上所述,线框图在原型构建过程中扮演着重要的角色。如图 8.10 所示,它通过简洁的线条和几何形状,准确表达用户界面的结构和布局,突出功能和交互元素的位置和关系。线框图帮助团队快速概括和沟通设计意图,指导后续的视觉设计和开发工作,并通过反馈和迭代持续优化用户体验。

8.4.5 原型工具

当涉及原型设计和构建时,有许多原型工具可供选择。以下是一些常用的原型工具。

1. Sketch

Sketch 是一款广受设计师欢迎的矢量绘图工具,它提供了丰富的界面设计和原型设计功能。Sketch 具有直观的界面和易于使用的工具,可以帮助设计师创建高保真的交互原型,并支持导出为可交互的演示文件。

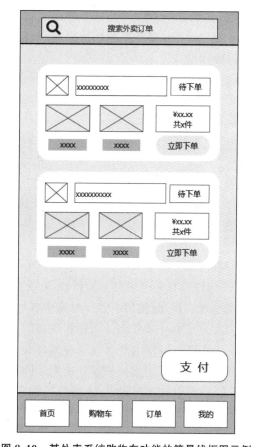

图 8.10　某外卖系统购物车功能的简易线框图示例

2. Adobe XD

Adobe XD 是一款专业的用户体验设计工具,提供了强大的原型设计功能。它可以用于设计和构建高保真的交互原型,支持多设备预览和共享,方便团队协作和用户测试。

交互原型设计与构建

3. Figma

Figma 是一款基于云端的设计工具,允许多个设计师实时协作,并提供了强大的原型设计功能。Figma 具有易于使用的界面和丰富的设计资源库,支持高保真原型设计和交互模拟。

4. InVision

InVision 是一款专注于原型设计和用户测试的工具,它提供了交互原型设计、用户测试和协作功能。通过 InVision,设计师可以创建交互丰富的原型,并与团队成员和利益相关者共享和收集反馈。

5. Axure RP

Axure RP 是一款功能强大的原型设计工具,专注于高保真的交互原型设计。它支持复杂的交互逻辑和动画效果,提供了丰富的交互组件库和条件交互功能,适用于较复杂的应用和系统设计。

6. Proto. io

Proto. io 是一款专业的在线原型设计工具,提供了易于使用的界面和丰富的交互动画功能。它支持多设备预览和用户测试,可以帮助设计师创建高度交互的原型,并与团队成员进行协作和反馈。

这些原型工具各具特色,可以根据项目需求、团队合作方式和个人喜好选择适合的工具。它们都提供了丰富的功能和资源,支持快速创建、演示和测试交互原型,有助于优化用户体验和设计决策。

思考与实践

1. 为什么原型设计在软件工程中被认为是一个重要的阶段?在软件开发过程中,原型设计的主要目标是什么?它对于项目的成功有何影响?

2. 在原型构建的过程中,草图、快照、故事板、导航图和线框图各有什么作用?请简要解释每种原型的用途和特点。

3. 假设你是一个用户体验设计师,受雇于一家新兴科技公司。该公司计划推出一款智能家居管理应用,帮助用户实现对家中各种智能设备的远程控制和管理。在开发初期,你被委派负责原型设计和构建。请回答下列问题。

(1)你将如何使用概念设计和具体设计阶段的技巧来构建该智能家居管理应用的原型?请列举至少三个重要的设计决策,并解释它们对用户体验的影响。

(2)在原型构建过程中,你将选择哪些原型工具来支持你的工作?请对你选择的每个工具进行简要评估,包括其优点、缺点和适用场景。

第9章 用户体验

9.1 引　　言

改善用户体验,实现有效的人机交互是现代软件工程中至关重要的一环。在今天的数字化时代,用户对于软件产品的期望越来越高,他们不仅要求功能强大和高效,更希望能够获得愉悦、无缝和个性化的体验。

用户体验(User Experience,UX)是指用户与产品、系统或服务进行交互时所产生的主观感受和情感反应。一个优秀的用户体验能够提升用户的满意度、忠诚度和推荐度,从而帮助企业获得竞争优势并实现商业成功。

在软件工程领域,用户体验不再仅仅是一个附加的特性,而是成为产品开发的核心要素。无论是网页应用、移动应用还是桌面软件,都需要关注用户的需求和期望,以设计出符合用户心理和行为习惯的界面和交互方式。

优化用户体验的目标是让用户在使用软件过程中感到舒适、流畅和轻松。这就需要软件工程师不仅具备技术能力,还需要深入了解用户的需求、心理和行为模式。只有通过深入洞察用户,才能设计出符合用户期望的界面和交互方式,并不断改进和优化用户体验。

本章将介绍一些关键的用户体验原则和方法,帮助软件工程师在开发过程中更好地关注和改善用户体验。将探讨用户研究的重要性,介绍用户需求分析和用户画像的方法,讨论用户界面设计和交互设计的准则,以及评估和测试用户体验的方法和工具。

本章的主要内容包括:
- 解释用户体验的概念。
- 阐述面向需求的设计原则。
- 介绍以用户为中心的设计行为。
- 介绍评估用户体验的方法和工具。

9.2　用户体验概述

最佳用户体验是人机交互设计的最终目标。它旨在为人们在使用数字产品或服务工作或解决问题的过程中提供最佳和流畅的体验。最佳体验的特征包括以下几点。

首先,一旦用户开始了特定的体验,他们愿意一直享受这种体验,不会感到疲倦或不满。例如,当一个用户开始使用一个直观且易于导航的应用程序时,他们可能会一直使用它而不转向其他复杂或困难操作的应用程序。

其次,用户在体验时能够全心全意地集中于此状态,不受外界的干扰。一个好的用户体验设计会通过简化界面、减少冗余信息和提供清晰的导航路径来帮助用户专注于任务。例如,一个清晰且直观的界面设计可以帮助用户在编辑文档时集中注意力,而不会被复杂的菜单和选项所干扰。

再次,一旦用户拥有了最佳体验,他们会格外关注该产品或服务。这意味着用户会对产品或服务产生兴趣并保持关注,可能会继续使用并推荐给其他人。例如社交媒体应用程序,当用户通过与朋友互动、浏览有趣的内容和参与社区活动等方式获得愉快的体验时,他们会继续使用该应用程序并成为忠实用户。

最后,一个好的用户体验会让用户喜欢经历体验的过程。这意味着用户在使用产品或服务时感到愉悦、满足和享受其中的过程。例如,一个购物网站可以通过提供简单而流畅的购买流程、个性化推荐和友好的客户支持来提供愉悦的购物体验。

不仅在数字产品或服务领域,各个行业的企业都越来越重视与机器交互所产生的体验。用户体验在人机交互中得到重视的同时,顾客体验和消费者体验的概念也受到关注。举个例子,智能家居系统是将各种家用设备、家居设施与互联网技术相结合,通过人机交互实现智能化控制和自动化管理。该系统旨在为用户提供更便捷、舒适、安全的家居体验,同时满足用户的个性化需求。

为了确保人们在使用数字产品或服务时获得最佳体验,有几个条件是必要的。首先,设计者需要具备明确的目标和具体的标准,而不仅是模糊的目标。缺乏具体目标的用户体验设计可能变得空洞无物。

其次,可以以电影产业为例研究各种用户体验。电影产业致力于在有限的时间和场所内向观众提供最佳体验。电影的成功需要在理性思考、行动和感性水平上满足观众的需求。类似地,产品设计师可以采用反思性设计、行为性设计和本能性设计的方法,确保在本能、行为和反思水平上满足用户的需求。

最后,综合和协调不同层面的设计是关键。注重感官和感性的本能性设计,以及以方便为中心的行为性设计和面向目的的反思性设计,是开发受人们喜爱和愉快使用的产品或服务的关键。只有将这些设计原则融合在一起,才能实现最佳用户体验。

总而言之,为了让人们在使用数字产品或服务时获得最佳体验,设计者需要关注用户的需求和期望,并确保设计在不同层面上都能满足这些需求。通过具体的目标、综合的设计和用户关注的点,可以创造出令人愉悦和满意的用户体验。

9.2.1 有效性

在最佳用户体验中,有效性是开发任何产品或服务时的首要目标。它确保产品或服务能够有效地满足用户的需求并实现预期的功能。以下是一些与有效性相关的例子。

军用汽车——悍马。悍马具有高底盘,适应军用车辆在复杂道路上通过的能力要求,具备高机动性,并且能够以廉价的方式进行大规模生产。此外,悍马的内外部结构坚实,执行各种任务时很少出现故障。这个例子突出了有效性的重要性,即产品能够在特定环境和条件下有效地完成任务。

另一个例子是在线证券交易的数字服务系统。在这种情况下,无论系统的功能有多好,只要系统不稳定或无法登录,就无法称其为具有有效性的数字服务。此外,如果系统提供的证券信息有限,而用户无法找到他们需要的证券信息,也无法说该系统具有有效性。这强调了有效性与数字服务的可靠性和信息提供的完整性之间的关系。

在医疗健康领域,有效性对于数字健康服务和医疗设备来说也至关重要。例如,一个数字健康应用程序如果无法提供准确的健康数据分析和建议,或者在关键时刻无法及时传递紧急通知,就无法满足用户对于健康管理和医疗辅助的需求。因此,为了确保用户获得最佳的健康体验,这些数字产品和服务必须具备有效性,能够提供准确、可靠且及时的健康信息和指导。

此外,在教育和培训领域,有效性对于在线学习平台和教育应用程序也非常重要。一个有效的在线学习平台应该能够提供清晰、易于理解的教学内容,有效地评估学生的学习效果,并及时提供反馈和建议。如果在线学习平台的教学内容难以理解、评估系统存在问题或者反馈不及时,用户将无法获得有效的学习体验,学习效果也会大打折扣。

综上所述,有效性在最佳用户体验中扮演着至关重要的角色。无论是在电子商务、医疗健康还是教育培训等领域,数字产品和服务必须具备有效性,以确保用户能够顺利、高效地完成任务,并获得准确、可靠、及时的服务。通过关注有效性,可以为用户创造出令人满意、愉悦且具有价值的体验。

9.2.2　可用性

在第1章中,我们学习了人机交互系统的可用性。可用性也是提高用户体验的重要因素。良好的可用性,可以使用户更加轻松、高效地与人机交互系统进行沟通和操作,从而提升整体的用户体验,以下是有关可用性的例子。

一个强调可用性的汽车例子。车的特点是易于驾驶和方便操作。从车内仪表盘上可以看出,该车提供了各种增加驾驶便利性的配置。驾驶者能够轻松驾驶,减少身体或精神上的疲劳,从而使到达目的地的过程更加高效。这个例子说明了可用性对于提升用户体验的重要性。

以证券交易为例,具有较高可用性的服务将常用的购买功能放在易于找到的位置,用户只需单击几下就能轻松购买相应的证券。而且,如果系统提供良好的在线帮助,并易于使用,初次使用系统的人也能够轻松上手。这样的设计使得用户能够迅速完成交易,提高了交易的效率和可用性。

总的来说,可用性被视为在解决有效性问题之后要解决的下一个问题。然而,在实际情况中,可用性和有效性是紧密相关的,它们很难单独分开考虑。例如,在使用普通手机搜索在线信息时,如果需要将长长的网址输入手机,需要多次按下按钮,即使有搜索功能也无济于事。类似地,证券交易系统也是如此,提供购买功能是与可用性相关的问题,但如果使用方式太复杂,那么它就没有实际用途。因此,为了提供最佳用户体验,必须同时满足有效性和可用性的要求。只有这样,才能为用户提供令人满意的体验。

9.2.3　感性

在最佳用户体验中,感性是指人们在使用系统时产生的心理感受。为了满足感性需求,用户希望在使用系统时能够体验到符合其基本目的的各种感受。感性体验包括审美印象、情绪反应以及对象的个性等概念。

以网上证券交易系统为例,系统的界面和内容应该营造出一种可靠感。对于涉及金融或支付的服务,用户需要感到信任,以便能够放心地使用系统进行交易。系统界面的设计、色彩搭配以及图标选择等都可以影响用户的感性体验。通过考虑用户的情感需求,设计师可以创造出令人愉悦且让用户感到可靠的界面。

另一个例子是针对不同年龄段的在线游戏。针对儿童的游戏可以设计成色彩鲜艳、充满趣味性的画面,以激发他们的想象力和好奇心。而对于成人玩家,游戏可以设计成更加复杂、富有神秘感的画面,以满足他们对挑战和刺激的需求。通过创造不同的感性体验,游戏可以吸引不同类型的用户,提供令人满意的娱乐体验。

过去,感性体验常常被认为与有效性或可用性的条件相对立,而那些具有与众不同的感性体验的产品常被贬低为质量低劣的作品。然而,现在越来越多的人认识到,感性体验是满足有效性和可用性的必要条件。在满足功能需求和操作便利性的基础上,通过创造令人愉悦、引发情感共鸣的感性体验,可以增加用户对产品或服务的喜爱和忠诚度。

因此,在追求最佳用户体验时,设计者需要综合考虑有效性、可用性和感性这三个方面。通过满足用户的心理感受和情感需求,可以创造出令人愉悦、吸引人且与众不同的用户体验。

9.2.4　三位一体的体验

在最佳用户体验中,有效性、可用性和感性三者缺一不可,它们共同构成了数字产品或服务提供给用户的综合体验。以下是一些相关的例子。

任天堂的 Wii 游戏机是一个很好的将有效性、可用性和感性结合在一起的数字产品。除了具备传统游戏主机的功能外,Wii 还提供了许多其他功能。其中值得一提的是,Wii 改变了传统游戏的封闭形象,它能够让人们进行身体运动,活动筋骨,对于恢复健康显示出了有效性。在可用性方面,Wii 首次在家庭游戏主机领域采用了带动性的实体互动技术,使其成为一款老年人也能够方便使用的便利型游戏。而在感性方面,由于 Wii 拥有多种多样的游戏功能,因此能够吸引许多人一起参与,让家庭成员在共同参与游戏的过程中增进亲情,营造温馨的氛围。任天堂 Wii 通过将有效性、可用性和感性有机结合,提供了与市场上其他游戏不同的最佳体验。

这三个条件的相对重要性会因系统的性质而有所不同。例如,在核电站的中央控制室使用的系统首先要保证安全,在发生地震或自然灾害等紧急情况下能够及时应对。因此,在这种情况下,有效性是最重要的考虑因素。相反地,对于儿童家庭娱乐数字产品来说,可用性和感性更为重要。而在办公室中,大部分电子设备的可用性是最关键的。尽管相对重要性有所不同,但不能为了满足其中一个方面的条件而完全忽视其他条件。为了让用户在使用系统时获得最佳体验,必须实现有效性、可用性和感性的三位一体。

只有在有效性、可用性和感性三个方面都得到充分满足的情况下,才能实现最佳用户体验。

以智能手机为例,它在有效性方面提供了各种功能和应用程序,如通话、短信、社交媒体、地图导航等,满足了用户的通信和信息需求。在可用性方面,智能手机设计了直观易懂的用户界面和交互方式,以便用户轻松进行操作和导航。而在感性方面,智能手机通过精心设计的外观、色彩和音效,以及个性化的主题和壁纸,创造出让用户享受时尚、个性化体验的感觉。

另一个例子是在线购物平台,如淘宝。在有效性方面,淘宝提供了广泛的商品选择、详细的产品信息和用户评价,以满足用户的购物需求。在可用性方面,淘宝通过直观的界面设计、方便的搜索和筛选功能,以及简化的购物流程,使用户能够快速找到并购买所需的商品。在感性方面,淘宝通过个性化的推荐系统、用户评价和图像展示,为用户提供了愉悦的购物体验,增加了购物的乐趣和满足感。

这些例子表明,最佳用户体验需要将有效性、可用性和感性有机地结合在一起。没有有效性,即使产品或服务看起来很漂亮,也无法真正满足用户的需求。没有可用性,即使产品或服务具备强大的功能,用户也无法轻松使用和操作。没有感性,即使产品或服务很有效和易用,也无法激发用户的情感共鸣和喜爱。

因此,在设计和开发数字产品或服务时,需要综合考虑有效性、可用性和感性这三个方面,确保它们相互支持、相互补充,以提供给用户最佳的综合体验。只有在这种综合的体验中,用户才能感受到产品或服务的真正价值,从而建立起长久的关系和忠诚度。

9.3 面向需求设计

如若要达到9.2.4节所述的三位一体的体验,需要进行面向需求的设计。

在人机交互的软件工程中,面向需求设计是一个关键的阶段。在这个阶段,设计师将用户需求和系统功能相结合,创建出满足用户期望和目标的系统设计方案。面向需求设计不仅关注功能性需求,还注重用户体验、用户界面设计以及系统与用户之间的交互过程。

了解和满足用户需求是实现最佳用户体验的关键。通过面向需求设计,可以确保开发的软件系统能够有效地满足用户的期望,并提供易于使用、功能完善、具有吸引力的用户界面。在设计过程中,还需要考虑用户的心理感受、个性化需求以及与系统交互的方式,以创建出令人愉悦、高效和满足用户期望的系统。

无论是设计新系统,还是改进现有系统,面向需求设计都是一个不可或缺的环节,它将为人机交互软件工程的成功奠定基础。

9.3.1 个性化与通用性

在面向需求设计中,一个关键的考虑因素是如何平衡个性化和通用性。个性化是指根据用户的个体差异和偏好,为其提供定制化的体验和功能。通用性则是指设计系统时考虑到广大用户的普遍需求,提供一致性和可适用性。

个性化设计的目标是让用户感到系统针对自己的独特需求进行了定制。通过个性化,系统能够更好地满足用户的偏好和期望,提供更加个性化的用户体验。例如,抖音平台可以允许用户选择自己感兴趣的主题和关注的视频来源,以定制他们的视频内容。这样,用户可以获取到符合自己兴趣爱好的信息,提升其使用平台的满意度,如图9.1所示。

另一个例子是智能手机的主题和壁纸定制。用户可以根据自己的喜好和风格,选择不同的主题和壁纸来个性化自己的手机界面。这样的个性化设计增加了用户对手机的情感认同,使其与众不同,并体现了用户的个性和品位,如图9.2所示。

然而,个性化设计并不意味着完全忽视通用性。通用性是确保系统可以适用于广大用

图 9.1　抖音管理视频内容页面

图 9.2　个性化手机页面

户群体的重要因素。通用性的设计使得用户能够轻松理解和使用系统,无论他们的背景、技能水平和需求如何。通用性设计强调界面的一致性、符合用户预期的操作方式以及易于学习和使用的特性。

例如,操作系统的界面设计通常遵循通用性原则,采用相似的图标、菜单结构和交互模式,以便用户能够轻松过渡并快速上手使用。这种通用性设计使得不同品牌和型号的设备对用户而言更加一致和易于使用。

在面向需求设计中,平衡个性化和通用性是至关重要的。一个成功的设计应该尽可能满足用户的个体需求和偏好,同时保持一致性和可适用性。个性化可以通过用户偏好设置、定制化选项和个性化推荐等方式实现,而通用性可以通过统一的用户界面、一致的操作逻辑和易于理解的设计原则来实现。

综上所述,面向需求设计中的个性化和通用性相辅相成。通过兼顾个性化和通用性,设计师可以为用户提供既满足其个体需求又具备普适性的系统体验。这样的设计既能够提升用户的满意度和参与度,也能够保持系统的易用性和可用性。

在实际的设计中,设计师可以通过以下方法来平衡个性化和通用性。

(1)提供个性化选项。

在系统中提供用户偏好设置和个性化选项,允许用户根据自己的喜好和需求进行个性化配置。例如,社交媒体平台可以让用户选择他们感兴趣的内容类别,并根据用户的选择推荐相关内容。

(2)强调用户参与。

鼓励用户参与系统的设计和个性化过程,通过用户反馈和用户生成内容来提供更贴近用户需求的体验。例如,一些网上购物平台允许用户撰写商品评价和分享购物心得,这些用户生成的内容可以帮助其他用户做出更好的购买决策。

(3)借鉴用户界面设计原则。

在设计用户界面时,遵循通用性的设计原则,例如,一致性、简洁性和可预测性。这样可以使用户能够轻松理解和使用系统,无论他们是新用户还是经验丰富的用户。

(4)数据驱动个性化。

利用用户行为数据和个人信息来提供个性化的推荐和建议。通过分析用户的偏好和行为模式,系统可以自动调整内容和功能,以满足用户的个性化需求。

通过平衡个性化和通用性,面向需求设计可以提供令人满意的用户体验。个性化设计能够让用户感到被重视和理解,增加用户的参与度和忠诚度。而通用性设计则使得系统具备广泛适用性和易用性,能够吸引更多的用户并提供一致的体验。这种平衡的设计方法将帮助创造出用户喜爱且易于使用的系统。

在个性化与通用性的设计中,还有一些具体的策略和技巧可以帮助设计师实现最佳的用户体验。

(1)用户研究与用户画像。

深入了解目标用户群体的需求、喜好和行为模式是个性化设计的基础。通过进行用户研究、用户访谈和用户调查等方法,获取关于用户的信息和反馈。根据这些数据,创建用户画像,将用户分成不同的群体,并针对每个群体设计符合其需求和喜好的功能和界面。

（2）可配置性和自定义选项。

提供可配置性和自定义选项，允许用户根据个人偏好进行定制。例如，社交媒体平台可以提供主题颜色、字体大小和界面布局等方面的选择，使用户能够根据个人喜好调整界面的外观和交互方式。

（3）智能推荐和个性化推送。

利用机器学习和个性化算法，为用户提供智能推荐和个性化推送。根据用户的历史行为、偏好和兴趣，系统可以自动推荐相关内容、产品或服务，提供个性化的体验。

（4）可逆性设计。

在设计过程中考虑到用户的变化需求和反悔操作。通过提供撤销、重做和修改选项，使用户能够纠正错误或更改之前的决策，增强用户的控制感和满意度。

在面向需求设计中，个性化与通用性是相辅相成的，它们共同构建了一个全面且富有吸引力的用户体验。通过深入了解用户需求、提供可配置性和自定义选项、智能推荐和个性化推送等功能，设计师可以创造出满足用户期望的个性化系统。同时，保持一致性的用户界面、响应式设计和用户参与也是确保通用性的重要手段。

总而言之，个性化与通用性是面向需求设计中的两个核心概念。它们相互补充，帮助设计师为用户提供定制化、易用和高满意度的系统体验。通过平衡个性化和通用性，可以创造出既满足个体需求又具备普适性的系统，为用户带来最佳的用户体验。

9.3.2　本地化与全球化

在面向需求设计中，本地化和全球化是两个关键的考虑因素。本地化指系统适应特定的地域、语言、文化和用户习惯，以提供更符合当地用户需求的体验。全球化则是指设计系统时考虑到全球范围内不同地区和文化的用户，以实现跨文化和跨地域的适应性。

本地化设计的目标是确保系统能够与特定地区的用户进行有效的交互，并提供用户熟悉和习惯的界面和功能。通过本地化，系统可以消除语言障碍、符合当地文化习俗和法规要求，以满足用户的个体需求。例如，社交媒体平台通常会根据用户所在地区自动显示相应的语言和地域相关的内容，以提供更具本地化的用户体验，如图9.3所示。

另一个例子是电子商务平台的本地化设计。在不同地区，用户可能有不同的支付习惯、配送方式和法律规定。因此，电子商务平台需要根据地区的特殊要求进行调整，例如，提供多种支付选项、支持不同的货币和提供地区特定的退货政策。

全球化设计是确保系统能够适应不同地区和文化背景的用户。全球化设计强调系统的普适性和可适用性，使其可以跨越不同的语言、文化和地区使用。这需要考虑对不同语言的支持、字符集的兼容性和文化差异的尊重。例如，全球化的应用程序应该支持多种语言界面，并且能够正确地处理不同语言所带来的文本和排版差异。

另一个例子是跨文化设计的图标和符号。在不同的文化中，图标和符号可能具有不同的含义和解读。全球化设计要确保系统中使用的图标和符号在不同文化中都能被理解和接受。例如，一些图标和符号在西方文化中可能代表肯定或成功，但在其他文化中可能具有不同的象征意义。

在本地化和全球化设计中，以下是一些重要的考虑因素。

图 9.3 微信多语言功能

1. 语言支持和本地化内容

系统应该提供多语言支持,包括界面翻译、日期和时间格式、货币单位等方面的适应性。此外,还可以根据地区的文化习俗提供本地化的内容,例如,节日促销或特定地区的新闻。

2. 地区相关法律和法规要求

在设计系统时,需要考虑不同地区的法律和法规要求。例如,隐私和数据保护方面的法律差异、电子商务的税务规定以及特定行业的监管要求等。通过确保系统符合当地的法律法规要求,可以增强用户对系统的信任和满意度。

3. 文化差异和习俗

不同地区有不同的文化差异和习俗,例如,礼仪、颜色象征和节日等。在系统设计中,需要避免使用可能冒犯或引起误解的图像、符号或表达方式。相反,应该尊重和适应当地的文化习俗,以提供更好的用户体验。

4. 时间和地理因素

全球化设计需要考虑不同地区的时区和地理因素。例如,在跨时区的社交媒体平台上,用户应该能够正确地显示和管理发布时间,并根据用户所在地区的时区提供相关的活动和通知。

9.3.3 无障碍设计

无障碍设计是面向需求设计中的重要考虑因素,旨在确保系统可以被广泛的用户群体访问和使用,包括身体、感知和认知方面存在不同能力和需求的人群。无障碍设计的目标是消除使用障碍,提供平等的机会和无歧视的体验。

以下是一些在无障碍设计中常见的关注点和相应的例子。

1. 可访问性技术

无障碍设计需要利用技术手段来帮助解决不同能力的用户面临的障碍。例如，屏幕阅读器可以帮助视觉障碍者访问和使用电子文档、网站和应用程序。语音识别技术可以帮助身体障碍者通过语音指令来操作系统。同时，提供可调节的字体大小和对比度选项，以满足不同用户的视觉需求。

2. 键盘导航和辅助输入方式

无障碍设计要求系统能够通过键盘进行完全的导航和操作，以便身体障碍者可以通过辅助输入设备（如轮椅控制器或口头指令）来访问和使用系统。提供合适的键盘快捷键和可自定义的快捷键功能，以提高键盘导航的效率和便利性。

3. 语言和表达的多样性

无障碍设计应该考虑到不同语言和表达方式的用户。系统应该支持多种语言界面和内容，同时尊重用户的语言和文化差异。此外，还应该提供文字转语音和语音转文字的功能，以帮助听力障碍者或沟通困难的用户。

4. 视觉辅助功能

无障碍设计要关注视觉障碍者的需求。通过提供清晰的布局、易于辨认的图标和按钮，以及可调节的对比度和亮度选项，可以改善系统的可视化可访问性。同时，提供图像描述和替代文本，以确保视觉内容对于视力受损用户仍然有意义。

5. 内容可理解性和结构化

无障碍设计需要确保系统的内容和界面结构清晰、有条理，易于理解和导航。使用简明扼要的语言和避免专业术语，以帮助认知障碍者和语言障碍者更好地理解系统的功能和指导。同时，提供适当的辅助说明和帮助文档，以支持用户在使用系统时的理解和操作。

6. 触觉和听觉反馈

无障碍设计可以利用触觉和听觉反馈来增强用户的交互体验。例如，通过提供振动或声音提示，帮助视觉障碍者和听力障碍者识别和确认操作结果。同时，避免过于依赖纯视觉的提示和指示，以确保用户可以通过多种感官获得必要的反馈。

9.3.4 易学性和帮助

在面向需求设计中，易学性和帮助是关键的考虑因素，旨在使用户能够快速学习和掌握系统的使用，并在需要时获得支持和帮助。以下是易学性和帮助方面的一些重要内容和例子。

1. 清晰的界面和导航

系统应该具有清晰、直观的界面设计和导航结构，以帮助用户快速找到所需的功能和信息。使用明确的标签和按钮，提供一致的布局和导航方式，使用户能够轻松理解和预测系统的操作方式，如图9.4所示。

图 9.4　微信明确标签按钮图

2. 引导和提示

在系统中提供引导和提示,以帮助用户了解和学习如何使用系统。例如,可以通过欢迎页面、快速入门指南、操作指南或小贴士来向用户介绍系统的核心功能和基本操作。

3. 上下文相关的帮助

系统应该提供上下文相关的帮助和说明,以解答用户在特定场景中遇到的问题。通过与用户当前操作相关的提示、帮助文档或 FAQ(常见问题解答),用户可以在需要时获得及时的支持和指导,如图 9.5 所示。

4. 内置教程和演示

为了提高易学性,系统可以提供内置的教程和演示功能,让用户通过实际操作和模拟场景来学习和练习系统的使用。这可以是交互式的步骤指引、视频演示或虚拟实例,帮助用户逐步熟悉系统的功能和工作流程。

5. 上下文敏感的帮助文档

提供上下文敏感的帮助文档可以帮助用户在使用系统时快速查找和获取相关信息。当用户在特定界面或功能下打开帮助文档时,系统应该能够自动定位到相关主题,并显示与当前操作相关的解释、说明或示例。

图 9.5　学习通使用帮助图

6. 用户社区和支持渠道

为用户提供交流和互助的平台,如用户社区、在线论坛或客服支持,可以帮助用户在遇到问题或困惑时得到及时的支持和解答。用户可以通过提问、分享经验或寻求建议来与其他用户和专业人士互动,提高学习和使用的效果。

7. 错误处理和反馈

当用户犯错误或遇到问题时,系统应该提供明确的错误提示和反馈信息,以帮助用户理解问题的原因,并提供解决方案或建议。错误消息应该清晰、具体,并提供修复措施或进一步的帮助资源,以减少用户的困惑和挫败感,如图 9.6 所示。

举例来说,一款专业设计软件可以提供可定制的用户界面选项,让用户自定义工作区的布局和工具栏的显示,以适应个人偏好和习惯。同时,为每个工具和功能提供上下文敏感的工具提示,帮助用户了解其用途和操作方式。此外,软件还提供丰富的示例文件和模板,让

图 9.6　错误反馈

用户可以基于实际案例进行学习和创作。

　　另一个例子是在线学习平台,如慕课,该平台提供引导和提示,帮助学生快速了解平台的功能和使用方式。平台上的课程材料具有多媒体元素,如视频讲解、交互式演示和互动测验,以增强学习的吸引力和互动性。同时,平台还提供学习社区和在线辅导支持,让学生可以与其他学生和教师进行交流和讨论,获得即时的帮助和解答问题,如图 9.7 所示。

图 9.7　慕课在线学习平台

　　通过在面向需求设计中关注易学性和帮助功能,系统可以为用户提供更加友好和有效的学习和帮助体验。无论是通过清晰的界面设计、个性化选项、上下文敏感的提示,还是通过丰富的学习资源和互动元素,系统都可以帮助用户快速上手、理解系统的操作,并提供必要的帮助和支持,促进用户的学习和成长。

9.4 设计的行为

在人机交互的软件工程方法中,设计的行为是关注用户与系统之间的交互行为和响应的重要方面。行为设计旨在确保系统在用户操作时能够提供准确、一致和符合预期的响应,以实现良好的用户体验。这一节将探讨行为设计的原则、方法和实践,以帮助开发人员和设计师创建具有高效和可靠行为的用户界面和应用程序。

行为设计不仅关注用户与系统之间的交互流程,还包括用户输入的响应、系统状态的变化以及界面元素的动态反馈。通过合理的行为设计,系统可以提供直观和可预测的反应,使用户能够轻松地完成任务,减少错误和困惑。

在行为设计中,需要考虑以下几个关键方面。

1. 用户输入与操作

了解和理解用户的输入方式和操作习惯是行为设计的基础。根据用户的操作习惯,设计界面元素的交互方式,包括按钮、菜单、表单等,以满足用户的期望和习惯。

2. 系统响应与反馈

系统在接收到用户输入后应该提供明确和及时的反馈。这可以包括视觉反馈,如按钮状态的变化或加载进度的指示,以及语音或振动反馈等,如图9.8所示。

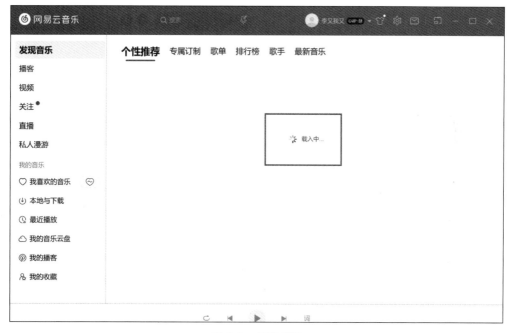

图 9.8 视觉反馈

3. 状态管理与转换

了解系统的状态和转换是行为设计的关键。系统应该能够根据用户的操作和需求进行状态的切换和管理,确保用户能够明确地知道系统的当前状态和下一步操作。

4. 错误处理与恢复

在用户操作中可能出现错误或异常情况,系统应该能够提供相应的错误处理和恢复机制。这包括清晰的错误提示、合理的错误处理选项以及用户数据的保护和恢复。

5. 动画与过渡效果

运用适当的动画和过渡效果可以提升用户体验,使界面更加生动和流畅。动画可以帮助用户理解界面元素之间的关系和交互方式,提供更自然的视觉反馈。

通过精心设计的行为,系统可以与用户建立起有效的互动,使用户能够轻松、高效地完成任务,并且享受到流畅和令人满意的用户体验。在接下来的内容中,将探讨行为设计的实践原则和方法,以及如何应用这些原则来创建具有优秀行为的人机交互系统。

9.4.1 关心用户的喜好

在设计的行为中,关心用户的喜好是创建用户友好系统的重要考虑因素之一。了解和满足用户的个性化需求和喜好可以增加系统的吸引力、可用性和用户满意度。以下是一些关注用户喜好的实例。

1. 个性化推荐

许多在线平台,如社交媒体、电子商务和音乐流媒体,都利用个性化推荐算法来根据用户的兴趣和喜好,向其推荐相关的内容。通过分析用户的行为和偏好,系统可以为用户提供定制的推荐列表,帮助他们发现新的喜爱内容。

2. 主题和界面定制

一些应用程序和网站允许用户自定义界面主题和样式,以符合他们的个人品位和喜好。例如,社交媒体平台可以提供多种主题选择,让用户根据自己的偏好调整界面颜色和排版。例如,微信可以选择普通模式或者深色模式,如图9.9所示。

3. 个性化设置和配置

应用程序和系统可以提供个性化的设置选项,以满足用户的偏好和需求。例如,电子阅读器应用可以允许用户调整文字大小、间距和背景颜色,以便更舒适地阅读,如图9.10所示掌阅阅读器。

4. 智能家居和物联网设备

智能家居和物联网设备可以根据用户的喜好和行为模式自动调整设置和配置。例如,智能照明系统可以根据用户的偏好和习惯,在特定时间自动调整亮度和色温。

5. 个性化服务和建议

一些服务提供商根据用户的喜好和历史数据,为其提供个性化的建议和推荐。例如,健身应用可以根据用户的目标和健身水平,提供个性化的训练计划和建议。

6. 用户反馈和调查

收集用户反馈和进行用户调查是了解用户喜好的重要途径。通过收集用户的意见和建议,系统可以不断改进和优化,以更好地满足用户的需求和期望。

7. 社区参与和用户生成内容

鼓励用户参与和创造内容是一种关心用户喜好的方式。例如,社交媒体平台可以提供用户生成内容的功能,让用户分享自己的创作和观点。

8. 社交媒体平台的个性化内容过滤

社交媒体平台可以根据用户的喜好和兴趣,对用户的内容流进行个性化的过滤,如图9.11所示。通过分析用户的互动行为、点赞和评论的内容,平台可以优先显示用户最感兴

图 9.9　微信深色模式

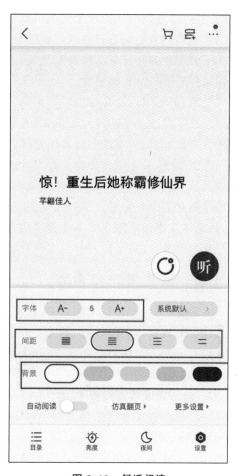

图 9.10　舒适阅读

图 9.11　用户可自己调节推荐内容

用户体验

趣的内容,过滤掉与其喜好无关或不感兴趣的内容。这种个性化的内容过滤可以帮助用户更快速地找到他们关心和感兴趣的信息,提升他们的使用体验。

了解用户的喜好可以帮助系统设计师和开发人员更好地满足用户的需求和期望,从而增强用户的参与度和忠诚度。

然而,关心用户的喜好也需要平衡一些因素。系统设计师需要避免过度迎合用户的喜好而忽视了其他重要的设计原则,如有效性、可用性和安全性。此外,个人喜好的多样性也是需要考虑的因素,系统应该提供足够的选择和定制性,以满足不同用户的不同喜好。

综上所述,关心用户的喜好是设计的行为中至关重要的一部分。通过个性化推荐、定制化设置、个性化广告和推广、个性化搜索结果以及角色定制等方式,系统可以更好地满足用户的个性化需求和喜好。通过关心用户的喜好,系统可以提供个性化、令人满意的用户体验,从而建立更强的用户关系并提升用户满意度。通过了解和关注用户的喜好,系统可以不断优化和改进,以满足用户日益多样化的需求和期望。

9.4.2 预见用户的需求

在设计的行为中,预见用户的需求是一项关键的能力,它可以帮助系统在用户使用过程中提供更加智能、高效和愉悦的体验。通过观察用户行为、分析数据和了解用户上下文,系统可以预测和满足用户的需求,提前为其提供所需的功能和信息。以下是一些预见用户需求的实例。

1. 自动完成和智能提示

许多应用程序和网站会根据用户输入的内容,自动完成文本或提供智能提示。例如,搜索引擎会根据用户输入的关键词,提供相关的搜索建议,如图 9.12 所示;电子邮件应用会根据用户的输入,自动填充收件人的姓名或电子邮件地址。

图 9.12　自动提供相关搜索建议

2. 上下文感知的推送通知

基于用户的位置、时间和偏好,系统可以发送上下文感知的推送通知。例如,当用户接近某个特定地点时,系统可以发送提醒用户进行相关活动的通知,如附近的特别优惠或活动。

3. 智能家居设备的自动化

智能家居设备可以根据用户的日常行为模式,自动调整环境设置。例如,当用户离开家时,智能家居系统可以自动关闭灯光、调整温度和安全设备。

4. 智能推荐和个性化内容

通过分析用户的历史行为和喜好,系统可以预测用户的兴趣,并提供个性化的推荐内容。例如,音乐流媒体平台可以根据用户的听歌记录和喜好,推荐相关艺术家的新歌曲。

5. 智能搜索和过滤

搜索引擎和电子商务平台可以根据用户的搜索历史和偏好,提供更准确和个性化的搜索结果。系统可以理解用户的意图,提供相关的搜索结果,并过滤掉与用户需求无关的内容。

通过观察用户行为、分析数据和了解用户上下文,系统可以预测用户的需求,并主动提供所需的功能和信息,提升用户的体验。这种预见用户需求的设计方法可以减少用户的努力和决策过程,提高使用效率和便利性。预见用户需求还可以增强用户与系统之间的互动和沟通,建立更强的用户关系和忠诚度。

然而,预见用户需求也需要平衡一些因素。系统设计师需要确保用户隐私和数据安全,遵守相关的法律和规定。此外,个人喜好和行为模式的多样性也需要考虑,系统应该提供灵活的设置和选项,以满足不同用户的需求和偏好。

综上所述,预见用户的需求是设计的行为中重要的一环。通过自动完成和智能提示、上下文感知的推送通知、智能家居设备的自动化、智能推荐和个性化内容、智能搜索和过滤、语音助手的智能交互以及智能表单和信息填充等方式,系统可以预测和满足用户的需求,提前为其提供所需的功能和信息。预见用户需求的设计方法有助于提高用户满意度、效率和参与度,建立积极的用户体验。

9.4.3 减轻用户的负担

在设计的行为中,减轻用户的负担是一个重要的目标,旨在降低用户使用系统的认知和操作成本,提高用户的满意度和效率。以下是一些减轻用户负担的实例和设计原则。

1. 简化界面和流程

通过简化系统界面和操作流程,减少用户需要记忆和执行的步骤。例如,将常用功能和选项放在显眼的位置,避免过多的层级和菜单,提供直观和一致的界面设计,以降低用户的认知负担。

2. 自动化和智能化

利用自动化和智能化的技术,系统可以自动处理烦琐的任务和决策,减轻用户的负担。例如,自动保存用户的工作进度,自动填充表单和信息,自动识别和纠正用户的输入错误等。

3. 上下文敏感的帮助和提示

为用户提供上下文敏感的帮助和提示信息,以指导用户在系统中的操作。例如,在表单输入时给出实时验证和反馈,提供有针对性的帮助文档和教程,或根据用户的操作提供智能提示。

4. 智能推荐和过滤

系统可以利用个性化推荐和智能过滤的功能,为用户提供更相关和有用的内容,减少信息过载和选择困难。例如,根据用户的偏好和历史行为推荐相关的产品、文章或音乐,或者使用智能过滤算法排除垃圾信息和噪声。

智能推荐和过滤、内置反馈和错误处理机制,以及个性化和定制化选项等都是减轻用户负担的设计原则和实践。

5. 内置反馈和错误处理机制

可以帮助用户发现和纠正错误,提供解决问题的支持。系统应该及时给出反馈,包括确认消息、错误提示和警告信息。同时,系统应该提供清晰的错误处理指导,帮助用户解决问题并恢复正常操作。例如,在表单填写错误时给出具体的错误提示和修复建议,或者提供问题解答的常见问题和解决方案。

6. 个性化和定制化选项

可以让用户根据自己的喜好和需求进行个性化设置。系统应该提供灵活的选项和偏好设置,允许用户自定义界面布局、主题颜色、字体大小等。这样,用户可以根据自己的偏好进行调整,使系统更符合他们的个性化需求。

通过减轻用户的负担,系统可以提高用户的满意度和效率,降低使用的认知和操作成本。简化界面和流程、自动化和智能化、上下文敏感的帮助和提示、智能推荐和过滤、内置反馈和错误处理机制,以及个性化和定制化选项等设计原则和实践可以帮助用户更轻松地使用系统,提高工作效率和用户体验。这些设计方法不仅减少了用户的认知负担,还增加了系统的可用性和易用性,使用户更愿意使用系统并享受使用过程。

9.4.4 帮助用户规避错误

在设计的行为中,帮助用户规避错误是至关重要的,旨在减少用户犯错的可能性,提供更好的用户体验和结果。以下是一些帮助用户规避错误的实例和设计原则。

1. 明确的指导和提示

提供明确的指导和提示,引导用户正确地执行操作和完成任务。例如,在表单填写时给出必填字段的标识,提供输入格式的示例和说明,或者在重要操作前给出警示和确认提示。

2. 及时的反馈和验证

及时地给予用户反馈,验证用户的操作结果,帮助用户发现和纠正潜在的错误。例如,在表单输入时实时验证数据的正确性,标记错误的输入项,并给出具体的错误提示和修复建议。

3. 易于撤销和回退

提供易于撤销和回退的功能,允许用户纠正错误或恢复到之前的状态。例如,提供撤销和重做的快捷键或按钮,允许用户回退到之前的保存点,或者提供版本控制和历史记录功能。

4. 限制和防护性措施

通过限制用户的操作范围或提供防护性措施,减少用户犯错的机会。例如,限制用户只能在特定条件下执行危险或不可逆的操作,提供警告和确认提示,或者进行权限控制以保护敏感数据和功能。

5. 清晰的标识和反馈

使用清晰的标识和反馈机制,帮助用户识别正确的选项和行动,并避免误操作。例如,使用明确的按钮标签和图标,提供明显的状态指示和进度条,或者在关键步骤前给出明确的警告和确认信息。

通过关心用户的喜好并帮助用户规避错误,系统可以提供更好的用户体验和使用效果。明确的指导和提示、及时的反馈和验证、易于撤销和回退、限制和防护性措施、清晰的标识和反馈等设计原则和实践可以帮助用户避免错误,减轻负担,并增强用户对系统的信任和满意度。

思考与实践

1. 什么是用户体验?它包括哪些关键组成要素?

2. 用户体验设计在交互式软件系统开发中的重要作用是什么?请具体分析。

3. 书中提到的用户体验设计的"三个层面"是什么?请简要描述每个层面的含义和关联。

4. 用户体验测试是什么?在交互式软件系统的开发过程中,为什么进行用户体验测试是必要的?

5. 在用户体验设计中,可用性和用户满意度之间有何区别?它们之间的关系是怎样的?

第 10 章　　　　评　　　估

10.1　引　　言

评估对于人机交互而言是不可或缺的一部分。评估可以发现并解决设计中的问题,提供改进的机会,并确保设计符合用户的需求和期望。评估还可以帮助评估团队了解当前工作是否偏离了原计划,并提供基于过程的建议。通过评估,可以发现哪些地方有待改进,以及在未来的设计中应该吸取哪些教训,帮助研究者了解人机交互的实际效果,从而优化系统的设计和开发。目前,研究者们已经提出了一系列评估方法,包括实验室测试、在线测试和用户测试等。

在专业领域中,评估应该是贯穿整个设计过程的,而不是其中独立的一部分。在软件设计之初进行评估可以大大降低发生错误的概率,便于设计人员开发出更能满足用户要求的产品,降低开发成本。

评估过程中需要充分考虑系统的性能和可靠性,同时也需要保证评估方法的可行性和可重复性。评估过程还需要充分考虑用户的实际需求和体验,同时也需要兼顾系统的可行性和安全性。评估时需要充分考虑到系统的成本和效益,以保证系统的实际应用价值。

评估质量的重要性不言而喻。通过评估,可以了解系统在实际应用中的效果和问题,从而优化系统的设计和开发,提高系统的用户体验和效益。同时,评估也可以帮助了解用户的需求和反馈,为系统的设计和开发提供有价值的参考。

本章的主要内容包括:

- 分析评估在交互式系统设计中的重要性。
- 介绍评估的目标与原则。
- 讨论预测性模型在评估中的作用。
- 解释可用性测试在评估中的地位。
- 阐述专家评估的常用方法。

10.2　评估的目标与原则

现在,用户需要的早已不是一个"可使用的"系统,而是一个能让他们在使用过程中感到愉悦,并且易学、易用、安全、高效的系统。为了达到这个目标,需要通过评估来确定系统能否满足用户的需求,但有时候可能会随着系统的迭代而偏离最初的目标,于是需要制定评估的目标和原则来不断纠正评估过程。

评估的目标是为了提供准确、客观和全面的信息，以便帮助决策者做出明智的决策。评估的原则是评估过程中应遵守的一些基本原则。评估的目标和原则是确保评估过程和结果的质量和价值的关键因素，有助于评估过程更加科学、客观和可行。通过遵守评估的目标和原则，可以确保评估的结果对项目的成功和可持续性具有重要意义，并为决策者提供有效和可操作的建议。

10.2.1 评估目标

评估目标的明确定义对于有效评估人机交互系统至关重要。评估有三个目标：评估系统的可用性、评估交互中的用户体验、确定系统中可能存在的特定问题。

系统的可用性和用户体验是非常重要的，一个好的系统应该能够满足用户需求，并具有用户友好的界面和操作方式。

系统的可用性是评估目标中最基本的一个方面，指一个人对一个产品或系统的有效性、效率、满意度和可学习性的感知。可用性体现在用户使用系统的过程中，对其易于学习、操作方便、满意度高等方面的感受。为了提高人机交互的可用性，设计师需要从用户的角度出发，考虑产品的易用性、可访问性、可读性等方面。通过评估系统的可用性，可以发现潜在的设计缺陷和用户体验问题，并提出相应的改进建议。

在进行系统评估时，可用性测试是非常重要的环节。通过可用性测试，评估人员可以了解用户在使用产品或系统时所遇到的问题，包括难以理解、操作不便、易用性差等。为了确保测试的准确性，评估人员需要制订详细的测试计划，选择具有代表性的用户进行测试，并采用多种测试方法，如用户观察、用户访谈、用户操作记录等。一个可用的系统应该让用户能没有疑惑地完成任务，且不需要太多的记忆和学习。评价可用性的指标包括界面的直观性、一致性和可见性，以及用户完成任务所需的时间和步骤等。

除了可用性测试外，人机交互中的用户体验也是至关重要的一环。设计人员需要通过良好的视觉设计、声音效果和交互操作等方式，提高用户在使用产品或系统时的体验。例如，通过简洁明了的界面设计，使用户能够快速找到所需功能；通过优美的背景音乐和提示音，提高产品的易用性；通过优化交互操作，使用户能够更加顺畅地完成操作。

在评估过程中，用户体验通常通过用户测试来进行。用户测试通常包括对系统的学习曲线、出错率、用户友好性等方面进行评估。学习曲线是指用户在开始使用系统时需要花费的时间和精力，而出错率则是指用户在执行任务时出现错误的频率。用户友好性是指系统是否能够以用户熟悉的方式进行交互，并能够满足用户的需求。

除了用户测试，用户体验还可以通过在线测试和在线调查来进行评估。在线测试可以记录用户的操作过程，方便评估人员分析用户行为。在线调查通常包括多项选择题和开放性问题，以便用户能够分享他们对系统的看法和感受。

文化因素也是评估用户体验重要的一环。不同的文化背景和使用习惯可能会影响用户对系统的体验和感受。因此，在评估用户体验时，需要考虑不同文化因素的影响，并采取适当的措施来确保系统符合不同文化背景的用户的需求和偏好。

用户体验的评估旨在了解用户对系统的整体满意程度和体验感受。通过调查问卷、在线测试等方法，可以收集用户对系统的评价和反馈。用户满意度评估可以帮助系统设计人员了解用户需求，改进系统功能和界面，提高用户体验和满意度。

评估的最终目标是确定系统中存在的特定问题。当系统在实际环境中运行时,可能会出现无法预料的结果甚至使用户工作产生混乱。这些问题多与系统的可用性有关,所以评估时需要重点关注问题产生的根本原因,再将其改正。

10.2.2　评估原则

评估原则是评估过程中应遵循的基本准则,它们定义了评估过程的方向,提供了评估方法,以及为评估结果的有效性和可靠性提供了保障。在进行软件的交互性评估时应该遵循以下几个原则。

1. 以用户为中心,即以用户需求和期望为导向

交互产品的评估不应依赖于专业技术人员,应该依赖于产品的用户。因为决定产品最终存亡的主要是用户对系统的满意程度。用户对产品的体验是动态的,会随着时间而变化。例如,当用户试用新上市的产品时,因为用户对新产品的了解较少,容易产生疑惑,或遇到操作困难。随着使用时间的增加,当用户更熟悉产品后,用户的体验会变得越来越积极,并促进用户对产品产生情感依赖。所以,评估者需要多次与用户进行沟通,了解用户的使用习惯、需求和意见,并将其融入产品的设计和改进中,来提高用户对产品的依赖程度。

2. 评估是一个过程,应该在产品初期开始

评估是一个连续的过程,而不仅仅是一个单一的步骤。在设计阶段,需要考虑用户的需求和痛点,以便创造出能够解决实际问题的交互设计。在设计完成后,需要通过评估来验证设计的有效性,并收集反馈以改进系统。在此过程中,也需要持续地迭代和改进,以确保设计始终保持领先地位。不断征求用户意见的过程应该与交互评估的过程相结合,虽然不能取代评估,但是将其穿插在评估的过程中可以更全面地反映出软件的可用性问题。评估者应该尽早进行评估,预防未来设计中可能会出现的错误。

3. 评估应该是综合性的,包括多个评价指标和方法的综合运用

不同的指标可以从不同的角度评估系统的性能,例如,用户满意度、学习成本、错误率等。综合性的评估也有助于识别人机交互中的瓶颈和问题。例如,如果用户在界面上花费了过多的时间寻找信息,或者遇到了技术问题,那么这些就是需要改进的地方。通过综合性的评估,可以了解用户的需求和反馈,从而为改进系统设计提供依据。此外,综合性的评估还可以帮助确定哪些因素影响了用户体验。例如,用户可能会指出一个界面设计看起来很混乱,这可能是由于多个标签页或选项卡导致的。通过综合性的评估,可以找出这些影响用户体验的因素,并提出相应的改进建议。评估者需要根据实际情况选择适当的方法,以便全面评估系统的优劣。

4. 评估结果应该是可靠和可重复的

在许多领域,如工业生产、医疗保健等,人机交互的评估结果是决策制定的重要依据。如果评估结果不可靠,将会导致决策的失误,从而造成巨大的损失。在安全防范领域,人机交互的评估结果对于防范措施的制定具有重要意义。如果评估结果不可靠,将会导致防范措施的失效,从而造成安全隐患。为了保障评估结果的可靠性,应该选择有广泛代表性的用户参加测试,并在用户的实际工作环境下进行评估,评估过程中严谨地记录和分析数据,根据用户完成任务的情况,采用统计方法进行验证和推断,进行客观的分析和评估。评估者还需要确保评估过程的可重复性,严格按照实验或调查程序进行操作,确保实验或调查结果的准确性,从而提高可靠性,以便其他评估者和研究人员能够复现评估过程并获得相似的结果。

评估原则对确保人机交互设计质量和有效性至关重要。以用户为中心、尽早开始评估、综合性评估和可靠性与可重复性原则,为有效的评估过程提供了保障。同时,随着技术的发展,人机交互的评估方法也在不断发展。新的评估视角,如基于数据的多维度评估、基于机器学习的深度评估,以及基于虚拟现实和增强现实的模拟评估,都为评估者提供了改进评估过程的可能性。

10.2.3 评估因素

评估因素是在进行可用性评估或用户体验评估时需要考虑和关注的关键要素。这些因素可以帮助评估人员全面地了解和评估系统或产品的易用性、可访问性以及用户体验质量等。以下是一些常见的评估因素。

1. 效率

评估系统或产品在完成任务时所需的时间和资源。这包括操作的步骤、交互的速度以及任务完成的效率。一个高效的系统能够帮助用户快速完成任务,减少不必要的操作步骤和等待时间。通过评估系统的效率,可以发现并解决系统中可能存在的瓶颈和低效之处,提高系统的操作效率。

2. 学习成本

评估用户在初次接触系统或产品时所需的学习成本。这包括系统的易学性、使用说明的清晰度以及用户掌握系统所需的时间和努力。如果学习成本过高,用户可能会感到困惑、沮丧,甚至放弃使用系统。可以通过评估学习曲线、操作复杂度、信息提示和引导以及反馈机制相应地优化系统的设计,以降低用户的学习成本以提高学习效果。

3. 易用性

评估系统或产品的界面设计、交互流程和信息组织是否符合用户的期望和习惯。设计师需要考虑用户如何使用系统,以确保他们能够轻松地完成任务。这包括界面的直观性、一致性以及用户对功能和操作的理解和掌握程度。

4. 错误率

评估用户在使用系统或产品过程中产生的错误数量和频率。这包括用户输入错误、系统反馈不明确以及用户操作冲突等。评估时需要关注用户在使用产品或服务时可能出现的错误,例如输入错误、操作错误等。通过分析用户出现错误的原因,提供解决方案来减少或避免这些错误。

5. 用户满意度

评估用户对系统或产品的整体满意程度。设计师需要了解用户的需求和期望,以确保他们的需求得到满足。可以通过用户调查、问卷调查或用户反馈等方式收集满意度数据。

6. 信息可视化

评估系统或产品中的信息展示方式是否清晰、易于理解和解释。这包括图表、图形和数据的可视化效果以及信息的组织结构和呈现方式。处理好信息可视化可以提供直观且易于理解的界面,帮助用户更好地理解和分析数据。

7. 反馈和响应

评估系统或产品对用户操作的及时反馈和响应程度。这包括系统反馈的明确性、实时性以及用户对操作结果的可见性。

8. 可访问性

评估系统或产品对于不同人群(如残障人士)的可访问性和可用性。可访问性可以确保系统对于所有用户都具有可用性,包括那些面临特殊挑战的用户。这包括对辅助工具的支持、界面的可调整性以及对特殊需求的考虑。

通过对各种评估因素的分析,发现用户在使用过程中可能遇到的困难、系统设计上的不足以及潜在的风险。通过综合考虑这些因素,可以全面评估系统或产品的可用性和用户体验质量,提供改进设计、增强用户体验和提高系统质量的方向和依据。

10.3 预测性评估

预测性评估是指通过对用户与系统之间的交互行为进行分析和评估,来预测系统在实际应用中的性能和用户体验。这种评估旨在提前检测和解决潜在的问题,以改善系统的设计和功能。在预测性评估中多采用预测模型进行评估,常见的模型有 GOMS(Goals,Operators,Methods,and Selection rules,目标、操作、方法和选择规则)模型和按键层次模型,但不同模型往往在预测方面各有侧重点,并且具有不同的功能与作用。在评估时需要结合实际情况采用恰当的预测模型。

10.3.1 GOMS 模型

在人机交互领域,GOMS 是最著名也是使用时间最长的(Kieras,2012)用来预测人类认知行为的模型。GOMS 分析是把一项任务分解为多个很小的目标和操作次序,这些操作是完成某项具体任务所必需的功能,把每一部分操作的时间相加就得到了一项任务的执行时间。

1. GOMS 的要素

GOMS 是在交互系统中用来分析建立用户行为的模型,层次化地描述、组织和构建任务、子任务和动作,通过分析人类在完成特定任务时的目标、操作步骤、方法和选择规则来分析用户行为。

1)目标

目标(Goals)是用户执行任务后想要得到的结果。它可以包含若干层次。一个高层次目标可以分解为若干低层次目标。

2)操作

操作(Operators)是任务分析到最底层时的行为,即系统允许用户执行的基本动作。通过观察和记录人们在完成相同任务时所采取的操作步骤,来确定操作。操作是原子动作,不能再被分解,例如,按键或单击屏幕。一般情况下,用户执行每项操作都有一个固定的时间,并且每个操作之间的时间间隔是独立的,即执行操作所花费的时间与用户当前所处的环境或用户正在完成的任务无关。

3)方法

方法(Methods)是描述如何完成目标的过程,即子任务和操作的次序,确定人们是如何完成任务的。这包括确定他们所使用的具体方法，以及在执行每个操作步骤时所需的时间和认知负荷。方法是指在特定情境下实现目标的过程。例如，当使用计算机时，人们可能会遵循特定的顺序和步骤来完成任务。

4）选择规则

选择规则（Selection rules）被用来确定人们在不同情境下选择特定操作和方法的方式，即用户为完成相同的子任务进行方法选择的规则（若可进行选择）。选择规则可以根据优先级、条件和约束等因素来执行。例如，当人们需要处理多个任务时，选择规则可以帮助他们决定先处理哪个任务。

下面给出一个简单的例子来说明 GOMS 模型的应用。假设一个任务是使用电子邮件客户端发送一封邮件。根据 GOMS 模型，可以将这个任务进行多层次的细化。

（1）选出最高层的用户目标，实例中的目标是发送一封邮件。

（2）确定具体实现目标的方法，即激活子目标。实例中"发送一封邮件"的方法是"新建邮件"，同时也激活了子目标"新建邮件"。

（3）写出子目标的方法。这是一个不断调用自身的递归过程，直到将任务分解到最底层操作才结束。从实例的层次说明中，能够了解到如何通过递归调用的方式将目标分解得到子目标的方法，如目标"新建邮件"被分解为三个子目标，分别为"单击新建邮件按钮""输入文本"和"选择收件人"。按顺序执行这三个子目标的方法完成目标"新建邮件"。子目标"输入文本"又得到了子目标序列"移动光标""删除文字"和"插入文本"，选择其中的一个继续分解直至知道全部的操作序列为止。"选择收件人"也可以继续分解得到子目标序列，同理进行下一步分解即可。

通过以上的实例分析，最高层的用户目标是在子目标完全实现后完成的，而属于同一个目标的子目标之间可以存在多种关系。对 GOMS 模型而言，子目标之间的关系一般是一种顺序关系，即目标按照顺序依次完成；但若多个子目标之间是一种选择关系，则可以选择完成多个子目标中的一个即可，如上例中"输入文本"目标的实现。对 GOMS 模型来说，可以根据用户的实际情况通过选择规则设定子目标之间的关系。如果没有特定的规则，则一般根据用户的操作随机选择相应的方法。

通过分析和预测人类在特定任务中的行为，GOMS 模型可以帮助设计师和开发者优化用户界面和工作流程。它可以帮助他们了解用户思维的复杂性，并提供信息来改进任务流程和减少认知负荷。此外，GOMS 模型还可以用于评估不同设计方案的效果，帮助设计人员理解用户在完成任务时的思维过程，为系统设计和用户体验提供指导。

2. GOMS 模型剖析

GOMS 模型有着一系列的优点。首先，GOMS 模型具有较高的解释性和预测性。通过细化和分解任务，将其划分为更小的认知和操作过程，可以更好地理解和预测用户的行为。这使得开发人员能够更好地设计用户界面和交互，提高系统的可用性和用户体验。

其次，GOMS 模型可以帮助发现用户在执行任务过程中可能出现的错误和困难。通过对任务的分析，可以识别出可能存在的认知或操作负荷过大、信息不足或冲突等问题，帮助开发者预先进行相应的优化和改进，避免用户在使用过程中遇到困难。

除此之外，GOMS 模型还具有一定的标准化和通用性。它的各个元素和步骤都经过了严格的定义和规范化,使得不同的研究者和开发者能够共享和理解。

当然,GOMS 模型也有其局限性。首先,它过于简化用户的认知和操作过程。它将用户行为划分为一系列的基本操作,忽视了人类认知的复杂性和灵活性。

其次,GOMS 模型需要依赖丰富的领域知识和经验。在使用 GOMS 模型进行建模和分析时,需要对特定领域的任务和用户需求有较为深入的了解。这对于新领域或新任务的研究者来说可能是一个挑战,需要投入大量的时间和精力进行探索和学习。

再次,GOMS 模型不够灵活和适应变化。一旦用户的任务或环境发生变化,它就需要重新进行建模和分析,这使得 GOMS 模型在应对复杂和多变的系统和任务时可能不够有效和实用。

总之,GOMS 模型作为一种行为建模方法,在人机交互研究和设计中具有一定的优点和缺点,因此,在使用 GOMS 模型时,需要结合具体任务和需求,权衡其优缺点,选择适合的方法和工具或结合其他的建模方式,以更好地将其应用于人机交互系统的预测性评估。

10.3.2 按键层次模型

按键层次模型(Keystroke-Level Model,KLM)是一种量化人类与计算机交互过程中所涉及的认知和动作行为的方法。与 GOMS 模型不同,KLM 可对用户执行情况进行量化预测,通过对各种常见任务的行为和动作进行测量,提供了一种估计人类在执行特定任务时所需时间的途径。

1. 按键层次模型的内容

KLM 可以帮助理解不同人机交互方式的性能差异,并且可以用来预测和改进用户界面的设计。与 COMS 模型类似,KLM 模型在应用时的前提是任务执行过程正确,不出现错误信息,并且已提前确定完成任务的一系列方法。

KLM 包含操作符、编码方法和放置 M 操作符的启发规则三个部分,通过计算操作的时间来预测完成特定任务所需的时间。

1)操作符

操作符是 KLM 中的基本单位,通过对不同操作的时间进行建模,可以预测用户在完成任务时所需的总时间。操作符定义见表 10.1。该表是 Card 等人在开发按键层次模型过程中,分析了许多关于用户执行情况的研究报告而提出的一组标准的估计时间,包括执行普通操作的平均时间(如按键的时间),其他交互过程的平均时间(如系统反馈时间、思考时间等)。由于不同用户的打字速度存在差异,表中所列时间均为平均时间。

表 10.1   KLM 中操作符的执行时间

操作符名称和助记	描　　述	时间/s
按键(Keying)K	按下一个单独按键或按钮	0.35(平均值)
	熟练打字员(每分钟输入 55 个单词)	0.22
	普通打字员(每分钟输入 40 个单词)	0.28
	对键盘不熟悉的人	1.2
	按下 Shift 键或 Enter 键	0.08
指向(Pointing)P	用户(用鼠标)指向显示屏上某一位置所需的时间	1.1
指向(Pointing)P1	按下鼠标或其他相似设备的按键	0.2

操作符名称和助记	描　述	时间/s
归位(Homing)H	用户把手放回键盘或图形输入设备(鼠标)	0.4
心理准备（Mentally preparing)M	用户执行某项操作需要的心理准备时间	1.35
响应(Responding)R(t)	系统响应时间(仅当用户需等待时才计算)	t

KLM 的核心是 5 个动作的表示：按键(K)、指向(P)、指向(P1)、归位(H)和心理准备(M)。每种动作都有一个特定的时间单位,这个单位称为原子。

根据表 10.1 中的数据,列出任务对应的操作序列,通过累加每一项操作的预计时间,即可估计一个任务需要多长时间完成。例如,如果要打开一个文件夹,首先需要移动鼠标到目标位置(P),然后单击(P1)打开它。根据 KLM 模型,可以估计这个任务需要的性能时间。

2) 编码方法

编码方法是指将操作符组合成复杂任务时所需的规则。例如,输入一个单词可以使用多个 K 操作符,根据单词的长度和输入速度进行编码。

例如,在淘宝网搜索 T 恤衫,屏幕资源不受限制,淘宝首页已经加载完成,使用普通版的编码如下。

H[鼠标]P[指向搜索输入框]K[单击定位输入]H[将手放回键盘]MK[t]K[i]K[x]K[u]K[回车]

针对上述操作的简略表达版本编码是：

H[鼠标]P[指向搜索输入框]K[单击定位输入]H[将手放回键盘]M5K[tixu 回车]

对于一个打字速度一般的用户来说,通过两者编码算出的任务执行时间都是：

HPKHMKKKKK＝2H＋P＋6K＋M＝2×0.4＋1.10＋6×0.28＋1.35＝4.93s

又如在 Windows 11 操作系统下单击蓝牙连接图标,然后在弹出的菜单中选择"删除"选项,假设此时用户的手放置在键盘上,则进行该项任务时的编码为

H[鼠标]MP[蓝牙连接图标]P1[右键]P[删除]P1[左键]

这一任务的执行时间为

$$0.40＋1.35＋2×1.1＋2×0.2＝4.35s$$

通过以上的例子会产生一个疑问,为什么在输入字母和寻找图标时需要进行思维准备,该怎么判断进行其他操作前是否需要这个过程呢? 确定操作序列之前需要引入一个思维过程是使用按键层次模型的难点。当任务涉及决策时,思维过程是很明显的,但是其他情况就未必存在。思维能力也受用户个人水平影响,如打字速度,至少会引起 0.5s 的时间误差。可以先对存在上述情况的任务进行测试,再把测试得出的预测时间和实际时间进行比较来克服这些问题。以下将介绍 M 操作符的使用规则。

3) 放置 M 操作符的启发规则

M(思考操作符)是一种特殊的操作符,用于放置在任务中以模拟用户在进行某些操作时需要思考的时间。根据经验,每个思考操作需要 1.35s 的时间。

在使用 KLM 模型进行任务时间预测时,放置 M 操作符的启发规则需要遵循以下原则。

(1) M 操作符应该被放置在需要大脑进行额外处理的步骤之后,如决策、记忆或计算。

（2）M操作符应该在需要思考的任务步骤之前,而不是在其开始时或结束时放置。这是因为思考往往需要在做出行动之前进行。

（3）如果任务较为复杂并且用户需要大量的思考时间,可以放置多个M操作符来模拟思考的间隙。

2. 按键层次模型分析

KLM的优势之一是它的简单性。因为人类的认知和动作行为非常复杂,但是由于该模型只关注于特定的按键动作,所以它能够提供一个相对简单的指标来评估任务的执行时间。此外,KLM还可以通过分解任务的各个部分,帮助设计师和开发人员识别和优化用户界面上的瓶颈。

然而,KLM也有其局限性。首先,它没有考虑到人类认知过程中的不确定性和个体差异。每个人的认知和执行能力都不同,因此实际执行时间可能会有很大的误差。其次,KLM模型也没有考虑到外部因素对任务完成时间的影响,例如,任务的复杂性、用户的经验水平等。

总体而言,按键层次模型是一个有用的工具,可以帮助理解和改进人机交互界面的设计。需要将其视为一个起点,而不是终点。在使用KLM时应该注意到其局限性,并结合实际情况和用户反馈进行相应调整。

10.4 可用性测试

可用性测试,即对软件可用程度进行测试,检验其是否符合可用性标准。可用性测试主要关注用户使用产品或系统时的便捷性和操作的直观性。通过观察用户交互过程和收集用户反馈,可以评估其对系统界面的易用性、导航性和反应速度的感受。这种测试可以揭示潜在的问题,并提供改进建议,以提高用户体验。

10.4.1 评估方法

收集可用性测试最显著的一个特点就是没有规定必须采用哪种特定类型的评估方法。这里将介绍实验室测试、在线测试和在线调查三种评估方法。

1. 实验室测试

实验室测试指在专门为可用性测试搭建的固定设备的环境下进行的测试,不同实验室的场地设计和布局也有很大不同。实验室测试主要针对较小的样本量,是以一对一的形式开展,即一个引导人员对应一个参与者。为了解用户真正在想什么,一般采用边说边做的引导方式,该方法要求参与者说出自己的想法,这样评估人员就能了解他们的思考过程,并将参与者的行为和对问题的反馈进行记录。所要收集的最重要的度量是关于可用性问题的,包括类型、发生率和严重性,而且对采集诸如任务成功率、错误和效率等绩效数据也是有帮助的。在参与者结束整个测试后对其进行一些提问,也可以获得绩效度量的数据。

实验室测试的好处在于测试人员可以控制测试的环境和条件,包括测试用例的设计、数据输入和输出、系统负载等。不需要考虑外部环境和条件的干扰就能模拟真实的场景,可以在不同的情况下测试系统的性能和用户满意度。通过记录测试过程中的系统响应时间、错误率、用户操作等数据,可以更好地了解系统在实际使用中的表现,发现和解决潜在的问题。

由于实验室测试的可重复性，可以多次进行相同的测试，得出一致的结果。这种可重复性可以提高测试的可靠性和可信度，使得测试结果更加准确和客观。

但是实验室环境往往与真实世界环境有显著差异，样本数量也容易受到限制，这可能会影响评估结果的精度和可推广性。随着样本量的增加，依然采用实验室测试进行评估可能会产生较大的偏差。例如，通过实验室测试的数据推断网站的推送机制可能是非常不可靠的，在这种情况下就需要考虑采取其他需要较多样本数量的方法进行评估。

2. 在线测试

在线测试通常通过在线的方式由多个参与者同时进行，可以收集不同地区用户的大量数据。在线测试能自动保存参与者在测试中的相关数据和信息，有助于研究人员收集广泛的数据进行数据分析。但是这种测试收集的主要是基于绩效的数据，因为无法直接观察参与者，获取基于问题的数据会存在一定的困难。不过获取到的绩效数据有助于发现问题，用户的评价反馈也可以帮助研究人员分析问题发生的本质原因。

在线可用性测试的特点是不规定收集数据的类型和数量，既可以选择收集定性数据也可以收集定量数据，还可以根据系统设置需要收集的数据数量。但在线测试的重点在于测试的目标，而不是数据的种类和数量。由于在线测试无法直接观察用户，需要研究用户体验时就难以获取用户的真实意图。

进行在线测试时通常需要借助在线工具。在线可用性测试工具种类繁多，但是很少有一个工具能够适用用户体验的各个方面。但是不同类型的工具也在扩展自身的功能范围，还在持续地更新，可以根据工具的侧重点来选择合适的工具进行测试。

专注于定性研究的在线工具主要用于收集小样本的用户与产品交互方面的数据。这些工具非常有助于了解用户遇到问题的本质，并为其提供解决问题的设计方案，这类工具的种类也非常多。

视频工具能够将用户体验系统的各项数据保留在视频文件中，记录用户在使用产品或界面时的行为和反应，例如，单击、滚动、注视等。通过分析这些视频，研究人员可以深入了解用户的需求和行为模式，收集绩效度量指标，并进一步改进产品设计。

记录型工具可以记录用户使用系统的全过程，包括操作时说的话和操作的路径。尽管获得的数据有效性较低，但通过分析这些数据寻找可能的趋势或模式还是切实可行的。

还有一些专注于定量的在线工具提供了数据分析和可视化的功能，如信息分类工具和自助服务工具等。研究人员可以使用这些工具对观察、访谈、问卷调查等数据进行统计分析和可视化呈现。这些工具可以帮助研究人员发现隐藏在数据背后的模式和趋势，并将研究结果以直观和易懂的方式呈现。

3. 在线调查

在线调查是测试者与用户通过专门设计的问卷进行系统交流与数据收集的方法，可以搜集用户对于系统的体验感受信息。但是多数用户体验研究人员认为在线调查只能获取到用户对系统喜好的偏向，并不能反映一些更深层次的可用性问题。为了避免此类问题的产生，可以适量地在问卷中插入系统的原型设计图片，获取用户对页面布局、视觉吸引力和可使用性的反馈。通过在线调查可以快速地获取大量数据，对于获取导航设计、页面布局的满意度都是一种快速简单的方法。

为确保获取较多的问卷结果，一般调查问卷的设计都较为简短，并采用 Likert 五级评分法作为评分标准。在使用 Likert 尺度时,问卷上会提供例如"使用这个系统让我感到很愉悦"等陈述句,用户根据实际情况给出同意的程度。在 Likert 五级评分法中,分数越高,说明认同度就越高。持积极态度的语句给分方法是:5 表示非常满意,4 表示部分同意,3 表示既不同意也不反对,2 表示部分不同意,1 表示非常不同意。持消极态度的语句给分方法则恰好相反:1 表示非常同意,2 表示部分同意,3 表示既不同意也不反对,4 表示部分不同意,5 表示非常不同意。Nielsen 和 Levy 对关于界面设计的用户满意度进行了调查,发现五级评分法的中值是 3.6 分(持积极态度的语句)。

由此可知,在使用评分标准前,最好为评估确定一个基准点。如果需要评估一个含有多个版本的同一系统,可以通过对比哪个系统能够给用户提供更好的使用体验,确定更好的系统版本。无论采用怎样的评价标准,都应该在发放前进行试点测试,确保用户能够正确理解每一个问题并给出正确的响应。

在线调查有一个无法避免的缺点就是只能进行定量调查,无法开展定性调查。难以确定的样本数量也是影响在线调查的因素之一。如果缺少样本量,调查结果就不能代表总体的实际状况,失去了参考价值,所以足够的样本量是进行在线调查的必要条件之一。

10.4.2 基于绩效的度量

在可用性测试中,基于绩效的度量是评估系统性能和用户满意度的一种方法。绩效度量是建立在特定用户行为的基础之上获取的,用户行为以及场景或任务的使用都会影响绩效度量的准确性。通过给用户安排特定任务,并查看用户最终的完成效果才能判断任务是否成功。缺少任务,绩效度量就不可能存在,但是这并不表示可以随意地给用户设置任务,还是需要聚焦在关键或基本的任务上。

基于绩效的度量可以提供有关系统表现的定量数据,帮助开发团队了解系统在不同方面的表现,并指导他们进行改进。所以对测试人员而言,绩效度量是最有价值的工具,可以帮助开发人员更好地了解用户使用产品的实际情况。

基于绩效的度量可以包括响应时间、效率、错误率、页面加载时间和用户满意度调查。

1. 响应时间

响应时间是指系统对用户请求做出响应所需的时间。通过测量系统在不同负载下的响应时间,可以评估系统在处理用户请求时的效率。较短的响应时间通常被认为是用户体验良好的指标。

影响响应时间的因素包括系统负荷、网络带宽、服务器性能、软件版本等。这些因素都会影响系统的响应速度和稳定性。例如,在高负荷情况下,系统可能会出现响应迟缓或者崩溃的情况。在网络带宽较小的环境下,系统可能需要更长的时间来传输数据。而服务器性能较差的系统则可能会出现响应时间过长的问题。

对响应时间进行测量和评估常用的方法包括计数器、日志分析、性能测试等。这些方法可以帮助了解系统的响应时间和性能表现,从而找出可能存在的问题并及时进行优化。例如,通过计数器可以了解系统在处理不同类型请求时的响应时间,从而找出瓶颈所在。通过日志分析可以了解系统在出现问题时的运行状态,从而找出可能的原因。通过性能测试可以了解系统在不同负荷下的表现,从而制定相应的优化策略。

可以通过增加硬件资源、优化软件算法、优化网络结构等方式优化响应时间。这些方法可以帮助提高系统的响应速度和稳定性。

2. 效率

效率可以表述为熟练用户达到学习曲线上平缓阶段时的稳定绩效水平,能够通过测量用户完成任务付出的努力程度进行评估,如用户在系统中完成某项任务需要花费的时间。由于效率受用户人为因素和系统复杂程度影响,因此并不是所有的用户都能迅速达到最终的绩效水平。

对效率的度量可以采用 10.4.1 节所介绍的实验室测试,但一般需要进行用户区分,如对有经验的用户和新手用户进行度量。衡量"有经验"较为科学的方式是根据使用系统的时长进行界定。在测试前可以先召集用户,让他们花上几个小时的时间使用系统,最后再度量其操作效率,如完成特定任务需要的时间等;或者可以为用户绘制学习曲线,当发现用户的绩效水平不再有显著变化时,就认为该用户达到了稳定绩效水平。

3. 错误率

错误率是指系统在处理用户请求时产生错误的比例,通过统计错误发生的次数进行度量。通过监测系统在不同场景下的错误率,可以评估系统的稳定性和可靠性。

按照错误发生后可能带来的影响,可将其分为两类:一种是可纠正错误,一般只会影响系统的处理速度,并不会对系统造成灾难性的影响;另一种是不可纠正错误,用户一般难以察觉,并且难以恢复工作界面,对系统有灾难性的影响。第一种错误一般在效率中进行统计,所以不在此单独记录;第二种错误是评估人员需要考虑的,统计该错误的数量方便项目人员优化系统,将其发生的频率尽量降低。较低的错误率通常被视为系统表现良好的指标。

4. 页面加载时间

页面加载时间是指网页在浏览器中完全加载所需的时间。通过测量页面加载时间,可以评估系统的性能,并发现可能导致页面加载缓慢的问题。影响页面加载时间的因素主要有网络速度、服务器性能、图片和文件的大小。

针对以上影响因素,可以采取以下优化措施。

(1) 提高网络速度:通过增加带宽和优化网络架构,提高网络速度。

(2) 优化服务器:通过升级硬件和优化软件,提高服务器性能。

(3) 压缩图片和文件:通过压缩图片和文件,减小文件大小,提高页面加载速度。

页面加载时间评估对于提高可用性和用户体验至关重要。通过对网络速度、服务器、图片和文件进行优化,可以提高页面加载速度,提高用户满意度和忠诚度,为用户提供更好的体验。

5. 用户满意度调查

用户满意度调查是一种定性的度量方法,通过询问用户对系统的满意程度来评估系统的可用性。用户满意度调查可以帮助开发团队了解用户的需求和期望,从而进行相应的改进。

从任何用户角度来看,满意度度量的评价都是主观的,由于其自身携带的主观性,采用询问用户的方式进行度量显得十分合适。为降低人为因素对评价和数据带来的主观影响,可以综合多个用户的评价结果,将其折中从而获取到一个相对客观的度量。有研究表明,是否使用新系统会影响问卷的回答结果,所以对新系统的评价最好是在用户使用系统真正执行过任务之后再进行询问。满意度度量一般在用户测试结束后进行,给用户提供一份调查问卷,获取用户对系统的实际感受。可以采用 10.4.1 节中的在线调查方法进行满意度调查,降低用户面对研究人员直接进行打分产生的压力,使调查结果更加准确。

基于绩效的度量可以通过使用自动化测试工具、性能监测工具和用户调查等方法来实现。这些度量指标可以帮助开发团队了解系统在不同方面的表现,并为改进系统的可用性提供指导。同时,它们也可以作为系统发布前和发布后的基准,用于跟踪系统的改进情况和评估系统的性能。

10.4.3 基于问题的度量

在可用性测试中,基于问题的度量是一种评估用户界面或系统的可用性的方法。它涉及用户与系统交互过程中遇到的问题和困难的记录和分析。这些可用性问题可以通过观察用户行为、收集用户反馈和进行用户访谈来获得。

可用性问题是指用户在使用系统或产品时遇到的障碍、困惑或不便之处。这些问题可能导致用户体验下降,无法顺利完成任务,甚至可能导致用户放弃使用系统或产品。一些常见的可用性问题如下。

(1) 界面复杂:用户界面设计复杂、混乱或过于拥挤,使用户难以找到所需的功能或信息。

(2) 导航困难:导航结构不清晰,用户无法轻松地浏览和导航到所需的页面或功能。

(3) 功能难以理解:系统功能描述不清晰,用户无法理解功能的用途、操作方法或效果。

(4) 反馈不足:系统缺乏及时、明确的反馈,用户无法得知其操作的结果或状态。

(5) 错误处理不当:系统对用户输入的错误或异常情况处理不当,缺乏友好的错误提示或帮助。

(6) 响应速度慢:系统响应时间过长,用户需要等待很长时间才能获取结果或执行下一步操作。

(7) 文字和标签不清晰:使用模糊、歧义或专业术语的标签和文本,使用户无法准确理解其含义。

(8) 不一致性:系统在不同页面或功能之间存在不一致的设计、布局或操作方式,使用户感到困惑。

(9) 无法满足用户需求:系统未能提供用户期望的功能或无法满足其特定需求。

这些可用性问题可能会导致用户的不满、降低用户效率和体验,甚至影响系统或产品的可用性和市场竞争力。因此,识别、记录和解决这些问题是提高可用性的关键步骤。

可用性问题的获取通常是在研究中直接与参与者进行接触,一般采用的方法是面对面研究和自动化研究。

1. 面对面研究

面对面研究通过直接与受访者进行面对面的深入访谈和观察,获取详细的信息和见解,如 10.4.1 节中介绍的实验室测试就是非常好的面对面研究方法。与传统的问卷调查不同,面对面研究可以更好地捕捉到受访者的情感、语气和非语言表达,帮助研究者深入了解问题背后的原因和动机。它能够提供丰富的信息和细节,研究者可以与受访者深入交流,探究其思考过程和实际行为。面对面研究可以建立起研究者与受访者之间的信任和合作关系,这有助于受访者更加开放和坦诚地回答问题。此外,面对面研究还可以观察受访者的非语言行为和环境因素,从而提供更全面的数据。

面对面研究的实施需要有经验的研究者。首先,研究者需要设计出合适的访谈问题和场景,以充分了解受访者的需求和期望;其次,研究者需要具备良好的沟通技巧和倾听能力,能够与受访者建立起良好的关系。同时,研究者需要保持中立和客观的态度,尊重受访者的观点和价值观。

在面对面研究中,数据的收集和分析是一个关键步骤。研究者需要仔细记录和整理受访者的回答,并进行反复阅读和归纳,以发现其中的模式和主题。研究者还可以使用一些分析工具,如编码和主题分析,帮助他们理解和解释数据。

尽管面对面研究具有许多优点,但也存在一些挑战和限制。面对面研究需要耗费大量的时间和资源,因为每个受访者都需要与研究者面对面交流,这使得样本数量有限。而且,面对面研究受制于研究者的主观意识和个人经验,可能存在偏见。

尽管面对面研究存在限制,但它仍然是社会科学领域中不可或缺的研究方法之一。

2. 自动化研究

可用性测试的自动化研究是指利用自动化工具和技术来辅助执行可用性测试,并提高测试效率和准确性的研究方法。如10.4.1节中提到的在线测试方法,就是通过自动化手段来模拟用户与系统的交互过程,发现和评估系统的可用性问题。

可用性测试的自动化研究主要关注以下几个方面。

1) 自动化测试工具

研究如何开发和使用自动化测试工具,以模拟用户行为、收集用户反馈和记录问题。这些工具可以自动生成用户操作序列、执行重复性任务,并生成详细的测试报告。

2) 用户行为模拟

研究如何模拟用户在不同场景下的行为,包括页面导航、输入操作、单击行为等。通过模拟真实用户行为,可以更准确地评估系统的可用性,并发现潜在的问题。

3) 自动化脚本编写

研究如何编写自动化脚本来执行特定的用户操作序列。这些脚本可以通过脚本语言或录制回放工具来编写,以实现自动化执行和测试的目的。

4) 可用性度量和评估

研究如何自动化地收集和分析可用性数据,并生成相应的评估指标和报告。这有助于快速发现和定位系统的可用性问题,并提供有关改进的建议。

5) 自动化测试环境搭建

研究如何搭建适合可用性测试的自动化测试环境,包括模拟用户设备、网络环境和系统配置等。这有助于更真实地模拟用户使用场景,并发现与环境相关的可用性问题。

通过可用性测试的自动化研究,可以提高可用性测试的效率和准确性,减少重复性工作,加快问题发现和解决的速度。它还可以为系统的可用性改进提供更多的数据和洞察。

当获取到可用性问题后,就需要针对这些问题进行度量。基于问题的度量通常包括以下内容。

1) 问题记录

即记录用户在使用系统时遇到的问题和困难。这些问题可以是界面不直观、功能难以理解、操作冲突等。

2）问题分类

即将记录的问题进行分类，例如，界面设计、导航结构、功能实现等。因为不同类型的问题可能需要不同的评估方法和指标。例如，对于搜索引擎来说，问题的度量可以包括搜索结果的准确性、搜索时间、相关性等；而对于语音识别系统来说，问题的度量可能包括识别准确率、反应时间等。明确问题的类型和度量指标，有助于更好地评估交互效果，也有助于研究人员了解哪些方面需要改进。

3）问题严重性评估

即对每个问题进行严重性评估，通常使用一个等级系统，如高、中、低，以便能够优先解决严重的问题，针对问题的严重程度，采取相应的措施进行解决，在后面 10.5.1 节中会详细介绍。通过问题严重性评估，可以在解决问题时有针对性地制订方案，提高解决问题的效率和质量。问题严重性评估通常包括以下几个方面的内容。

（1）影响范围。

问题影响的范围是评估问题严重性的重要指标之一。如果问题只影响个别人或特定区域，并且对整体运行没有太大的影响，那么问题的严重性就相对较低；相反，如果问题涉及大范围的人或区域，并且对整体运行产生了明显的负面影响，那么问题的严重性就较高。

（2）紧急程度。

问题的紧急程度也是评估问题严重性的重要因素之一。如果问题需要立即解决，否则可能导致严重后果，那么问题的严重性就较高；如果问题可以暂缓解决，不会造成太大的损失，那么问题的严重性就较低。

（3）解决难度。

问题解决的难度也是评估问题严重性的考虑因素之一。如果问题解决起来比较容易，可以迅速找到解决方法，并且不会带来太多的困难，那么问题的严重性就相对较低；相反，如果问题解决起来非常困难，需要投入大量的人力、物力和时间，那么问题的严重性就较高。

（4）潜在风险。

问题背后存在的潜在风险也是评估问题严重性的一个重要考虑因素。如果问题的潜在风险很大，可能导致其他更严重的问题，那么问题的严重性就较高；相反，如果问题的潜在风险较小，不会引发其他严重后果，那么问题的严重性就较低。

在进行问题严重性评估时，需要综合考虑以上几个方面的内容，并进行权衡和判断。评估结果可以作为制订问题解决方案的依据，确保问题能够得到有效解决。通过问题严重性评估，可以提高问题解决的效率和质量，降低潜在风险，保障工作的顺利进行。

4）问题解决

根据问题的严重性评估结果，团队可以制订解决方案并进行改进，如可能需要修改界面设计、调整功能实现或提供更好的用户提示等。

5）问题跟踪

记录每个问题的解决情况，并追踪其在后续版本中是否得到了解决，这有助于监控系统的改进和优化。在上线之前进行一次度量评估只能反映出当时的交互效果，随着时间的推移和用户的使用，可能会出现新的问题和需求。因此，需要不断进行问题的度量和分析，及时发现问题并提出改进建议，保证交互系统的持续优化。

总而言之，问题的度量是人机交互中评估交互效果的重要方法之一。它需要明确问题的定义和分类,选择合适的评估工具和技术,并考虑用户的主观感受。问题的度量是持续进行和改进的过程,帮助优化交互系统,提供更好的用户体验。

10.5 专 家 评 估

在理想情况下,评估应该在系统开发初期进行,并且贯穿到整个设计过程中,这样可以避免出现严重的错误,降低系统开发的风险。但是在整个过程中维持用户测试是十分消耗资金的,并且也很难找到合适的用户。这时使用专家评估交互式系统就显得十分合理,既控制了成本,也能获得系统对一部分特定用户的影响,防止产生与基本认知冲突的错误。由于专家并不能代表最终使用系统的用户,所以专家评估不能评估系统的实际应用,只能评估系统是否支持公认的可用性原理。

目前主要有三种专家评估的方法:启发式评估、认知走查法和基于模型的评估方法。本章主要介绍前两种方法。

10.5.1 启发式评估

启发式评估通过专家的经验和直觉来评估其可用性和用户体验,对于快速发现问题和改进设计非常有效。

在进行启发式评估时,评估者会根据特定的启发式原则来评估系统的设计质量。例如,评估者可以根据易学性、效率、可记忆性等原则来评估一个软件界面的可用性。评估者会根据这些原则给出评分,并记录下设计中存在的问题和改进建议。

1. 评估原则

Nielsen 启发式评估 10 项原则是设计用户友好界面的重要指南。通过运用这些原则,设计师可以提高界面的可用性、易用性和用户满意度。不仅可以让用户更快速地完成任务,还可以增加用户对产品的信任感,从而提升整体用户体验。以下是其包含的设计准则。

1)可见性

要求界面上的功能和控件都能够被用户看见。通过清晰明确的标识和直观的布局,让用户能够快速找到所需的操作。

2)反馈

界面需要即时提供反馈信息,告知用户其操作的结果。例如,在提交表单后显示一个成功或错误的提示框,以保证用户知道他们的操作是否成功。

3)少量负担

设计师应该尽力减少用户的认知和操作负担。通过简化复杂的任务,保留关键的步骤,提高用户的效率和满意度。

4)一致性

界面应该保持一致,使得用户能够预测和理解其操作方式。统一的设计样式和布局可以减少用户的学习成本,并提高用户对界面的信任感。

5)错误预防

设计师应该提前考虑可能的用户错误,并通过合适的措施来预防这些错误的发生。例如,在删除敏感数据之前,界面应该询问用户是否确认操作。

6）灵活性和效率

界面应该提供给用户多样的操作方式，以适应各种用户的需求。例如，提供快捷键、上下文菜单和自定义设置等功能，提高用户的效率和满意度。

7）简洁性

界面应该简单易懂，只包含必要的信息和控件。避免过多的复杂功能和无关的干扰，让用户专注于完成目标。

8）可识别性

界面上的元素应该易于识别和理解。使用常见的符号和图标，遵循用户熟悉的模式，帮助用户快速理解界面的含义。

9）帮助文档

在需要时，为用户提供简明清晰的帮助文档或指南。这些文档应该易于访问和理解，解答用户可能遇到的问题。

10）容错性

界面应该具备一定的容错机制，可以帮助用户从错误中恢复并继续操作。例如，当用户误删除了文件时，提供撤销操作来恢复删除的文件。

理想情况下，应该有数名交互式设计专业人员对系统的界面进行检查，每个评估人员记下发现的问题和违背的启发式原则，综合评估结果就可以针对存在的问题进行系统优化。虽然 Nielsen 推荐应用这 10 条启发式原则，但是也可以根据产品的特点修改部分原则，开发符合实际产品的评估原则。

2. 评估步骤

启发式评估是一种快速、高效的评估方法，用于检查和识别用户界面设计中的问题和改进机会。可以在设计周期的早期阶段使用，以及在产品已经开发完成之后进行。启发式评估通常由一个或多个专家来执行。以下是启发式评估的一般步骤。

（1）确定评估目标。在开始评估之前，明确评估的目标是非常重要的。这可以包括确定需要评估的界面组件、功能或任务，以及期望的用户体验。

（2）选择专家评估员。选择相关领域和具有用户界面设计经验的专家来执行评估。他们可以是界面设计师、人机交互专家或相关领域的从业人员。

（3）设计评估方案。根据评估目标，制订评估方案来指导评估过程。评估方案应包括评估的指标、评估时要注意的问题，以及评估结果的报告格式。

（4）进行评估。评估员使用评估方案和专业知识，通过检查界面设计的各个方面来评估产品。他们可以使用启发式规则或准则作为参考，以揭示设计中的问题和改进机会。

（5）记录问题和改进机会。评估员记录每个发现的问题和改进机会。这些记录可以包括问题的描述、原因、严重程度和可能的解决方案。

（6）分析评估结果。评估结束后，评估员可以对评估结果进行整理和分析。他们可以将问题和改进机会按照优先级进行排序，以便后续处理。

（7）编写评估报告。评估员根据评估结果编写评估报告。报告应包括评估的目的、方法、结果摘要以及详细的问题和改进意见。

（8）提供反馈和改进建议。最后，评估员将评估报告交给设计团队或相关负责人，并提供反馈和改进建议。这些建议可以用于优化界面设计，并提升用户体验。

评估过程中发现的问题有具体的评价尺度为其标注严重性,可以根据5级或3级进行评定,如表10.2所示。

表 10.2　严重性等级评价尺度

5级制	0＝违反了可用性原则,但不影响系统使用,可以修正
	1＝仅限于外观问题:无须解决,用户容易处理
	2＝较小的可用性问题:出现较频繁,用户较难克服
	3＝主要的可用性问题:频繁出现,用户难以解决
	4＝可用性灾难:用户无法进行工作,必须在发布前解决
3级制	0＝原则或外观问题,用户容易处理
	1＝造成用户使用问题,用户可以解决
	2＝严重影响用户使用,用户无法解决

启发式评估方法的优势在于它的简单和高效。相比于用户调研和实际测试,启发式评估不需要大量的时间和资源。只需要数个专家在短时间内完成评估,就可以提供有价值的反馈。而且,由于评估者是根据自己的经验和直觉进行评估,所以他们可以快速发现一些潜在的问题,这些问题可能在实际测试中难以发现。

然而,启发式评估也存在一些限制。由于评估者的经验和直觉会对结果产生影响,所以不同的评估者可能会给出不一样的反馈。另外,启发式评估只能发现明显的问题,对于一些隐含的问题可能无法完全覆盖。因此,在使用启发式评估时,还需要结合其他方法来综合评估产品或服务的设计质量。

3. 京东商城的启发式评估实例

京东商城是中国的综合网络零售商,在中国电子商务领域颇受消费者欢迎。京东商城起初的主要目标用户群体是年轻女性,但是现在所有使用电子设备的人都可以成为它的目标用户。此次评估的主要目标是发现京东商城在进行商品搜索时出现的可用性问题和用户体验的满意度问题,帮助用户快速且无疑问地上手操作网站。由于京东商城属于购物网站,还会涉及资金安全等问题,所以是否能让用户信任网站也十分重要。评估主要围绕京东商城的核心功能——搜索商品、展示商品信息和购买商品几部分展开。评估中主要使用了表10.3中显示的10条启发式规则,下面对这些启发式规则进行详细的说明和解释。

表 10.3　京东商城评估使用的启发式规则

编号	启发式规则	编号	启发式规则
1	清晰的导航	6	指向本页面的链接
2	易用性	7	一致性
3	及时地反馈	8	最小化设计
4	减轻用户记忆负担	9	积极应对错误
5	尽量避免错误	10	清晰易用的搜索功能

1)清晰的导航

导航信息描述清晰,用户无论从何处进入页面都能了解到当前所处位置,并能方便、快捷地抵达站点中的其他页面。

2)易用性

界面的设计和功能应能满足用户的需求,并且用户能够轻松地理解和操作系统,不产生错误和疑惑。

3）及时地反馈

用户进行操作后系统应迅速给出反馈信息，以便用户了解他们的操作是否成功或者系统是否正在处理他们的请求。

4）减轻用户记忆负担

在内容较多的情况下，区分已访问与未访问的链接，使用户能够更轻松地使用系统而无须过多地依赖记忆。

5）尽量避免错误

避免无效链接和错误链接，所有页面及程序应该在上传之前进行详尽的测试。

6）指向本页面的链接

用户会误以为该链接指向新地址，单击之后会使用户感到迷茫。

7）一致性

页面布局、主色调、导航位置等信息保持一致，常用操作应有快捷方式。

8）最小化设计

图标应能让用户清楚明白图标本身的功能和作用。

9）积极应对错误

发生错误时的提示信息要易于理解，要提供解决错误的推荐方法。

10）清晰易用的搜索功能

使用户在丰富多样的资源中轻松找到所需信息。

评估共邀请了4名专家，其中两位对此类购物网站有一定的了解，另外两位从未使用过该类网站。在评估过程中每位专家对两条启发式规则进行核查，然后再合作评估剩余的两条启发式规则，最后通过小组协商确定列举问题的严重程度。

为更好地针对每个问题做出不同侧重的修改，评估中同时考虑了问题的严重程度以及问题的发生率等相关因素。

解决所有的可用性问题通常是不太现实的，因此可以考虑对这些问题进行优先级排序。在发现设计中的问题后，根据问题的严重程度判断是否需要进行修正。问题的严重等级是与问题发生的频率、用户克服困难的难易程度以及问题的发生率相关。其中，发生率指是否可以一次解决，还是每次完成任务都需要用户进行操作。严重性评价是指将界面上发现的可用性问题清单发给一组可用性专家，通过他们评价每个问题的严重性以获得结果。

为了更好地区分评估中发现问题的优先级，此次评估中采用的可用性问题严重性评价标准见表10.4。

表 10.4 可用性问题严重性评价表

严重等级值	评价标准
0	这根本不是一个可用性问题
1	只是一个表面可用性问题：除非项目有额外时间，否则不必纠正
2	轻微的可用性问题：纠正这一问题的优先级较低
3	重要的可用性问题：需要重视该问题的纠正，应当给予高优先级
4	可用性灾难：在设计提交之前必须要考虑的严重的可用性问题

在提出修改建议时这些分数很有用，要先解决分数高的可用性问题。

评估中共发现了49个潜在的可用性问题，在表10.5中列出了其中5项的详细信息。

由评估结果可知,京东商城违反较多的是减轻用户记忆负担的规则,说明用户在使用网站时需要经常回忆自己的操作序列,增加用户学习成本。尽管这些问题对经常使用网站的用户而言比较容易解决,但为扩大目标群体,仍然需要对网站做出一些修改。由于文章篇幅的问题,这里不对所有的问题进行详细讨论,仅简要列举问题 1 和问题 3 的实例。

表 10.5　发现的京东商城界面可用性问题及改进建议

编号	问题描述	严重等级	违反规则	改进建议
1	部分下拉框难以察觉	2	3	将下拉框内容进行字体、颜色等的调整
2	鼠标悬停时提示不够	1	4	采用高亮、添加阴影等方式突出选中商品信息
3	未区分已访问和未访问的链接	3	3、4	将被访问的链接进行字体、颜色等的调整
4	底部链接跳转与网站说明未做区分	3	5	将网站说明与链接放置在不同的位置,或改变字体、颜色等内容
5	关键功能难以察觉	4	2	突出关键功能位置或将关键功能放置在人眼容易察觉的位置

首先,在问题 1 中,评估人员发现,当使用商品搜索界面的筛选功能时,鼠标悬停时就会出现属于该类别的筛选内容,如图 10.1 所示,可以看出筛选内容的字体大小、颜色与上方的其他商品介绍一致,筛选内容的边框也不易察觉,容易让用户产生疑问。该问题被认定为一个表面可用性问题,因为用户在选购商品时倾向选择自己喜欢的,筛选功能的使用率较高。浏览商品界面时的注意力容易被分散。因为京东商城的筛选类别较多,反应速度较快,用户通过多次尝试便可掌握正确操作,所以该问题只在项目有额外时间时才进行修改。

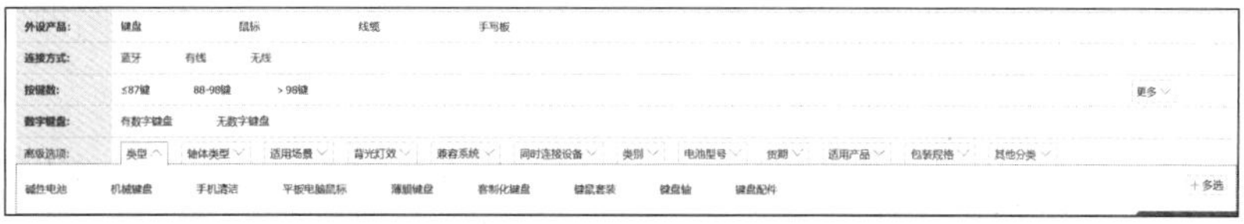

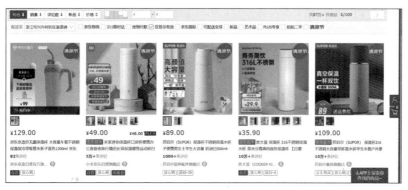

图 10.1　京东商城搜索商品页面的不足

其次,在问题 3 中,京东商城的商品界面存在一个普遍性的问题:不区分已访问和未访问的商品信息。当用户查看一部分商品后,整个商品界面仍然是用户最初访问的状态,如图 10.2 所示,访问过"米家迷你保温杯"的商品界面与其他的商品无任何区别。

图 10.2　京东商城保温杯搜索结果界面

253

这一现象违反了第 3 条和第 4 条启发式规则：区别访问与未访问商品，及时给出用户反馈，降低用户记忆负担。通过区分访问与未访问的商品，给出用户操作对应的反馈，可以减轻用户的记忆压力。既能帮助新手用户熟悉操作流程，也能帮助专家用户快速锁定目标商品。

10.5.2 认知走查法

认知走查法(Cognitive Walk-through)是由 Lewis 等针对一个用户信息浏览查询应用系统提出的，后来被拓展到交互式系统当中的一种软件测试方法。它通过人们在现实世界中的行为来测试软件系统。

1. 认知走查法涉及的步骤

认知走查法通常涉及以下步骤。

1）定义场景

确定人们在现实世界中可能会遇到的各种场景，例如，输入错误的日期、用户注册、购物等。

2）执行测试

使用各种不同的输入数据，包括有效的数据、错误的数据、边界情况等，来模拟人们在实际使用软件时可能会遇到的各种情况。

3）分析结果

观察系统在不同输入下的反应，记录下所有出现的错误和异常情况，并根据这些结果生成测试报告。

在检查上述步骤时，分析师一般需要对每一个单独步骤提出以下几个问题。

(1) 用户操作行为的结果与其目标是否一致？

(2) 用户能否较为容易地注意到正确的操作？

(3) 用户能否意识到正确操作与自身目标之间的联系？

(4) 用户执行正确操作后能否看到整体活动目标的完成进度？即反馈是否易于理解？

除了上述几个主要的问题，还可以参照表 10.6 中列出的可能影响用户使用的部分情况，以帮助评估人员发现更多的问题，避免在用户使用时才发现此类问题。

表 10.6 认知走查的核对清单

现　　象	存在的问题及解决思路
缺少明确说明	用户不知道通过哪一步将任务进行下去。需要为用户提供每一个信息（分类、描述和具体进度），或者重新构思如何实现这个功能
隐藏的功能	是否存在很难或不可能找到的功能，或是否将本应放置在顶端的功能隐藏。可以检查系统信息架构
用户无法看到按钮	关键控件难以被用户发现。从可视性重新考虑界面布局和视觉层次
用户无法获得反馈	当用户进行某项操作时不知道其是否真的发生。添加充分的反馈
用户不知道其所处的位置	用户不清楚自己处于系统的某处或如何返回。考虑信息架构和导航
死循环	用户无法退出当前状态。可能是任务流出现了问题
数据去向不清晰	用户不清楚自己的基本信息去向，若数据丢失会导致用户不信任系统
完成任务的步骤太烦琐	用户需要多次进行单击，重要功能被埋没，降低完成效率。需要重新设计框架或任务流

如果其中有任何问题是否定的,应该使用标准的反馈表将其记录下来,并标明系统详情、系统版本号、评估时间和评估人员姓名。认知走查的记录工作非常重要,是否可行都应该记录在案。由于发现错误的时间越滞后,纠错费用越高,更正的可能性也越小,如果在系统初期设计阶段采用认知走查法,那么应该组建分析师和系统设计师团队来负责整个过程。

2. 认知走查法的主要优缺点

认知走查法的主要优点是可以深入了解人们在使用软件时可能会遇到的问题,从而及早发现和修复错误,且在不需要用户参与和可运行的原型的条件下找出具体的问题。这种方法还可以帮助测试人员更好地理解用户需求,提高测试的准确性和质量。认知走查法的缺点是需要耗费大量的时间成本和人力成本,因为需要不断地进行测试和记录。认知走查法需要测试人员具备一定的想象力和创造力,以便模拟各种真实场景和输入数据。另外,这种方法往往需要大量的样本数据和测试用例,以便全面覆盖各种情况。

3. 认知走查法实例

下面用一个认知走查法实例来说明走查法是如何工作的。设想用户是第一次使用小红书招聘主页的应届毕业生,想要投递技术相关的职位。如图 10.3 所示是小红书招聘网页的初始界面设计。假设该用户经常使用互联网产品,使用过实习僧网站寻找过实习工作,但对该网站并不熟悉。

图 10.3　小红书招聘网站主页

走查的下一步是确定这项任务的行为序列。正确的交互行为如下。

(1) 单击"校园招聘"。

在这一步骤中,对问题(1)用户的目标就是确定是否存在技术相关的职位招聘信息,这对求职者来说是很常见的问题;对问题(2)上边栏"校招职位"突出显示,位于顶部导航的第三项;对问题(3)"校园招聘"的描述与用户目标基本一致;对问题(4)界面的响应速度很快,但是该界面并没有突出界面标题,都显示"首页"容易使用户产生混淆(见图 10.4)。

(2) 单击"校招职位"。

在这一步骤中,对问题(1)用户的目标没有改变,只是还未达到用户目标;对问题(2)上边

图 10.4　小红书"校园招聘"主页

栏"校招职位"突出显示,处于导航栏的第二项;对问题(3)"校招职位"的描述与用户目标一致,页面上部有搜索及筛选栏,提示可在搜索栏中输入职位关键词进行搜索,可通过单击"职位类型"或"工作地点"进行筛选,页面主体是职位列表,包括职位名称、职位类型、工作地点、更新时间;对问题(4)界面载入速度很快,新页面标题与用户所做的操作相对应(见图 10.5)。

图 10.5　小红书"校招职位"页面

(3) 输入"开发工程师"并按 Enter 键。

在这一步骤中,问题(1)未发生改变;对问题(2)导航未发生改变,但下方内容与用户搜索相符;对问题(3)"开发工程师"与用户目标相吻合,列出了与"开发工程师"相关的众多职位;对问题(4)新页面载入很快,但是位置比较隐蔽,需要用户向下滑动鼠标才可发现(见图 10.6)。

(4) 单击"[24 届正式批]前端开发工程师-企业效率"。

在这一步骤中,问题(1)仍然未发生变化;问题(2)的操作是可见的,在"职位名称"的第一项;对问题(3)招聘信息与用户目标匹配度较高,用户可以查看该技术岗的具体信息,结

图 10.6　小红书"开发工程师"职位招聘页面

合自身情况思考是否投递简历；对问题(4)页面载入信息很快,且突出了界面标题和内容,很好地响应了用户做出的操作(见图 10.7)。

图 10.7　小红书"[24 届正式批]前端开发工程师-企业效率"介绍页面

（5）单击"投递简历"。

在此次步骤中，4个问题的结果都是显而易见且令人满意的，用户只需填写信息即可完成递交职位申请的需求，如图10.8所示。

图 10.8　小红书"投递简历"页面

通过以上步骤，可以发现在第（2）步和第（3）步中存在一些潜在的可用性问题，需要对页面的任务流和布局进行一定的修改。

思考与实践

1. 名词解释。

(1) 用户满意度。

(2) 预测性评估。

(3) 绩效。

(4) 启发式评估和认知走查法。

2. 什么是评估？为什么评估在交互设计中如此重要？

3. 评估的原则有哪些？

4. 启发式评估有哪些局限性？适用场合是什么？

5. 请以给出的案例为例，详细分析评估的过程、方法和结果。案例背景：拼多多推出了"多多买菜"的新模块，请使用认知走查法评估其是否能提高消费者使用拼多多的频率。

第11章　人工智能

11.1　引　　言

人工智能(Artificial Intelligence,AI)是计算机科学的一个分支领域,旨在使计算机系统具备类似于人类思维、感知、推理和行为的能力。自20世纪50年代以来,随着计算能力的不断提升和算法的创新,人工智能技术正在逐步实现许多令人难以置信的成就,涵盖了诸多子领域,推动了人机交互技术和交互方式的不断革新。

本章将探讨人工智能技术的原理、方法与应用。首先,介绍人工智能的基本概念和发展历程。其次,详细介绍人工智能的核心技术,包括机器学习、深度学习、自然语言处理和计算机视觉等。通过剖析这些技术的原理和应用,读者将能够理解人工智能技术的工作原理及其在人机交互领域的应用场景。

本章还将探讨人工智能在不同领域的应用,如医疗、金融。此外,还将介绍人工智能在智能交通、智能制造、教育等领域的应用案例,以展示人工智能技术在不同领域中的潜力和价值。

通过本章的学习,读者将了解人工智能技术的基本原理和方法,及其在不同领域的应用。将通过实际案例和应用场景,帮助读者理解人工智能技术的实际应用和潜在挑战。同时,还将讨论人工智能的伦理和社会影响,探索如何在推动科技发展的同时确保人工智能技术的合理和可靠地应用。希望通过本章的学习,读者能够更好地理解和应用人工智能技术,推动智能交互技术的发展。

本章的主要内容包括:
- 概述人工智能技术。
- 介绍计算机视觉和界面设计。
- 介绍面部表情识别技术及其在机器人上的应用。
- 阐述生成式人工智能与人机交互的原理和应用。

11.2　人工智能技术简介

人工智能是一种模拟人类智能的科学与技术,主要包括机器学习、深度学习、自然语言处理、计算机视觉等。其中,机器学习是人工智能领域最核心的技术之一,它通过分析大量数据并自动发现规律,使计算机系统能够自主地进行学习和改进。在人机交互领域,机器学习技术通过用户建模,为每位用户提供独特而个性化的服务和体验、使用户在数字世界中获得更加贴合自身需求的体验。而深度学习是机器学习的一种，它利用神经网络模型来模拟人类神经系统的结构和功能，以实现更加精准和高效的学习和推断。

自然语言处理（Natural Language Processing，NLP）是人工智能技术的另一个重要领域，旨在让计算机能够理解、处理和生成人类语言的交叉学科领域。它探索了如何使计算机能够像人类一样理解和使用语言，从而实现更自然、更智能的人机交互。在如今信息爆炸的时代，NLP 技术正日益成为人工智能的核心，赋予了计算机与人类进行沟通和交流的能力。计算机视觉则是研究如何让计算机系统具备类似于人类眼睛的感知能力，旨在让计算机能够理解和处理图像和视频中的信息。在人机交互中，计算机视觉的应用为界面设计带来了革命性的变革，使交互方式更加直观、智能，为用户提供了更丰富的体验。

人工智能应用场景广泛，如智能客服、智能家居、智慧城市、智能制造、医疗健康等。智能客服可以通过自然语言处理技术，理解并回答用户的问题，提高用户体验和服务质量。智能家居可以通过人工智能技术，实现智能控制、远程监控、自动调节等功能，提高家居生活的便利性和舒适性。智慧城市则利用人工智能技术实现城市管理的智能化和精细化。智能制造可以让制造过程更加自动化、智能化，提高生产效率和产品质量。医疗健康方面，人工智能技术可以帮助医生进行疾病诊断和治疗，提高医疗水平和效率。

未来，人工智能技术还将继续快速发展，并将在更多领域得到广泛应用。随着技术的不断进步和应用场景的不断拓展，人工智能将会在更多领域发挥重要作用，为社会带来更多的变革和发展。

11.3　人工智能与人机交互

人工智能是指计算机系统通过模仿人类智能，实现类似人类思维和行为的能力。而人机交互则是研究人类与计算机之间交互的过程，旨在提供更直观、高效、友好的用户体验。这两者之间的关系密切，相互促进，正推动着人类进入一个智能化互动的新时代。

1. 机器学习与用户建模：个性化智能的崭新时代

随着科技的迅猛发展，机器学习作为人工智能领域的重要分支，正引领着人类走向一个充满个性化、智能化的未来。机器学习的基本原理是通过数据分析和模式识别，使计算机能够从大量的数据中学习，并根据学习到的规律进行预测和决策。在人机交互领域，机器学习扮演着不可或缺的角色，特别是在用户建模方面。

用户建模是指通过分析用户的行为、偏好、历史数据等信息，为每位用户建立一个个性化的模型，从而为其提供定制化的服务和体验。机器学习通过分析大量用户数据，能够识别出用户的兴趣、习惯、喜好等信息，从而更好地理解用户的需求。例如，智能推荐系统便是一个典型的应用。通过分析用户过去的浏览、点击、购买记录，系统可以精准地预测用户的喜好，从而向其推荐最相关的内容，如淘宝的商品推荐、QQ 音乐的音乐推荐。

机器学习为用户建模带来了个性化定制服务的可能性。在过去，人们只能面对相同的信息和服务，而现在，机器学习技术使每个人都可以获得独一无二的体验。无论是购物、娱乐、新闻还是学习，都可以根据个人的兴趣和需求进行量身定制。这不仅提高了用户满意度，也促进了商业和媒体产业的进一步发展。

然而，机器学习在用户建模中也面临一些挑战。隐私问题是一个重要的考量。为了进行用户建模,系统需要收集大量的用户数据,但随之而来的是用户隐私泄露的风险。此外,过度依赖机器学习的个性化推荐可能导致信息茧房效应,使用户只接触与其兴趣相符的信息,而忽略了其他可能的视角。

尽管面临挑战,机器学习在用户建模领域的前景仍然广阔。随着技术的不断进步,人类可以期待更加智能化的个性化服务。同时,为了解决隐私问题,研究人员和技术公司正在努力开发更安全、更透明的数据收集和处理方式,以平衡个性化和隐私保护之间的关系。

机器学习与用户建模正引领着人机交互的新潮流。通过分析用户数据,提供个性化的服务,机器学习正将人类引向一个更智能、更个性化的交互时代。然而,也需要关注隐私和信息茧房效应等问题,以确保技术的良性发展,为用户创造更美好的未来。

2. 自然语言处理与对话:赋予计算机智能交流的魔法

随着科技的不断进步,自然语言处理正逐渐成为人机交互领域的璀璨明珠。NLP 技术使计算机能够理解、处理和生成人类语言,从而实现更自然、更智能的对话界面。在这个数字化时代,智能助手如天猫精灵、小度以及 ChatGPT 等正通过 NLP 技术,为人类创造出崭新的交互体验。

NLP 是人工智能的一个分支,旨在使计算机能够像人类一样理解和处理语言。这一领域涵盖了诸多任务,包括文本分析、情感识别、机器翻译、问答系统等。NLP 的核心任务之一是自然语言理解,即使计算机能够从文本中提取出意义、上下文和语义关系。同时,NLP 还包括自然语言生成,使计算机能够根据语言规则和语境生成自然流畅的文本。

NLP 技术在实现自然对话界面方面发挥了巨大作用。通过 NLP,计算机可以理解用户的语音或文本输入,并根据其意图提供相应的回应。智能助手成为 NLP 应用的杰出代表。用户可以通过与智能助手交谈来获取信息、执行任务、解答问题,这使人与计算机之间的交流更加自然、便捷。

智能助手从最初的文本指令发展到了今天的语音识别和自然对话。天猫精灵、小爱同学、小度等都是通过 NLP 技术实现了智能对话界面。这些助手不仅能够理解用户的指令,还能够根据上下文进行推断,提供更加智能化的回应。此外,随着生成式 AI 的发展,一些聊天机器人如 ChatGPT 能够进行更加自由流畅的对话,仿佛与人类进行真实的交流。

尽管 NLP 技术取得了巨大的进展,但仍然面临着挑战。语言的多义性、上下文理解和文化差异等问题依然存在。同时,保护用户隐私、避免误导性信息和提高对抗攻击能力也是 NLP 领域亟须解决的问题。然而,随着深度学习等技术的发展,NLP 正逐渐克服这些挑战,向着更加智能、人性化的方向迈进。

NLP 技术不仅在个人生活中发挥着重要作用,还在商业、医疗、教育等各个领域产生了深远的影响。自然对话界面的普及将使计算机能够更加贴近人类需求,提供个性化、定制化的服务。在医疗领域,NLP 技术可以帮助医生更快速地获取医学文献信息,辅助诊断和治疗决策。

自然语言处理技术的发展为人机交互开辟了新的天地,使计算机能够与人类进行更自然、更智能的对话。智能助手、聊天机器人等应用正通过 NLP 技术为人类带来更便捷、更智能的生活体验。尽管还面临挑战,NLP 技术的不断发展将在未来为人类创造更加智能、人性化的数字世界。

3. 计算机视觉与界面设计：创造沉浸式交互体验

计算机视觉技术作为人工智能的一个重要分支，正逐渐改变着人机交互的方式，让计算机不仅能够理解图像和视频中的内容，还能够与用户更加直观、自然地交互。在当今数字化时代，计算机视觉的应用已经赋予了界面设计新的可能性，实现了更加沉浸式的交互体验。

计算机视觉是一门涵盖图像处理、模式识别和机器学习等多学科的领域。通过使用摄像头、传感器和图像处理算法，计算机可以理解和解释图像和视频中的内容。这包括物体识别、目标跟踪、面部表情分析等任务，使计算机能够模拟人类的视觉感知能力。

计算机视觉技术为界面设计带来了革命性的改变。通过将计算机视觉融入界面设计，可以实现更加直观、自然的交互方式。增强现实技术便是一个典型的例子。增强现实技术能够将虚拟信息与真实世界融合在一起，为用户创造出一种丰富的沉浸式交互体验。通过智能设备如 AR 虚拟试衣镜或 AR 眼镜，用户可以在现实环境中看到叠加的虚拟信息，例如，虚拟物体、模拟效果等。这为教育、娱乐等领域带来了全新的交互方式。

尽管计算机视觉技术在界面设计中取得了重要进展，但仍然面临一些挑战，如识别准确性和速度。计算机视觉需要处理大量的图像和视频数据，需要高效准确的算法来实现实时性能。计算机视觉技术为界面设计带来了前所未有的可能性，使人机交互更加直观、自然、沉浸式。手势识别、增强现实等应用正逐渐改变着人类与技术互动的方式。尽管仍然存在挑战，但随着技术的不断发展，计算机视觉将继续推动着界面设计的创新，为用户创造更加丰富多彩的交互体验。

4. 面部表情识别与机器人：情感交流的桥梁

在人类社会中，情感交流是相互理解和连接的重要方式之一。随着科技的进步，面部表情识别技术逐渐成为人机交互领域的研究热点。这项技术使计算机能够分析人类的面部表情，从中获取情感和状态信息。尤其在与机器人的互动中，面部表情识别技术正发挥着重要作用，为人机交互增添了一层更加人性化、情感丰富的维度。

面部表情是人类情感和情绪的重要表达方式之一。面部表情识别技术利用计算机视觉和模式识别等技术，通过分析人脸上的肌肉运动和特征变化，识别出不同的表情，并将其映射到情感和情绪上。通过训练算法，计算机能够判断出人类的愉快、悲伤、愤怒、惊讶等情感状态，如图 11.1 所示。

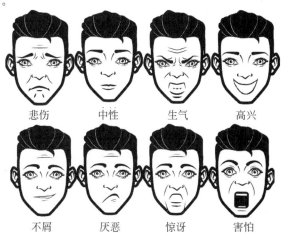

悲伤　　　中性　　　生气　　　高兴

不屑　　　厌恶　　　惊讶　　　害怕

图 11.1　面部表情识别结果

面部表情识别技术在人机交互中具有广泛的应用前景。特别是在与机器人的互动中，这项技术可以赋予机器人更好的情感理解和交流能力。通过识别用户的面部表情，机器人可以判断出用户当前的情感状态，从而调整自己的回应和行为。例如，如果机器人察觉用户的表情为沮丧，它可以提供安慰或鼓励的话语，以增强用户的情感体验。

面部表情识别技术的应用不仅可以提升用户体验，还可以建立更深入的情感连接。在娱乐和教育领域，机器人可以根据用户的情感状态调整内容和互动方式，使用户更加投入和参与。在医疗领域，面部表情识别技术也可以用于评估患者的情感状态，为医生提供更全面的信息，以支持诊断和治疗。

然而，面部表情识别技术也面临着一些技术挑战和道德考量。首先，不同人的面部表情可能因文化、性格等因素而有所差异，识别准确性需要不断提高。此外，隐私问题也是一个重要的考虑因素。收集、存储和分析用户的面部信息涉及隐私保护问题，需要制定相应的法律和伦理规范。

面部表情识别技术的不断发展将为人机交互带来更加丰富和深入的情感交流。随着算法的改进和硬件的进步，面部表情识别技术的准确性和实时性将不断提升。同时，也需要积极探讨和解决隐私和伦理等问题，确保技术的健康发展。

面部表情识别技术正在将人机交互推向一个更加情感丰富、自然流畅的层面。在与机器人的互动中，它为机器人赋予了情感感知和情感回应的能力，使交流更加人性化。尽管面临挑战，随着技术的发展，面部表情识别技术有望成为人机交互领域的一颗明星，为人类创造更加亲切、深入的人机连接。

5. 生成式 AI 与人机交互：创新的合作与沟通方式

生成式 AI 技术作为人工智能领域的一大突破，不仅赋予计算机创造性和表达能力，也为人机交互带来了全新的维度。这项技术可以创造出文本、图像、音频等多种内容，不仅能够用于创意合作，如艺术创作和故事写作，还可以扩展人类与计算机之间的交互方式，为用户创造更加丰富多彩的体验。

生成式 AI 技术基于深度学习等方法，可以从大量的训练数据中学习到模式、规律和风格，然后使用这些模式来创造新的内容。例如，自然语言生成模型可以根据训练数据的语法和语义规则，创造出与人类自然语言类似的文本。图像生成模型则可以通过学习不同物体的特征，创造出逼真的图像。

生成式 AI 技术为创意合作带来了新的可能性。在艺术、音乐、文学等领域，人类与生成式 AI 可以进行创意性的合作。艺术家可以利用生成式 AI 创造出新颖的图像、音乐和视频，甚至可以与 AI 进行"对话"，共同创造出令人惊叹的作品。此外，故事写作也是一个重要的应用领域。生成式 AI 可以根据给定的情节和设定，创造出情节连贯、生动有趣的故事。

生成式 AI 技术还可以扩展人类与计算机的交互方式，创造更加丰富的体验。例如，与智能助手进行对话时，生成式 AI 可以为对话添加更多的个性化和趣味性，使交互更加生动有趣。此外，生成式 AI 还可以用于虚拟世界的创造，如虚拟游戏世界、虚拟现实环境等，为用户带来沉浸式的体验。

OpenAI 的 GPT-4 是一款生成式 AI 模型，被广泛应用于创意合作领域。它可以生成与输入相符的文本内容，例如，写作文章、诗歌、代码等，也可以对用户提出的疑问进行解释。

生成式 AI 技术的不断发展将为人机交互领域带来更多惊喜和创新。随着技术的成熟,可以预见更加智能、有趣、富有创意的交互体验。同时,也需要认真思考技术发展的伦理和社会影响,确保技术的应用符合社会价值和道德标准。

生成式 AI 技术正在改变着人机交互的方式,为人类带来了创新的合作和沟通方式。从创意合作到交互体验,生成式 AI 都在扩展人类与计算机之间的互动领域。尽管仍然存在一些挑战,随着技术的不断发展,可以期待更加多彩和丰富的人机交互未来。

总体来说,人工智能与人机交互紧密相连,共同塑造了未来智能互动的面貌。通过机器学习、自然语言处理、计算机视觉、面部表情识别以及生成式 AI 等技术,人类正迈向一个更智能、更贴近人类需求的交互时代。这将极大地改善人类与技术的互动体验,使人机界限逐渐模糊,打造出更加智能化、人性化的未来。

11.4　机器学习与用户建模

随着人工智能技术的迅速发展,机器学习成为人工智能领域的核心。机器学习使计算机能够从数据中学习,并根据学习到的知识做出预测和决策。而在人机交互领域,机器学习不仅可以用于优化系统性能,还能够通过用户建模来构建个性化的数字人物角色,为用户创造更贴近需求的交互体验。

11.4.1　机器学习的崛起与应用:赋能智能决策和创造力

随着现代科技的飞速发展,人工智能成为引领科技创新的一股巨大势能。在 AI 的众多分支中,机器学习(Machine Learning,ML)凭借其独特的学习能力和适应性,正逐渐崭露头角,成为 AI 领域的一颗璀璨明珠。本节将对机器学习进行深入剖析,探讨其基本原理、核心应用领域以及对未来社会的影响。

机器学习是人工智能的一个重要分支,旨在赋予计算机自我学习的能力,使其能够从数据中提取模式、规律和知识,从而优化预测和决策能力。与传统的编程方式不同,机器学习算法通过数据驱动,自动调整模型参数,从而逐步提升性能。这种学习过程类似于人类从经验中不断总结规律,不断提高自己的能力,如图 11.2 所示。

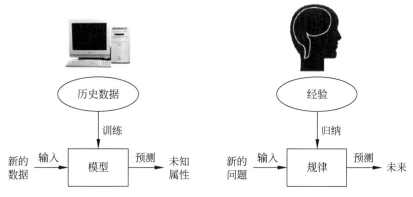

图 11.2　机器学习与人学习的比较

在机器学习中,数据是至关重要的资源。算法通过对大量的数据进行训练,逐渐学习数据中的模式和关系。常见的机器学习算法包括监督学习、无监督学习和强化学习。监督学习是最常见的机器学习类型,它利用已知结果的数据进行训练,以预测新数据的结果,其中包括决策树、支持向量机(SVM)、神经网络等。决策树在医疗领域被用于诊断,支持向量机用于图像分类,而神经网络在语音识别和自然语言处理中有广泛应用;无监督学习这类算法一般通过寻找数据中的相似性和结构,进行数据聚类和降维,例如,K 均值聚类和主成分分析(PCA)。这些技术在市场分析、社交网络分析等领域具有重要作用。强化学习则模拟智能体与环境的互动,通过试错来优化决策策略,AlphaGo 就是一个成功的例子,如图 11.3所示,目前,它已在自动驾驶、游戏开发等领域展现出巨大潜力。

图 11.3　AlphaGo

机器学习广泛应用于各个领域,为解决复杂问题提供了新的思路和方法。在图像识别领域,机器学习可以训练模型识别物体、人脸等图像特征,如"支付宝",它是中国领先的移动支付平台,广泛应用了人脸识别技术,将用户的面部特征与账户绑定,实现了快速、便捷的支付方式。用户只需将手机摄像头对准自己的脸部,即可完成支付验证。这不仅提高了支付的安全性,还加速了支付过程,为用户带来了更好的体验。除此之外,基于深度学习的医疗影像诊断系统能够分析 X 射线、CT 扫描等影像,辅助医生进行疾病诊断,如图 11.4 所示。此外,智能健康监测设备还可以通过机器学习分析个体数据,提供健康建议和预测。

在自然语言处理领域,机器学习可以构建语言模型,进行文本生成、情感分析等,如"小爱同学",它是小米推出的人工智能助手。"小爱同学"基于自然语言处理和语音识别技术,用户可以通过语音指令与设备交互,如发送信息、提醒日程等。它目前在国内非常流行,不仅可以控制小米设备,还能回答问题、播放音乐等;并且,它融入了本地化的语言和文化元素,更好地适应了中国用户的需求。

在推荐系统领域,机器学习可以分析用户行为,实现个性化推荐,如在互联网广告推荐系统。在互联网广告领域,推荐系统使用机器学习算法分析用户的浏览历史、搜索行为等信息,为用户呈现个性化的广告内容。例如,阿里巴巴的推荐算法能够根据用户的购物历史和兴趣,为用户推荐最相关的商品广告,提高了广告的点击率和转化率。"淘宝网"个性化推荐规则如图 11.5 所示。

随着机器学习在各领域的应用不断深入,其对社会产生的影响也越来越显著。首先,机

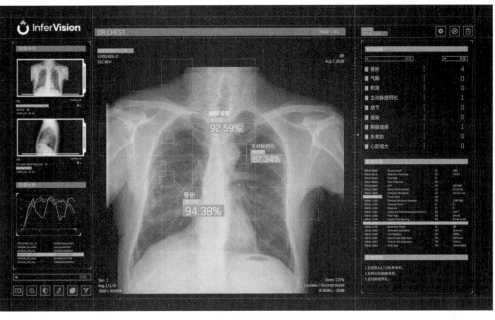

图 11.4　医疗影像诊断系统

个性化推荐

为向您提供更便捷、更优质、个性化的商品及服务，提升您的购物体验，我们会基于如下必要的信息向您提供商品或服务的个性化推荐和展示：您在访问或使用淘宝平台网站或客户端时的服务日志，包括浏览记录、点击查看记录、搜索查询记录、收藏、添加至购物车、交易、售后、关注分享信息、发布信息，以及IP地址、浏览器类型、电信运营商、使用语言、访问日期和时间。您所使用的设备相关信息，包括设备型号、操作系统版本、设备设置、MAC地址及IMEI、IDFA、OAID等设备标识符、设备环境、移动应用列表等软硬件特征信息；设备所在位置相关信息（包括您授权的GPS位置以及WLAN接入点、蓝牙和基站等传感器信息）。我们会基于以上信息提取您的偏好特征，并向您推荐您可能感兴趣的商品、服务或其他信息。

如果您不想看我们为您推荐的商品或服务等信息，您可以通过长按被推荐的商品或服务图片，在随后出现的弹窗中根据提示选择屏蔽类似商品或者屏蔽商品或服务所属的类目。

个性化推荐

开启后将展示个性化推荐，提升您浏览和购物体验。

图 11.5　"淘宝网"个性化推荐规则

器学习为决策提供更多智能化的选择,使医疗、金融、交通等领域的决策更加准确和高效。其次,机器学习在创造力领域也崭露头角,例如,艺术创作、音乐生成等,为人类创造力注入了新的元素。然而,随之而来的也是一系列的挑战,如数据隐私问题、算法公平性等,需要社会共同努力解决。

机器学习作为人工智能领域的重要分支,其发展前景令人充满期待。随着数据规模的不断扩大和算法的不断优化,机器学习的性能将会更加出色。未来,有理由相信,机器学习将在医疗、教育、环保等各个领域发挥更大的作用,为人类创造更美好的未来。

总而言之,机器学习作为人工智能领域的一个重要分支,通过数据驱动的方式使计算机具备自我学习的能力,其在图像识别、自然语言处理、推荐系统等领域的应用,为社会带来了智能化的决策和个性化的体验。然而,机器学习的发展也需要克服诸多挑战,如保障数据隐私和算法公平性。随着技术的不断进步,可以期待机器学习在未来能够创造更大的价值,为人类社会带来更多的可能性。

11.4.2 用户建模与个性化体验:定制化交互的智能引擎

在数字化时代,人机交互不再只是简单的信息传递,而是通过个性化的方式为用户创造出更丰富、更贴近需求的体验。这种个性化体验的实现离不开用户建模,这一重要概念将机器学习技术与人机交互紧密结合,使计算机能够更好地理解和满足用户的需求。本节将深入探讨用户建模的意义、方法以及其在创造个性化体验方面的应用。

用户建模是将机器学习引入人机交互领域的核心概念之一。它意味着不再将用户视作单一的群体,而是将每位用户视作独特的个体,拥有独特的偏好、需求和行为。通过收集和分析用户的行为数据、历史记录以及反馈,系统可以构建一个关于每位用户的模型,从而更准确地预测其喜好,为其定制化地提供服务和体验。

用户建模的过程涉及多个环节,从数据收集到模型构建再到个性化服务的提供。首先,系统需要收集大量的用户数据,这包括用户的单击记录、浏览历史、购买行为、社交互动等。然后,通过机器学习算法,系统可以从这些数据中发现用户的行为模式、偏好和兴趣,构建出用户模型。最后,系统可以根据用户模型,为用户提供个性化的推荐、建议和信息。

在这个过程中,主要有两种机器学习算法。一种是协同过滤算法,它利用用户历史行为和兴趣,发现具有相似兴趣的用户,并根据他们的喜好进行个性化推荐。典型案例是腾讯视频的电影推荐系统,它基于用户的观看历史和评分,为用户推荐可能感兴趣的影片,提升用户满意度。另外一种是通过用户画像,它一般利用用户的基本信息、行为数据和社交媒体等数据,构建出用户的综合特征,从而更准确地了解用户需求。例如,新浪微博通过分析用户的关注、发布内容等,为用户推荐更相关的内容和用户。

用户建模为创造个性化体验提供了有力支持。通过了解用户的喜好和需求,系统可以为每位用户量身定制出最合适的内容和服务。在电商领域,用户建模可以实现个性化推荐,使用户更容易找到符合其口味的商品。例如,中国的电商平台,如淘宝和京东,通过分析用户的购买历史、浏览行为、搜索记录等,利用推荐算法向用户展示他们可能感兴趣的商品,从而提高购物体验和销售转化率。

在内容平台上,用户建模可以根据用户的阅读历史和兴趣,推荐最相关的文章和视频,如"微信"的公众号推荐。微信作为中国最大的社交平台之一,其公众号功能为用户提供了海量的文章内容。通过分析用户的浏览历史、点赞和评论等行为，微信可以为用户推荐更符合其兴趣和需求的公众号文章。这种个性化推荐不仅提高了用户的阅读体验，也为内容创作者提供了更广阔的传播平台。还有社交媒体个性化内容的推荐。社交媒体平台如微博、抖音等，通过分析用户的兴趣、关注和互动行为，为用户呈现个性化的内容流，如图11.6和图11.7所示。以抖音为例，它会根据用户的观看历史和点赞行为，智能推荐符合用户口味的短视频，提升用户在平台上的停留时间和互动。

图 11.6 "微博"个性化广告推荐规则

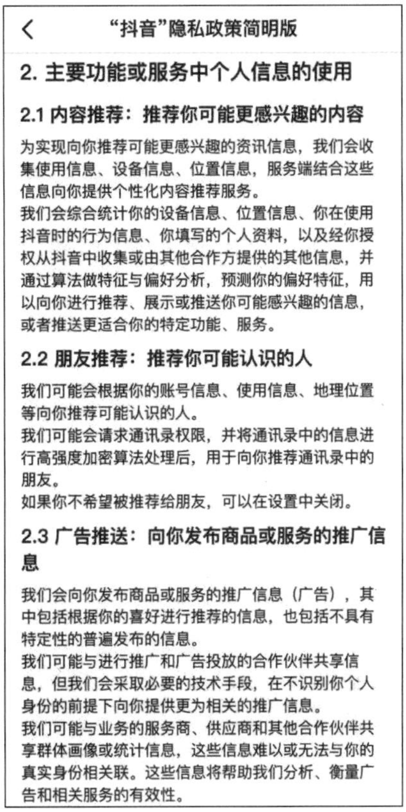

图 11.7 "抖音"个性化推荐政策

在学习和健身平台，用户建模可以根据用户的个人信息等，为每位用户个性化制订计划。在线教育平台如国内的慕课网，采用智能教学系统，根据学生的学习进度、知识点理解情况和互动反馈，为每位学生量身定制个性化的学习计划和教材，提高学习效果。除此之外，许多健康和健身应用利用用户的个人信息、运动数据和饮食习惯，为用户制订个性化的健康计划。例如，Keep 是一款中国健身应用，通过分析用户的身体数据和锻炼习惯，为用户提供定制化的健身指导和训练计划，其个性化训练计划界面如图11.8所示。

然而，用户建模也引发了一系列的隐私和伦理问题。收集和分析大量用户数据涉及用户隐私的泄露风险，因此在实践中需要严格遵循数据隐私保护的原则。此外，个性化体验的创造也可能导致信息的过滤

图 11.8 Keep 个性化训练计划界面

和用户偏好的强化,限制了用户接触多样性的信息。因此,需要在平衡个性化与多样性之间找到一个平衡点。

用户建模将在未来继续发挥重要作用,随着数据收集和机器学习技术的不断发展,个性化体验将变得更加精准和丰富。未来,用户建模可以在更多领域应用,如医疗、教育、娱乐等,为用户提供更有价值的服务和体验。同时,也需要在技术的发展中关注隐私保护和伦理问题,确保个性化体验的同时不影响用户的权益和多样性。

总的来说,用户建模作为机器学习在人机交互领域的应用,使系统可以更准确地理解和满足用户的需求,为用户创造个性化、精准的体验。通过收集和分析用户的行为和历史数据,系统可以构建出关于每位用户的模型,为其提供个性化的推荐和服务。然而,个性化体验的创造也需要在隐私和伦理等方面进行考量,以确保用户的权益不受侵害。未来,用户建模将继续发展,为人机交互领域带来更多创新和可能性。

11.4.3 机器学习在用户建模中的关键作用:塑造个性化交互

随着数字化时代的到来,个性化体验已经成为人机交互领域的一个重要趋势。而机器学习作为实现个性化的关键工具,在用户建模中扮演着至关重要的角色。通过对大量用户数据的分析,机器学习算法能够发现用户行为和兴趣的模式,从而构建出用户的模型。这个模型不仅可以优化推荐系统,还可以为用户创造个性化的数字人物角色,为用户提供更亲近、更有针对性的交互伙伴。

机器学习在用户建模中扮演着不可或缺的角色,它能够自动地从数据中提取模式和特征,为个性化交互提供基础。首先,机器学习的核心在于从数据中学习规律和模式。机器学习能够分析大量的用户行为数据,识别潜在的用户偏好和兴趣。通过特征提取,机器学习模型能够从数据中抽象得到关键特征,用以描述用户的个性化特点。其次,机器学习能够识别用户行为中的模式和趋势,从而预测用户未来可能的行为,这有助于个性化交互系统提前为用户准备适当的内容和服务。并且,用户模型需要持续更新,以适应用户行为的变化。而机器学习可以通过不断的学习和迭代,使用户模型保持精确和准确,从而实现更好的个性化体验。

机器学习在优化推荐系统方面发挥关键的作用。推荐系统通过分析用户的历史行为和兴趣,为用户推荐最相关的内容,如商品、音乐、电影等。通过机器学习,系统能够更好地理解用户的兴趣和消费习惯,从而为其提供更准确的推荐。例如,视频流媒体平台可以根据用户的观看历史,利用机器学习算法推荐用户可能喜欢的影视作品,提升用户的观影体验。

除了优化推荐系统,机器学习还可以在用户建模中为用户创造个性化的数字人物角色。这些角色可以是虚拟助手、聊天机器人,甚至是虚拟导游。通过分析用户的行为、历史记录和反馈,系统可以构建一个关于用户性格、兴趣和喜好的模型。基于这个模型,系统可以为每位用户创造一个个性化的角色,使用户与角色之间的互动更加自然、贴近。

机器学习不仅可以提供个性化的内容推荐,还可以拓展个性化体验的范畴。例如,在游戏领域,机器学习可以根据玩家的游戏风格和偏好,调整游戏难度和关卡设计,为玩家创造更适合自己的游戏体验。在教育领域,机器学习可以根据学生的学习风格和弱点,为其定制教学内容和方法,提升学习效果。

然而,机器学习在用户建模中也涉及一些隐私保护和伦理问题。用户的个人信息和行为数据需要得到适当的保护,以防止数据滥用和泄露。此外,过度个性化也可能导致信息范围的狭隘化,使用户只接触到符合其兴趣的内容,而忽视了多样性的信息。

随着机器学习技术的不断发展,用户建模将会变得更加精准和智能化。未来,个性化数字人物角色有望在虚拟现实、增强现实等领域发挥更大的作用,为用户提供更丰富、更真实的交互体验。同时,也需要在技术的发展中平衡个性化和多样性,保障用户的隐私权和信息获取权。

总而言之,机器学习在用户建模中扮演着重要角色,通过分析用户数据,构建用户模型,优化推荐系统和创造个性化数字人物角色。机器学习的应用使用户体验更加个性化、贴心,但也需要注意隐私保护和伦理问题。未来,随着技术的发展,个性化体验将会进一步丰富,为人机交互领域带来更多的创新和可能性。

11.4.4 个性化数字人物角色的塑造:与用户亲近的智能伙伴

在现代科技的浪潮下,个性化数字人物角色已经成为人机交互领域的一大亮点。这些角色可以是虚拟助手、聊天机器人、虚拟导游等,它们不仅可以帮助用户完成任务,还可以成为用户与计算机之间的亲密伙伴。个性化数字人物角色的构建,依赖于机器学习等技术,通过分析用户的历史行为、交互记录和偏好,创造出一个能够模拟人类交流方式的角色模型,实现更自然、更个性化的交互。

个性化数字人物角色的构建使用户与计算机之间的交互变得更加自然、有趣和亲切。与传统的机器交互相比,个性化数字人物角色的塑造更能够满足用户情感和社交需求。这种模式的交互体验更加类似于与人类交流,使用户能够建立情感连接,提高使用体验的同时也促进了技术的更广泛应用。首先,通过赋予智能伙伴特定的性格、情感和特点,用户更容易与之建立情感连接,形成类似人际交往的体验。其次,个性化的人物角色能够理解用户的兴趣、喜好,从而为用户提供更个性化的服务和建议,增强用户满意度。最后,一般来说,用户更容易与有趣和富有人性化的智能伙伴进行互动,从而增加了用户的参与度和长期使用动力。

构建个性化数字人物角色的过程涉及多个步骤。首先,系统需要收集和分析大量用户的行为数据和交互记录。通过机器学习算法,系统可以从这些数据中挖掘出用户的偏好、兴趣和语言风格。其次,系统需要设计角色的外貌和性格特点,这些特点可以与用户的偏好相匹配,从而使角色更能与用户产生共鸣。最后,系统会根据用户的交互历史,训练角色的模型,使角色能够模拟人类的交流方式,与用户进行更加自然、流畅的对话。

目前有三种成熟的关键算法,分别是自然语言处理技术、情感分析算法、生成对话模型。自然语言处理技术是实现个性化熟悉人物角色的重要基础。通过语音识别和语义理解,系统能够理解用户的语言,从而更好地响应用户的需求。情感分析算法可以分析用户的语音、文字等表达,判断其情感状态。通过这些分析,智能伙伴能够更准确地回应用户的情感需求,使交流更加自然。生成对话模型基于机器学习,能够生成更贴近人类对话的回复。通过大量的对话数据训练,这些模型可以模拟人类的回应方式,增强了与用户的亲近感。

个性化数字人物角色的应用非常广泛。在智能助手领域,如小米开发的“小爱同学”、微软开发的“小冰”等,这些角色通过语音或文本与用户交互,理解用户的意图,并提供准确的回应。在虚拟导游领域,个性化数字人物角色可以根据用户的兴趣,为其提供个性化的旅游指导和推荐。在娱乐领域,角色可以成为虚拟游戏伙伴,与玩家互动、分享游戏技巧。无论是哪个领域,个性化数字人物角色都可以为用户提供更加丰富、更有趣的体验。

然而,构建个性化数字人物角色也面临着一些挑战。首先,角色的模拟需要更加精细的算法和数据,以确保角色能够准确理解和模仿人类的交流方式。其次,个性化数字人物角色的构建需要大量的计算资源和技术支持,使其在实际应用中可能面临一定的成本压力。此外,用户隐私和数据安全也是个性化数字人物角色面临的重要问题,需要制定相应的隐私保护措施。

未来,随着技术的不断进步,个性化数字人物角色有望在更多领域实现更深入的应用。更加智能的角色模型、更真实的语音和情感表达,将使个性化数字人物角色在人机交互中扮演越来越重要的角色,为用户创造出更有温度、更有情感的交互体验。

总的来说,个性化数字人物角色的构建是用户建模在人机交互中的一大亮点。通过分析用户的历史行为、交互记录和偏好,系统创造出一个能够模拟人类交流方式的角色模型,使交互变得更自然、更有趣。这些角色在智能助手、虚拟导游、娱乐等领域都有着广泛的应用前景。未来,随着技术的进步,个性化数字人物角色将在人机交互中扮演更加重要的角色,为用户创造出更丰富、更亲近的交互体验。

11.4.5　案例:网易云智能音乐推荐系统

网易云智能音乐推荐系统是个性化数字人物角色在音乐领域的一个典型应用。通过分析用户的听歌历史、点赞记录、搜索行为等数据,系统可以构建出用户的音乐偏好模型,为用户提供最符合其音乐口味的歌曲和艺术家推荐。同时,系统还可以通过模拟人类音乐评论家的语气和风格,与用户进行更加贴近的音乐推荐交流,为用户带来更有趣、更个性化的音乐体验。

网易云智能音乐推荐系统的核心在于构建用户的音乐偏好模型,如图 11.9 所示。系统会收集和分析用户的各种音乐行为数据,如听歌历史、点赞记录、创建的播放列表等。通过

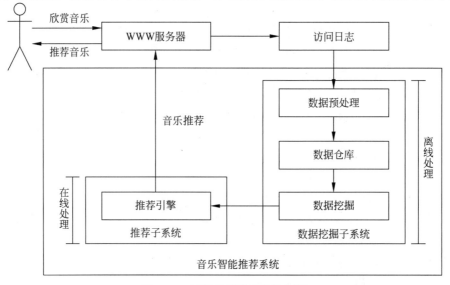

图 11.9　智能音乐推荐系统原理

机器学习算法,系统可以从这些数据中发现用户的音乐偏好、流派喜好、情感倾向等模式。例如,系统可能会发现某个用户偏好流行音乐和舞曲,而另一个用户喜欢古典音乐和民谣。

基于用户的音乐偏好模型,网易云智能音乐推荐系统可以为每位用户提供个性化的音乐推荐。当用户登录系统时,系统可以根据其模型,为其推荐最符合其喜好的歌曲和艺术家,如图11.10所示。这样,用户可以更轻松地发现新的音乐,丰富自己的音乐库。例如,如果系统发现用户偏好摇滚乐,它可以推荐类似风格的摇滚歌曲,帮助用户发现新的音乐宝藏。

图 11.10 网易云音乐推荐界面

除了推荐音乐,网易云智能音乐推荐系统还可以通过模拟音乐评论家的语气和风格,与用户进行交流。例如,当系统推荐一首歌曲给用户时,可以用类似音乐评论家的语气,描述这首歌曲的特点和风格。这种交流方式使音乐推荐更加贴近用户的口味,增强了用户与系统之间的互动体验。

举个例子,假设用户小兰在"网易云音乐"上已经有一段时间的听歌历史,她喜欢流行音乐和电子舞曲。系统通过分析她的听歌记录和点赞数据,构建出她的音乐偏好模型。当小兰登录系统时,"网易云音乐"会为她推荐最新的流行歌曲和热门的电子音乐,确保她总能听到符合她口味的音乐。

另一方面,当"网易云音乐"为小兰推荐一首电子舞曲时,系统可以用充满激情的语气,描述这首歌曲的节奏感和旋律,仿佛是一个音乐评论家在为她解读这首歌曲。这种交流方式使音乐推荐不再仅仅是简单的列表,而是变成了一种有趣的对话,增加了用户的参与感和满足感。

但是,目前该音乐推荐系统也面临着一些挑战。首先,音乐是一种情感性很强的艺术形式,如何准确捕捉用户的情感倾向和喜好,是一个需要克服的难题。其次,音乐的多样性和复杂性使推荐系统需要具备更高的智能和洞察力,以确保推荐的准确性和多样性。

未来,随着机器学习和自然语言处理等技术的不断发展,智能音乐推荐系统有望实现更加精准和个性化的音乐推荐。用户可以通过与个性化数字人物角色的互动,更好地发现和享受适合自己的音乐,创造出更有趣、更充实的音乐体验。

11.5　自然语言处理与对话

对话是人类交流和交互的基石,是信息传递、理解和合作的重要方式。无论是面对面的交谈还是数字化平台上的聊天,对话在现实生活中无处不在。然而,对话并不仅仅是简单地按照既定规则进行,它是一个复杂的互动过程,充满了多样性、障碍和挑战。为了更好地理解和实现有效的对话,自然语言处理技术在人机交互领域扮演了至关重要的角色。本节将深入探讨对话的本质、自然语言处理的关键作用,并通过实际案例展示自然语言处理在对话中的应用,最终展望这一领域的未来。

11.5.1　对话:复杂的交互过程

在理想情况下,对话是一种双向的沟通形式,涉及信息的发送和接收。然而,在现实世界中,对话往往不是按照规则进行的。人们可能会使用非正式的语言,掺杂方言、俚语或口头禅,以使交流更加生动和自然。这种非规范性语言使用可能会引发歧义和误解,需要对话参与者通过上下文和语境来进行理解和猜测。

此外,情感也是影响对话的重要因素。人类的情感状态可以在语言中表现出来,如愤怒、喜悦、焦虑等。这些情感信息可能通过声调、语速、语气等方式传达,但有时也可能被误解或漏解。例如,一句看似中性的话语,如果发音强调某个词,就可能被理解为带有情感色彩。

对话中的误解和歧义也可能因为个人背景和文化差异而加剧。不同的文化背景可能导致不同的语言使用、表达方式和理解方式。因此,在跨文化交流中,可能会出现更多的误解和沟通问题。

尽管对话可能面临各种挑战,但通过观察和研究这些现象,研究人员可以更好地理解对话的运作方式,并通过合作共同克服这些困难,以实现更加有效的沟通和理解。对话的复杂性也激发了对交流方式和技术的不断创新,尤其是在人工智能领域的自然语言处理方向。

目前来说,在复杂的对话交互中有三种关键算法,分别是语义分析算法、上下文管理算法、对话生成算法。语义分析算法通过自然语言处理技术,将用户的语句转换为计算机可以理解的结构化语义表示,这有助于计算机准确理解用户的意图和上下文。上下文管理算法能够在多轮对话中保持上下文的连贯性,确保计算机可以正确理解用户的提问并回应相应内容。对话生成模型能够根据用户的问题和上下文,生成自然流畅的回应。例如,深度学习中的循环神经网络可以用于生成连贯的对话。

自然语言处理是人工智能的一个重要分支,旨在使计算机能够理解、处理和生成人类语言。在对话方面,自然语言处理技术可以帮助计算机更好地理解人类的语言表达,从而实现更加自然和流畅的交流。自然语言处理技术涵盖了多个子领域,包括语音识别、语义理解、情感分析等,为对话的顺畅实现提供了基础。

"小爱同学"是小米推出的人工智能助手,拥有多轮对话和上下文理解能力。用户可以通过自然语言与小爱同学交流,提问、查询信息、控制智能家居等。例如,用户可以连续提问"今天的天气怎么样?"和"明天呢?","小爱同学"能够理解这是连续的天气查询,并根据上下文进行回应。另外,微信智能对话是腾讯推出的人工智能对话平台,通过深度学习和自然语言处理技术,为开发者提供构建复杂对话系统的工具,其相关服务截图如图 11.11 所示。例如,开发者可以使用该平台构建智能客服系统,实现用户与系统的多轮对话,提供更贴心的客户服务。

图 11.11 微信智能对话服务

随着技术的不断进步,自然语言处理在对话中的应用前景仍然广阔。然而,也存在一些挑战需要克服。首先,多样性和复杂性使自然语言处理需要更高的精度和智能,以确保准确地理解用户的意图和情感。其次,不同语境下的歧义问题也需要得到解决,以避免误解和误导。此外,隐私和安全问题也需要得到足够的重视,确保用户在对话过程中的信息不会被滥用。

对话作为人类交流和交互的重要方式,在现实生活中充满了多样性和挑战。自然语言处理技术在这一领域发挥了关键作用,通过理解和生成人类语言,计算机能够更好地与人类进行对话。实际应用案例如小米的"小爱同学"、微信智能对话等展示了自然语言处理在对话中的成功应用。然而,随着技术的进步,还需要克服多样性、歧义和隐私等问题,以实现更加智能和人性化的对话体验。

11.5.2 自然语言处理的关键作用

自然语言处理是一门致力于让计算机能够理解、处理和生成人类语言的交叉学科领域。在人机交互中,自然语言处理技术发挥着至关重要的作用,它极大地增强了计算机与人类之间的沟通能力,使交流更加自然、高效和智能。自然语言处理领域涵盖了多个子领域,包括文本分析、语音识别、机器翻译、情感分析等,这些子领域共同为对话的实现提供了强大的支持,如图 11.12 所示。

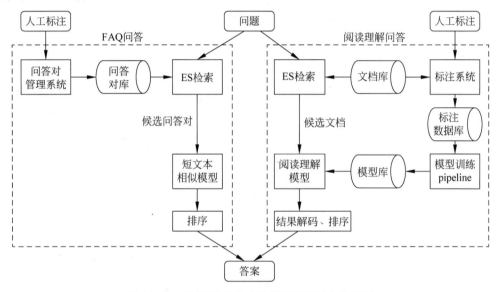

图 11.12　基于 NLP 技术的智能问答平台架构图

文本分析是自然语言处理中的一个关键子领域,旨在使计算机能够理解和解读人类书面语言的含义。这涉及词汇、句法、语义等多个层面的分析。文本分析技术可以帮助计算机从大量的文本数据中提取出有用的信息,例如,关键词、主题、情感等。在人机交互中,文本分析技术可以用于理解用户的输入,从而更准确地响应用户的需求。

语音识别是自然语言处理的另一个重要领域,它使计算机能够将人类的口头语言转换为文本形式。通过语音识别技术,用户可以通过说话与计算机进行交流,无须键盘输入。这在智能音箱、语音助手等设备中得到了广泛应用。语音识别技术的进步使计算机能够更加准确地理解人类的发音、语速和语调,从而实现更自然的交流体验。

机器翻译是自然语言处理中的一个重要应用,它旨在将一种语言的文本翻译成另一种语言。这种技术可以帮助人类跨越语言障碍,实现不同语言之间的交流。在人机交互中,机器翻译技术可以使计算机能够理解并回应不同语言的用户输入。这在国际商务、旅游等领域有着广泛的应用。例如,百度翻译是一款支持多语种翻译的应用,利用 NLP 技术实现文字和语音的翻译,其界面如图 11.13 所示。用户可以输入文本或者语音,选择目标语言,即可得到翻译结果,实现了跨语言的交流。

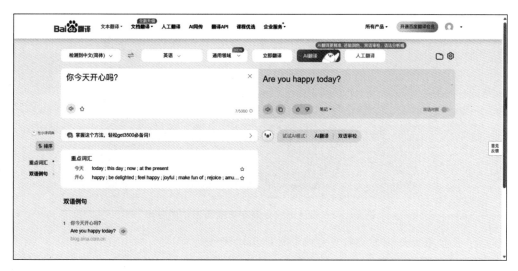

图 11.13　百度翻译界面

情感分析是自然语言处理中的一个重要子领域,旨在分析文本中蕴含的情感和情感倾向。通过情感分析技术,计算机可以识别文本中表达的情感,如喜悦、愤怒、悲伤等。这对于理解用户的情感状态在人机交互中至关重要。例如,在社交媒体上,情感分析可以帮助计算机了解用户对某个话题的态度,从而更好地响应用户的需求。

自然语言处理技术在人机交互领域有着广阔的前景,但也面临一些挑战。其中之一是多语言处理,不同语言之间的差异和复杂性使技术需要适应更多的语言。此外,自然语言处理技术在理解上下文、语境以及情感等方面仍有提升的空间。随着技术的不断进步,人们可以期待更加智能和自然的对话体验。

自然语言处理技术是使计算机能够理解、处理和生成人类语言的关键领域,在人机交互中发挥着重要作用。它涵盖了多个子领域,如文本分析、语音识别、机器翻译和情感分析等,为实现更加自然、智能和高效的对话提供了基础。通过智能音箱、在线客服等应用案例,人们可以看到自然语言处理在人机对话中的实际应用,同时也期待着这一领域未来的发展。

11.5.3　自然语言处理在智能音箱中的应用

智能音箱是近年来兴起的一类人机交互设备,它集成了自然语言处理技术,使用户能够通过语音与计算机进行交流,实现自然的对话体验。这种技术的应用不仅为用户提供了更便捷的交互方式,也在家庭、办公等场景中发挥了重要作用。以小米的"小爱同学"为例,如图 11.14 所示,这里可以深入探讨自然语言处理在智能音箱中的应用。

在智能音箱中,语音识别是关键技术之一。它使设备能够将用户的口头语言转换为文本形式,为后续处理和理解提供基础。当用户通过语音提出指令时,智能音箱需要准确地识别用户的发音、语速和语调,然后将语音内容转换为可供计算机理解的文本。这需要借助复杂的声学模型和语音识别算法,以实现高准确率的语音到文本转换。

语音识别后,智能音箱需要进一步理解用户的意图和指令。这就涉及自然语言处理技术的另一个重要方面:语义理解。自然语言处理技术使计算机能够理解用户输入中的语义和上下文。例如,当用户说出"明天天气怎么样?"时,智能音箱需要理解用户的意图是询问

图 11.14　自然语言处理在智能音箱中的应用

天气预报,并且需要从相关的数据源中获取明天的天气信息。

智能音箱中的自然语言处理不仅涉及理解用户的指令,还包括从内置的知识库或互联网上查询信息,并生成适当的回应。当用户询问特定问题时,智能音箱需要根据已有的知识库或搜索引擎获取相关信息,并以自然的语言形式回答用户。这要求计算机能够从海量的信息中筛选出最有用的内容,并以流畅的语言进行回应。

对话是一个连续的过程,用户的不同指令可能存在上下文关联。例如,用户可能会说:"小爱同学,明天会下雨吗?"接着又问:"我需要带伞吗?"在这个对话中,智能音箱需要正确地维护上下文,理解"需要带伞吗?"是与之前询问天气相关的。自然语言处理技术可以帮助智能音箱正确地理解和维护对话的上下文,从而更准确地回应用户的问题。

智能音箱还可以通过自然语言处理技术分析用户的情感和语气,从而提供更加个性化和贴近用户需求的回应。情感识别技术可以分析用户的语音、用词、语调等,判断用户是愉快、焦虑还是生气等情感状态。根据这些情感信息,智能音箱可以适当地调整自己的回应,提供更有同理心的交流体验。

随着自然语言处理技术的不断发展,智能音箱的应用前景仍然广阔。然而,也存在一些挑战需要克服。语音识别的准确性、多语言处理、上下文维护等问题都需要进一步地改进。此外,隐私和安全问题也需要得到充分的考虑,确保用户在交流过程中的信息不会被滥用。

智能音箱作为自然语言处理技术的重要应用之一,通过语音交互实现了人机对话的自然和便捷。语音识别、语义理解、知识库查询、上下文维护以及情感识别等技术的综合应用,使智能音箱能够更好地理解用户的意图,提供个性化的服务,从而极大地增强了用户与设备之间的交互体验。随着技术的进步,人们可以期待智能音箱在更多领域发挥作用,为人类带来更智能、更便捷的生活体验。

11.5.4　自然语言处理在在线客服中的应用

随着科技的不断进步,越来越多的公司将自然语言处理技术应用于在线客服领域,通过聊天机器人实现与用户的实时对话,如图 11.15 所示。这种方式不仅为用户提供了更便捷地获取信息和解决问题的途径,还为公司提供了高效的客户服务渠道。通过自然语言处理技术,聊天机器人可以理解用户的问题、需求和指令,提供准确的回答和指导。

在传统的在线客服中,用户通常需要填写表格或单击链接来获取所需的信息,这可能需

图 11.15 自然语言处理在在线客服中的应用

要较长的时间。而聊天机器人通过自然语言处理技术,使用户能够通过自然的语言表达自己的问题,从而更加方便地与系统进行交流。聊天机器人可以实时响应用户的问题,为用户提供即时的解答,极大地提升了用户体验。

自然语言处理技术使聊天机器人能够理解用户的问题和需求。通过分析用户输入的文本,聊天机器人可以确定用户提出的问题是什么,从而为其提供相应的回答。这需要深度学习和语义分析技术的支持,以确保机器能够准确地理解用户的意图。聊天机器人不仅可以回答常见问题,还可以处理一些特定的操作,如查询订单状态、更改个人信息等。

在线客服通常需要支持不同语言的用户。自然语言处理技术可以帮助聊天机器人实现多语言支持,使用户消除语言障碍。通过训练机器翻译模型,聊天机器人可以将用户输入的文本翻译成系统所支持的语言,并给予相应的回答。这种自适应的能力为全球用户提供了更好的服务体验。

通过自然语言处理技术,聊天机器人可以分析用户的历史交互记录和偏好,实现个性化的服务。机器可以根据用户的兴趣和需求,推荐相关的产品、服务或信息。这种智能推荐可以提高用户满意度,也为公司提供了促销和营销的机会。

尽管自然语言处理技术在在线客服领域已经取得了显著的成就,但仍然面临一些挑战,其中之一是处理复杂问题和多轮对话。有些问题可能涉及多个步骤或多个领域的知识,需要机器能够在对话中保持上下文并跨足不同领域。此外,聊天机器人也需要具备一定的人性化和同理心,能够识别用户的情感和语气,以提供更符合用户期望的回答。

在线客服领域对自然语言处理技术的应用,使用户能够通过自然语言与聊天机器人进行实时对话,获取所需信息和解决问题。聊天机器人通过语义理解、多语言支持、个性化服务等功能,极大地提升了用户体验,同时也为公司提供了高效的客户服务渠道。随着技术的不断发展,人们可以期待在线客服领域的进一步创新,为用户和企业带来更大的价值。

11.5.5 自然语言处理在情感分析中的应用

情感是人类交流中重要的组成部分,而情感分析则是自然语言处理技术在语言数据中识别和分析情感倾向的一项关键任务。情感分析旨在从文本中识别出积极、消极或中性等情感状态,帮助人们理解文本背后的情感色彩。在对话中,情感分析的应用对于理解和回应用户的情感和情绪非常重要。

自然语言处理技术在情感分析中的应用主要包括以下三个方面。

(1)情感词汇分析。情感分析的第一步是识别文本中的情感词汇,这些词汇通常与积极、消极或中性情感相关。自然语言处理算法可以对大规模文本语料进行训练,从而学习识别情感词汇的模式。

(2)文本情感倾向分类。通过分析文本中的情感词汇和上下文,自然语言处理技术可以将文本分类为积极、消极或中性情感。这可以通过机器学习模型,如支持向量机(SVM)或深度神经网络(DNN)来实现。

(3)情感强度分析。除了判断情感倾向外,情感分析还可以衡量情感的强度。不同词汇和短语可能传达不同程度的情感,自然语言处理技术可以帮助衡量文本中情感的强弱程度。

在对话中,情感分析的应用具有以下4大重要意义。

(1)用户情感理解。在人机对话中,了解用户的情感状态可以帮助系统更好地理解用户的意图和需求。如果用户表达了消极的情感,系统可以采取更加温和的回应策略,以缓解用户的情绪。

(2)情感驱动回应。根据用户的情感状态,系统可以生成相应情感的回应,以更好地与用户建立情感连接。例如,对于积极的情感,系统可以使用更加友好和鼓励性的语言。

(3)舆情监测。在社交媒体平台或产品评论中,情感分析可以帮助企业了解用户对产品或服务的态度。积极的评论可能是产品的优势,而消极的评论可能暗示存在的问题,从而为企业提供改进的方向。

(4)用户体验改进。通过分析用户在对话中的情感反馈,系统可以了解用户在使用过程中的体验和满意度。这可以帮助企业改进产品和服务,提升用户体验。

尽管情感分析在自然语言处理领域取得了不小的进展,但仍然存在一些挑战。例如,情感在不同文化、社会和上下文中可能有不同的表达方式,如何更好地适应这些差异是一个问题。此外,多模态情感分析(如文本与图像的结合)以及情感变化的动态建模也是未来的研究方向。

情感分析作为自然语言处理技术的一项重要应用,为了解文本背后情感倾向提供了有力的工具。在对话中,情感分析可以帮助系统更好地理解用户情感、生成合适的回应,并为企业提供客户反馈和用户体验改进的方向。随着技术的不断发展,情感分析在人机交互领域的应用将会越来越广泛,为用户和企业带来更加丰富的交流体验。

11.5.6 自然语言处理与对话

在现代人工智能领域中,自然语言处理和对话系统是两个重要且密切相关的领域。NLP致力于使计算机能够理解、处理和生成人类的自然语言,而对话系统则旨在构建能够与人类进行自然、连贯对话的人机交互系统。其中,OpenAI的ChatGPT作为一款引领性的对话模型,在NLP和对话系统领域发挥着重要作用。OpenAI首页界面如图11.16所示。

ChatGPT是由OpenAI开发的一种基于大规模预训练模型的对话生成模型。它基于

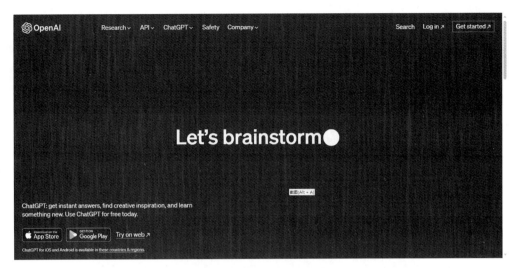

图 11.16　OpenAI 首页界面

GPT(Generative Pre-trained Transformer)架构,通过在海量文本数据上进行预训练,学习了丰富的语言知识和模式。ChatGPT 可以应用于多种对话任务,如自动客服、创作文本、编写代码等。

(1) ChatGPT 可以用作创作助手,帮助用户生成文章、故事、诗歌等创意性文本。用户可以提供主题或关键词,ChatGPT 会根据用户的输入生成连贯的文本内容。

(2) ChatGPT 可以用于构建智能客服系统,回答用户的常见问题,提供帮助和建议。它可以处理多轮对话,理解用户的问题并给予恰当的回应,提升用户体验。

(3) ChatGPT 可以用于编写代码,用户可以描述自己想要实现的功能,ChatGPT 会生成相应的代码片段,提高编程效率。

(4) ChatGPT 还可以作为学习辅助工具,回答用户的学术问题,解释概念,甚至可以模拟名人或历史人物的对话,为学习增添趣味性。如图 11.17 所示,用户正在与 ChatGPT 进行对话。

ChatGPT 的出现和发展标志着自然语言处理和对话系统领域的巨大进步。然而,它仍然面临一些挑战,如生成不准确的回复、缺乏常识性等问题。未来,随着技术的不断发展,ChatGPT 有望进一步改进,在更多领域提供更加智能、自然的对话交互体验。

总的来说,自然语言处理与对话系统密切相关,NLP 技术使对话系统能够理解、处理和生成自然语言,实现与人类的自然对话。ChatGPT 作为一款引领性的对话生成模型,应用于创作助手、自动客服、编程辅助等多个领域,为人机交互带来了新的可能性。然而,对于 ChatGPT 等模型的改进和发展仍然是一个持续的挑战,但可以预见的是,NLP 和对话系统领域将会在未来继续取得重大突破,为智能交互提供更加丰富和人性化的体验。

11.5.7　未来期望与挑战

自然语言处理在对话中的应用前景非常广阔,随着技术的不断进步和创新,人们可以期待更多令人兴奋的发展。然而,同时也存在一些挑战需要人类共同克服,以实现更加智能、

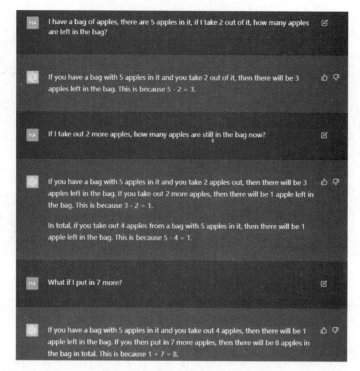

图 11.17　用户与 ChatGPT 对话

人性化的人机交互体验。

(1) 挑战：多样性和复杂性。

人类的语言表达是多样且复杂的，涵盖了丰富的语法、词汇、习惯用语和文化因素。因此，自然语言处理系统需要具备更高的精确性和智能性，以准确地理解和回应用户的意图。处理多样性还需要系统能够适应不同的语境和领域，以避免错误的解释和回答。

(2) 挑战：歧义和上下文理解。

语言中的歧义性是一个常见的问题，同一个词语或短语在不同上下文中可能具有不同的意义。解决歧义问题需要系统能够准确理解句子的上下文，并根据情境进行正确的解释。这需要深入的语义分析和推理能力，以更好地捕捉文本的含义。

(3) 挑战：隐私与安全。

在对话中涉及用户的个人信息和隐私，因此隐私和安全问题至关重要。确保用户的信息不会被滥用或泄露，需要严格的数据保护和安全措施。同时，用户需要信任自然语言处理系统，以便愿意与其进行开放性的对话。

(4) 展望：情感和人性化。

虽然自然语言处理可以分析情感和情绪，但要实现真正的情感智能还需要更深入的理解。系统需要能够捕捉并回应用户的情感，从而更好地建立情感连接。人性化的语言和回应能够增强用户的舒适感和满意度。

(5) 展望：更智能的对话体验。

随着人工智能的发展，人们可以期待更加智能的对话体验。自然语言处理技术将变得更加高效、准确，能够更好地理解和解释人类的语言。智能助手和聊天机器人将能够更自然地与用户进行对话,处理更加复杂的问题,并根据用户的情感和反馈进行灵活的回应。

(6)展望:多模态融合。

未来,对话体验可能会涉及多种不同的媒体,如文本、语音、图像等。将多模态信息融合到对话中,可以丰富交互体验,使对话更加丰富和生动。多模态融合也需要自然语言处理技术与计算机视觉、语音识别等领域的紧密协作。

(7)展望:个性化与用户理解。

随着用户建模和情感分析的进一步发展,未来的对话系统将能够更好地理解每个用户的个性化需求和情感状态。个性化的对话将更加符合用户的喜好和期望,从而提供更加贴近用户的交互体验。

自然语言处理技术在对话中的应用正朝着更加智能、人性化的方向发展。尽管面临一些挑战,但随着技术的不断进步和创新,人类有信心在未来实现更加丰富、高效、有趣的人机交互体验。

总的来说,对话作为人类交流和交互的重要方式,在现实生活中充满了多样性和挑战。自然语言处理技术在这一领域发挥了关键作用,通过理解和生成人类语言,使计算机能够更好地与人类进行对话。实际应用案例如智能音箱、在线客服等展示了自然语言处理在对话中的成功应用。然而,随着技术的进步,还需要克服多样性、歧义和隐私等问题,以实现更加智能和人性化的对话体验。

11.6 计算机视觉及界面设计

11.6.1 计算机视觉

计算机视觉(Computer Vision)是指让计算机通过视觉感知和理解世界的能力,是一门研究和开发用于使计算机能够理解和解释图像和视频数据的技术和方法的学科。

计算机视觉的目标是使计算机具备类似人类视觉的能力,能够从图像或视频中提取、理解和推断有用的信息。这些信息可以包括对图像中的对象和场景的识别、分割和定位,以及对图像中的动态行为的分析和理解。

随着数字摄影、视频采集设备的普及,大量的图像和视频数据被创建和共享,需要有效的方法来处理、理解和分析这些数据。人工智能和机器学习的发展推动了计算机视觉和界面设计领域的创新和进步,使计算机能够更好地理解和处理图像和视频数据。

计算机视觉的起步可以追溯到 20 世纪 50 年代,当时科学家们开始研究如何使用计算机对图像进行数字化处理。早期的成果包括数字图像处理算法、图像滤波和边缘检测等方法。20 世纪 80 年代—20 世纪 90 年代,研究人员开始关注如何从图像中提取特征,并使用模式识别技术对目标进行分类和识别。经典的特征提取方法包括边缘检测、角点检测和纹理描述子等。随着机器学习技术的发展,20 世纪 90 年代—21 世纪初,计算机视觉开始采用统计机器学习算法来解决图像识别和目标检测等问题。近年来,研究人员开始探索更高级的视觉任务,如图像生成、视频理解、行为分析和跨模态视觉与语言等领域。这些研究拓展了计算机视觉的应用范围,促进了与自然人类视觉系统更加接近的技术。计算机视觉在过去几十年中取得了巨大的进展,从最初的图像处理到现在的深度学习方法,使计算机能够实现对图像和视频数据的理解和分析。随着技术的不断演进和应用领域的拓宽,计算机视觉在许多实际应用中起到越来越重要的作用。

11.6.2　计算机视觉与界面设计的联系

计算机视觉和界面设计在现代科技发展中具有重要的意义。它们提升用户体验、增强人机交互方式、拓宽应用领域、增强智能化能力以及提供更直观和自然的交互方式。通过计算机视觉和界面设计的技术和方法，可以创造出更直观、易用和用户友好的界面，提供更好的用户体验，使用户能够更方便地使用计算机系统和应用程序。计算机视觉使计算机能够理解和解释人类的手势、语音、面部表情等非传统输入方式，实现更自然和直观的人机交互方式。

计算机视觉和界面设计的技术和方法已经应用于诸多领域，如智能驾驶、医疗影像分析、安防监控、增强现实等。这些应用领域需要通过视觉界面与用户进行交互，并能正确理解和解释图像或视频数据，展现出计算机视觉和界面设计的重要性和影响力。

计算机视觉的技术和算法使计算机系统能够从图像和视频数据中提取有用的信息，并进行高级的分析和推理，从而增强了计算机的智能化能力。

计算机视觉技术使人机交互更加直观和自然，用户可以使用手势、触摸、面部表情等非语言形式与计算机系统进行交互，这种交互方式更接近人类日常生活的体验，提高了用户的舒适度和便利性。

计算机视觉和界面设计在人机交互和用户体验方面密切相关。它们提供交互支持和反馈，通过分析用户的动作和表情，计算机可以识别用户的意图并响应相应的操作。同时，计算机视觉技术可以将复杂的数据和信息以可视化的形式呈现，通过合理的数据可视化和布局，提供清晰、易懂的界面，增强用户对信息的理解和使用。设计合理的界面，利用计算机视觉算法和技术，可以提升用户在界面设计中的感知和互动体验，提高用户对系统或应用的满意度。

总之，计算机视觉和界面设计紧密相连，计算机视觉可以用于改善用户界面的交互方式。例如，通过使用计算机视觉算法进行手势识别，可以实现自然而直观的手势控制界面。另外，计算机视觉还可以应用于用户界面的辅助功能，如面部识别用于身份验证或表情识别。通过利用计算机视觉技术优化界面设计，可以实现更自然、直观、易用的人机交互方式，提升用户体验并推动不同领域的发展和创新。两者的结合将继续在未来的科技应用中发挥重要作用。

增强现实（Augmented Reality，AR）技术是一种将虚拟信息与真实世界巧妙融合的技术，将计算机生成的文字、图像、三维模型、音乐、视频等虚拟信息模拟仿真后，应用到真实世界中，两种信息互为补充，从而实现对真实世界的"增强"。其中，AR 虚拟试衣镜应用增强现实技术实现了让用户在虚拟环境中试穿衣物并获取真实感觉的功能。在 AR 虚拟试衣镜中，计算机视觉技术、图像渲染与界面设计相结合，共同为用户提供良好的试穿体验和购买决策支持。南京投石科技公司采用虚拟试衣镜技术，让用户能够在线试穿服装，通过上传照片或使用摄像头，在虚拟试衣镜中看到自己穿上不同款式的服装，如图 11.18 所示，从而帮助用户做出购买决策。

利用计算机视觉技术，分析摄像头拍摄的视频，并对用户的身体姿态和轮廓进行识别和估计。通过检测用户的关键身体部位，如头、肩膀、手臂和腿部，系统可以准确地定位用户，

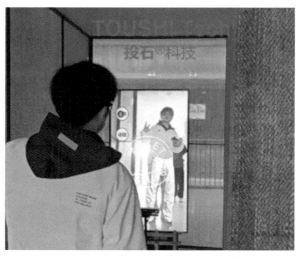

图 11.18 AR 虚拟试衣镜

并在 AR 虚拟试衣镜中进行相应的身体建模。将虚拟的服装图像进行渲染,并将其在试衣镜中与用户的身体进行融合。系统根据用户的尺寸和身体形态,调整服装的尺寸和适配度,以呈现逼真的试穿效果。用户可以看到自己穿上不同款式和颜色的服装,从而辅助购买决策。计算机视觉技术还能实现与 AR 虚拟试衣镜的交互,如旋转、缩放和拖曳服装。用户可以通过触摸屏幕或手势进行操作,调整衣物的位置和样式,以获得更准确的试穿效果。提供沉浸式的购物体验,使用户参与其中。

　　界面设计致力于创建用户友好的交互环境,使用户使用摄像头进行虚拟试衣,可以方便地选择服装款式、调整尺寸和样式。界面设计通过美观的布局、视觉效果和动画效果,将虚拟试衣过程生动地展现给用户。它可以展示用户自己穿上不同款式的服装的效果,并呈现实时的反馈,让用户能够清楚地看到衣物的适配度、颜色和细节。通过精心设计的可视化呈现,界面设计帮助用户更好地评估服装的外观和穿着效果,从而更准确地做出购买决策。良好的可用性设计能够减少用户的学习成本和操作难度,提供直观的导航路径和明确的操作反馈,使用户能够流畅而愉快地使用 AR 虚拟试衣镜。

　　综上所述,计算机视觉和界面设计在 AR 虚拟试衣镜中至关重要。计算机视觉通过人体姿态估计、穿衣物体分割、服装渲染和仿真等技术,为用户提供了真实且交互性强的试穿体验,从而提供了更直观的购物决策参考。良好的界面设计为用户提供了友好的交互环境、可视化的衣物呈现、品牌一致性、良好的可用性和导航设计,从而增强用户的试穿体验和购买决策支持。

　　华为无人智慧零售店应用了计算机视觉和界面设计技术,实现对顾客和商品的自动识别,如图 11.19 所示。通过安装摄像头和传感器等设备,机器人零售店能够感知和分析顾客的行为,以及商品的位置和属性。机器人零售店通过计算机视觉技术进行顾客的人脸识别,从而确定顾客身份并提供个性化的购物体验。界面设计方面,机器人零售店配备了触摸屏等交互界面,使顾客能够方便地选择商品、查询信息并与机器人进行互动。利用计算机视觉技术,机器人零售店可以通过分析顾客的行为和面部表情等信息,提供个性化的导购和推荐服务。通过算法和数据分析,机器人能够根据顾客的偏好和需求,为其推荐相应的商品或提供相关的购物建议。机器人零售店也使用了计算机视觉技术来进行货架管理和库存检测。通过摄像头和图像识别技术,机器人能够实时监测货架上商品的数量和状态,及时进行补货和库存管理。

图 11.19　无人智慧零售店

11.7　面部表情识别与机器人

11.7.1　面部表情

面部表情是人类通过面部肌肉运动所产生的一种非语言形式的表达方式,用于传达情感、意图和社交信息,是一种非语言的沟通方式,能够在沟通中传递丰富的情感和意图,与语言相辅相成。

面部表情可以分为多个不同的类别,每个类别代表了一种特定的情绪或意图。下面是几种常见的面部表情类别。

1. 基本表情

基本表情是普遍存在于各个文化和社会的面部表情,它们是人类共享的情感表达方式。常见的基本表情包括愤怒、恐惧、厌恶、高兴、悲伤和惊讶。

2. 微表情

微表情是非常短暂、难以察觉的面部表情,持续时间通常为 $0.04\sim0.2s$。微表情对于揭示个体内心真实感受非常重要,因为它们不受人们意识和控制的影响。

3. 混合表情

混合表情是由两种或更多基本表情组合而成的表情。它们常常反映出复杂的情感状态和内心体验。

4. 非真实表情

非真实表情是人为产生的、不真实的面部表情,例如,假笑或故意扭曲的表情。这些表情可能是由于社交约定、欺骗、演技或其他原因产生。

人类的面部表情至少有 21 种。

（1）开心/高兴：包括微笑、眼睛眯成一条线、嘴角上扬等表情。这种表情常常表达愉悦、满足、喜悦的情绪。

（2）悲伤/难过：包括低头、眉毛下拉、嘴角下垂等表情。这种表情通常表达悲伤、失望、痛苦的情绪。

（3）生气/愤怒：包括眉毛紧皱、下巴上提、嘴巴紧闭等表情。这种表情经常表达愤怒、厌恶或不满的情绪。

（4）惊讶/惊奇：包括眼睛睁大、嘴巴张开等表情。这种表情通常表示惊讶、好奇或吃惊的情绪。

（5）厌恶/恶心：包括皱起鼻子、噘嘴等表情。这种表情常常表达厌恶、恶心或不满的情绪。

（6）害羞/尴尬：包括低头、眼神躲避、笑容局促等表情。这种表情通常表达羞涩、不安或尴尬的情绪。

除了这些基本的表情类别外，人类的面部表情还可以在不同的文化和社会背景中产生细微的差异。此外，面部表情也可以配合身体语言、声音和语言一起使用，形成更加完整的交流和表达。

人类对面部表情的研究可以追溯到古代文明时期。早期的人类对面部表情的认知主要是基于直觉和观察。19世纪的心理学家查尔斯·达尔文提出了"进化论"的观点，认为表情是在人类进化过程中形成的适应性反应。他的著作《人类情感的表达与识别》（The Expression of the Emotions in Man and Animals）在1872年出版。阐述了人的面部表情和动物的面部表情之间的联系和区别，对表情研究进行科学系统化做出重要贡献。在20世纪中叶，研究者开始关注面孔的特征和表达的相关性。心理学家保罗·艾克曼和沙威弗是面部表情研究的先驱者，他们提出了"基本表情"的概念并开发了面部动作编码系统（Facial Action Coding System，FACS），用于标记和分类面部肌肉的动作。

近年来，面部表情研究变得更加跨学科和综合。计算机科学、神经科学、认知心理学等学科的研究方法和技术被应用于面部表情研究中。例如，运用计算机视觉和机器学习的方法，研究人员能够自动检测和分类面部表情。同时，研究者对微表情的研究日益增加。微表情是短暂且难以察觉的面部表情，揭示个体内心真实感受的重要线索。研究微表情有助于了解人类情感表达的隐藏层面和非语言信号。除了学术研究，面部表情的应用领域也在不断扩展。情感识别技术被应用于人机交互、虚拟现实、情感计算、心理学、精神疾病诊断等领域，为研究人员更好地理解和应对人类情感提供了有益的工具和方法。

通过对表情的研究，研究人员能够更好地理解情感表达和情绪感知的机制，从而推动人机交互和情感智能技术的发展。

11.7.2　面部表情识别技术

面部表情识别首先需要对面部表情图像进行数据采集和预处理。数据采集时，使用专用的面部表情采集设备或摄像头，确保图像质量和稳定性。需要为参与者提供适合的背景和照明条件，以减少环境因素对面部表情的干扰。请参与者执行不同的面部表情，如微笑、皱眉、张开嘴巴等，以获取多样化的面部表情数据。采集过程中可以配备参与者标示，如标签或编号，以便将面部表情与参与者对应起来。

预处理所进行的步骤如下。

（1）图像质量和噪声消除：对采集到的面部图像进行噪声消除和质量改善处理，如降噪、去除背景噪声等。

（2）人脸检测与对齐：使用人脸检测算法识别图像中的人脸区域，并对齐和裁剪出人脸部分，以确保面部表情的准确度和一致性。

（3）关键点标定：使用关键点检测算法或深度学习模型，检测面部特征点如眼睛、嘴巴、眉毛等的位置，以提取面部表情所需要的特征。

（4）数据增强：通过应用旋转、平移、缩放、镜像等技术，生成更多的面部表情样本，增加数据的多样性和鲁棒性。

（5）数据标注：为每个图像标注相应的面部表情标签，根据研究需求可以使用离散标签（如开心、生气、悲伤等）或连续值（如表情强度评分）进行标注。

预处理技术的选用和流程会根据具体应用和需求而有所差异。在实际应用中，可以结合使用现有的面部表情识别数据集和相关工具，如 OpenCV、Dlib、人脸检测和关键点检测的深度学习模型，以提高处理效果和准确度。同时，对于数据采集和预处理过程中的隐私和伦理问题，需确保参与者的知情同意和数据保护。

然后对经过预处理的面部表情图像进行特征信息提取，在面部表情识别中，常用的特征提取方法包括基于几何特征、纹理特征和深度学习特征。

1. 基于几何特征的特征提取

（1）关键点坐标：通过检测面部关键点的坐标，如眼睛、嘴巴、眉毛等的位置，作为特征进行提取。这些关键点的位置可以用于计算面部形状和姿态的变化，从而表示面部表情。

（2）形状描述子：使用形状描述子，如傅里叶描述子等，来表示面部轮廓的形状信息。这些描述子可以捕捉面部形状的全局或局部特征。

2. 基于纹理特征的特征提取

（1）统计纹理特征：通过提取面部区域的纹理特征，如灰度共生矩阵（GLCM）、局部二值模式（LBP）等统计特征，来描述面部表情的纹理变化。

（2）频域纹理特征：将面部图像转换到频域，通过提取频域纹理特征，如离散余弦变换（DCT）、小波变换等，来表示面部表情的纹理信息。

3. 基于深度学习的特征提取

（1）卷积神经网络（CNN）特征：使用预训练的 CNN 模型，如 VGGNet、ResNet、Inception 等，将面部图像作为输入，提取深层神经网络的卷积特征表示。这些特征具有高层次的抽象性和判别性，能够很好地表达面部表情的信息。

（2）预训练的人脸识别模型特征：使用预训练的人脸识别模型，如 FaceNet、ArcFace 等，将面部图像转换为具有较高判别性和鲁棒性的特征表示。这些模型在大规模人脸数据集上进行了训练，可以提取出面部表情的判别特征。

11.7.3 机器人

机器人利用面部表情识别技术在情感交互、情感识别和情感生成等方面具有广泛的实际应用场景。在情感交互方面，机器人通过感知用户的面部表情，能够准确把握用户的情感状态,以更自然、人性化的方式回应用户,增强情感交流。它能根据用户的喜悦或悲伤表达展现相应的表情,提升交互体验。

面部表情识别技术还可以用于情感识别,通过实时或静态地捕捉和分析用户的面部表情,机器人可以判断用户的情绪状态,如高兴、生气、困惑等,从而更好地理解和响应用户的需求。

情感生成是另一个重要的应用领域,机器人可以利用面部表情识别技术来生成适应特定情感和情境的表情。在与用户互动时,它可以使用情感生成算法生成与特定情境相符的面部表情,以更准确地传达意图和情感,提升沟通效果。

此外,机器人的面部表情识别技术还可以应用于情感辅助的场景。在医疗领域,机器人能够感知和理解患者的面部表情,识别出不适或疼痛等情绪信号,并及时采取相应的行动或提供支持。

在儿童教育领域,机器人应用面部表情识别技术可以与儿童更好地互动。通过分析儿童的面部表情,机器人可以判断他们的情感状态,根据不同的情感提供相应的教育内容和互动方式,以提高儿童的学习效果和情感发展。

面部表情识别技术与机器人的结合在提供便利和增强用户体验的同时,也带来了公众对于个人信息可能泄露的风险的担忧。面部表情识别技术需要获取和分析用户的面部图像和数据。这些面部数据可能会被不当地收集、存储或使用,存在着潜在的隐私泄露风险。同时,面部表情识别用作身份验证的方式也可能存在风险。如果面部表情识别技术受到攻击,例如,使用虚拟面具或面部合成图像来欺骗系统,那么身份验证过程可能会被绕过,导致个人身份被冒用或信息被盗用。

面部表情识别技术可能存在误判情感的情况。由于表情是复杂和多义的,机器人可能会错误地判断或解读用户的情感状态,导致误导或误解。此外,如果识别算法在训练过程中存在偏差或不平衡的数据集,可能会导致系统对不同人群的面部表情做出不准确或歧视性的判断。

大规模收集和存储的面部数据库面临着数据安全的风险。如果这些数据在传输或存储过程中未得到充分的保护,可能被黑客攻击、泄露或滥用。在这种情况下,个人的面部信息和其他关联数据可能会落入恶意人士手中,威胁个人隐私和安全。

为了应对这些风险,需要采取一系列的保护措施。例如,加强面部数据的加密和存储安全措施,确保合法授权和知情同意的数据采集和使用,加强用户的数据权限与控制,以及监管机构制定相应的法律和政策来规范面部表情识别技术和机器人的使用。同时,用户在使用面部表情识别技术和机器人服务时应谨慎选择和保护个人信息,了解自己的权利和隐私保护选项。

大卫·汉森公司的机器人 Sophia 使用了面部表情识别技术。Sophia 是一款具有人工智能和机器人技术的社交机器人,被设计成能够与人类进行交流和互动。配备了高精度的面部表情识别技术,可以实时感知和分析人类的面部表情。可以通过摄像头或深度传感器捕捉人类面部的动态特征,并对表情进行分析和解读。Sophia 能够识别人类的微笑、愤怒、惊讶等面部表情,并做出相应的反应和回应,如图 11.20 所示,以增强与人类的交互体验。

电影《阿凡达 2》使用了全新的面部技术——解剖学上可信的面部系统(Anatomically Plausible Facial System,APFS)。这项技术捕捉演员的面部表情和身体动作,然后将其转换为逼真的数字化角色。具体而言,制作团队使用了特殊的摄像头和传感器来记录演员的面部表情和身体动作。这些传感器能够捕捉细微的面部运动和表情变化,包括眼睛、嘴巴、眉毛等部位的微小动作。使用多个摄像头和传感器的组合,制作团队能够捕捉到演员面部的三维形状和动态信息。这些数据随后会通过计算机算法进行处理和分析,以准确地再现演员的面部表情和动作。通过使用面部表情识别技术,制作团队能够捕捉演员的真实表情,并将其应用于数字角色,使角色在电影中的表演更加逼真和情感充沛。

优必选科技公司开发了名为 Walker 的人形机器伴侣,如图 11.21 所示。利用双目视觉可充分进行人脸识别、物体识别以及仿人进行语言沟通。具备面部识别和情感交流的能力,可以识别用户的面部表情,并根据情绪做出相应的回应,提供陪伴和娱乐功能。

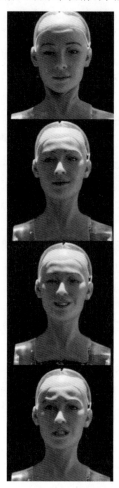

图 11.20　机器人 Sophia 仿人面部表情

图 11.21　人形机器人伴侣

11.8　生成式 AI 与人机交互

11.8.1　生成式 AI 原理

生成式人工智能(Generative Artificial Intelligence)是一种基于机器学习的方法,旨在通过模型学习数据的分布特征,从而生成新的数据样本。生成式模型的目标是学习数据的潜在结构和规律,以便能够生成与原始数据相似的新数据。

生成式人工智能的核心思想是使用概率模型来描述数据的生成过程。这些模型可以是基于统计学的模型,如高斯混合模型(GMM)或隐马尔可夫模型(HMM),也可以是基于神经网络的模型,如变分自编码器(VAE)或生成对抗网络(GAN)。在这里不对这些模型进行详细介绍,读者如有兴趣可进行进一步的了解。在模型训练的过程中,通常会涉及最大似然估计或变分推断等技术,目的是通过最小化模型生成数据与真实数据之间的差异来优化模型参数。一旦模型训练完成,它就可以用于生成新的数据样本,这些样本可能与原始数据具有相似的统计特征。

生成式人工智能在许多领域都有广泛的应用,包括自然语言处理、图像生成、音频合成等。通过学习数据的分布特征,生成式模型可以生成逼真的图像、合成自然的语音、生成自然语言文本等。这些应用有助于扩展人工智能系统的能力,使其能够更好地理解和生成各种类型的数据。培养一个生成式人工智能,通常会经历以下几步。

1. 数据收集

训练者首先需要输入大量数据让生成式 AI 进行学习,这些数据可以是文本、图像、音频等形式。数据的质量和多样性对于生成高质量的内容非常重要。

2. 模型训练

在训练者对数据进行输入后,生成式人工智能使用机器学习算法,如深度学习,来训练模型。训练过程中,模型会学习输入数据的统计规律和模式,并尝试生成与输入数据类似的新内容。

3. 模型生成

一旦模型训练完成,它就可以根据输入的条件生成新的内容。生成的内容可能是文本、图像、音频等,具体取决于模型的类型和训练数据的特点。

4. 评估和优化

生成的内容需要经过评估和优化的过程,以确保其质量和可用性。评估可以基于人类专家的判断,也可以使用自动化的评估指标。根据评估结果,可以对模型进行调整和优化,以提高生成内容的质量。

生成式人工智能的原理基于统计建模和概率推断的思想,它试图通过学习数据的分布和规律来生成新的内容。然而,这种广受推崇的新兴技术并不具备理解和推理的能力,它只是通过模仿输入数据的统计规律来生成新的内容。因此,在某些情况下,生成的内容可能会出现不准确或不合理的情况,这需要人类的干预和纠正。

11.8.2　生成式 AI 在人机交互领域的应用及现状

生成式人工智能是人工智能领域的一个重要分支,它致力于使用机器学习和深度学习技术生成各种类型的内容,如文本、图像、音频等。

风靡全球的 ChatGPT 就是一种生成式人工智能模型,它是由 OpenAI 开发的一种大型语言模型,能够根据输入的问题或指令生成自然语言的回答或响应。ChatGPT 通过训练大量的文本数据,学习了语言的语法、语义和上下文,并能够根据输入的问题或指令生成相关的回答。在自然语言处理领域,生成式人工智能已经取得了显著的成果。例如,像 GPT-4

这样的模型可以生成高质量的文本,回答问题,甚至扮演不同的角色。这些模型通过大规模的预训练和微调,能够理解上下文、语义和语法,并生成连贯、有逻辑的文本。

从人机交互的角度来看,ChatGPT 可以作为一个虚拟助手或对话伙伴,与用户进行对话交流。用户可以通过文本输入与 ChatGPT 进行交互,提出问题、寻求帮助、获取信息等。ChatGPT 会根据用户的输入理解问题的意图,并生成相应的回答。通过与 ChatGPT 的对话,用户可以获得个性化的、实时的回答和解决方案。

除文本输入外,ChatGPT 的人机交互还可以通过多种方式实现,例如,语音交互、图形界面等。用户可以通过语音输入与 ChatGPT 进行对话,或者通过图形界面与其进行交互。这种人机交互的方式使得用户在使用时能够更加方便快捷。

不仅是 ChatGPT,其实生成式人工智能还有很多具体的成果,都极大地促进了生产生活的发展,充分体现了科技为生活赋能。例如,Transformer 是一种基于自注意力机制的神经网络模型,用于处理序列数据,它在机器翻译、文本生成等任务中表现出色;BERT 是一种预训练的语言模型,用于处理自然语言处理任务,它在问答系统、文本分类、命名实体识别等任务中取得了很好的效果。除上述模型外,我国的生成式人工智能也在飞速发展中,如百度推出的全新一代知识增强语言模型文心一言,如图 11.22 所示。

图 11.22　文心一言

在交互设计中,生成式 AI 的作用主要体现在两方面:一是可以将生成式 AI 置入交互系统中以提升用户体验;二是在设计开发过程中就使用交互式 AI,让其协助进行资料收集整合、联合决策等,以减少设计开发者工作量,提高工作效率。

在人机交互系统的设计中,生成式人工智能可以用于构建智能虚拟助手,通过自然语言交互与用户进行对话。这些助手可以回答问题、提供建议、执行任务等,提供更好的用户体验。生成式人工智能还可以用于自动化生成文本,例如,自动生成文章、摘要、推荐信等。这可以提高效率,符合为用户减少工作量的设计原则,容易使用户对交互系统产生黏性。在一些特定的场景中,交互系统的回复除了要准确及时还应考虑用户的心理感受。设计者可以将生成式人工智能用于情感分析,即分析文本中的情感倾向。在需要时可以生成具有情感色彩的文本,例如,生成情感化的回复、评论等。

在交互设计开发过程中,生成式 AI 也有广泛应用,设计者可以从以下几个方面入手,使生成式 AI 更好地服务于交互系统的设计开发。

1. 理解用户需求

设计者可以让生成式 AI 帮助进行分析和理解用户需求的工作。例如,让 AI 与用户进行对话,提供有关用户期望和目标的洞察,帮助设计者更好地设计用户界面和交互流程。此外,它还可以根据用户的需求和设计者的指导生成用户界面的初步设计,即设计者向 AI 描述自己的需求和期望,AI 生成相应的用户界面设计,作为交互系统设计的参考和起点。

2. 生成创意和设计灵感

AI 可以生成各种创意和设计灵感,帮助设计者在交互设计中获得新的思路。例如,在缺乏灵感时可以通过向 AI 提供一些关键词或问题,让 AI 生成与之相关的设计概念和想法,为设计提供灵感。

3. 用户测试和反馈

生成式 AI 可以模拟用户与界面的交互过程,帮助设计者评估和优化交互流程。除此以外,还可以模拟用户使用交互系统的场景、用户的反馈和行为等。在模拟过程中产生的数据可以作为用户测试结果进行参考,从而评估和改进交互系统的设计。

需要注意的是,生成式 AI 虽然可以提供有价值的辅助,但它并不能完全替代人类设计师的角色。在使用生成式 AI 进行交互设计时,仍然需要人类设计师的判断和决策。同时,保持与用户的实际反馈和测试也是至关重要的,这能确保设计的有效性和用户满意度。

总之,生成式人工智能在人机交互设计中有广泛的应用,可以提供更智能、个性化的用户体验,并减轻人工工作负担。

11.8.3　生成式 AI 与人机交互的挑战与解决方案

人机交互领域生成式 AI 满足人类对智能化和自动化的期待,已经给人类的生产生活带来极大便利,但其在发展过程中仍存在诸多问题。长远来看,这些问题为其健康发展带来了很多挑战,解决好现存的问题,才能有更长足的发展。下面将以近期兴起的"面部动作捕捉"这种交互方式为例,介绍人机交互领域生成式 AI 面临的问题和挑战。

人机交互领域生成式 AI 无法保证所读取的数据隐私的安全。"面部动作捕捉"这种交互方式,就有对数据库中存储的人脸数据造成泄露、对用户的肖像权等权利造成侵犯的可能。OpenAI 的产品有着广泛的受众,在世界范围内有着海量的用户,也继而影响着很多人的数据隐私安全。这样的科技巨头都曾表示如果用户曾使用过产品并在其中留下数据记录,即使后期用户对账号做了注销处理,仍无法完全清除该用户的使用痕迹,其中的数据可能已经被 AI 学习或使用。例如,被广泛使用的 GPT2 就曾发生过隐私泄露问题。

虚假信息显然会为人类社会的正常运转和发展带来十分消极的影响,我们不得不承认,人机交互领域生成式 AI 存在创造虚假数据、散播消极影响的能力。与分析式 AI 技术不同,生成式 AI 技术不仅涉及对于当前数据的分析和识别,还具备对数据进行综合和再创造的能力。仍以"面部动作捕捉"为例,随着 AI 技术的逐渐发展和完善,AI 对于人类面部的识别能力和对于人类面部神态等信息的伪造能力都日渐提高。时至今日,生成式 AI 基于对大量的数据进行学习而生成的模型已经具备了生动地模拟人类面部细微特征的能力,例如,对人类的表情甚至神态进行模拟。如果不法分子掌握了这些技术,将会在社会生活中带来巨大消极影响和经济损失。

此外,交互设计领域中使用生成式 AI 技术引发了一系列伦理和道德讨论。生成式 AI

可能会从训练数据中学习到偏见和歧视。设计师需要审查和纠正这些偏见,以确保设计出的交互系统具有公正性和包容性。另外,生成式 AI 的决策过程通常是黑盒的,难以解释和理解。这时就需要相关人员考虑如何提升透明度,使用户能够理解针对特定的行为,交互系统为何会做出这样的回应。又由于生成式 AI 可能会模仿人类的语言和行为,与用户进行互动,所以设计师需要确保用户能够识别 AI 系统的真实身份,并避免误导和滥用。与"网瘾"一样,生成式 AI 的交互可能会让用户上瘾或过度依赖,设计师需要考虑如何平衡用户体验和用户健康,避免对用户产生负面影响。

这些问题需要交互设计师、研究人员和决策者共同努力,制定相关的准则和政策,以确保生成式 AI 在交互设计领域的应用是有道德和负责任的。

11.8.4 生成式 AI 与人机交互的未来展望

生成式 AI 与人机交互的未来展望是非常广阔的。随着技术的不断发展,设计者可以期待以下几个方面的进展。

可以预见的是,随着技术的进步,AI 将拥有更好的对自然语言的处理能力,从而更好地服务于交互设计。生成式 AI 可以结合深度学习和增强学习的方法,通过不断的自我学习和优化,提高自身的性能和效果,这使得它能够逐渐具备更高级的语言理解和生成能力。

此外,生成式 AI 将变得更加智能和自然,能够理解和生成人类语言的各种细微差别,这将使得与 AI 的对话更加流畅和自然,减少误解和沟通障碍。通过与用户进行自然语言交互,生成式 AI 可以理解用户的需求、回答问题、提供信息和建议,甚至进行情感交流。不断提高对语义的理解能力,使其能够更好地理解用户的意图和上下文信息,更准确地回答问题,提供个性化的建议和服务。简单来说就是,可以通过学习用户的语言和情感表达方式,实现更加人性化的交互。具体体现在生成式 AI 可以根据用户的情感状态甚至个性特点,提供相应的回应和服务,增强用户体验。在人机交互方面,生成式 AI 可以用于各种应用,例如,智能助手、虚拟人物、智能客服等,如图 11.23 所示。

图 11.23 用户与语音助手对话

生成式 AI 与人机交互在多模态交互方向的发展也非常有潜力。多模态交互是指通过多种感官通道(如语音、图像、触觉等)进行交互的方式。生成式 AI 可以在这个领域发挥重要作用,因为它可以理解和生成多种模态的数据。

在语音交互方面,生成式 AI 可以通过语音识别技术将语音转换为文本,并通过自然语言处理技术进行理解和回应。这使得人们可以通过语音与 AI 进行交流,从而实现更自然、便捷的交互方式;在图像交互方面,生成式 AI 可以通过图像识别和生成技术,理解和生成图像内容。这使得人们可以通过图像与 AI 进行交互,例如,通过拍照识别物体、绘制图像来表达意图等;在触觉交互方面,生成式 AI 可以通过模拟触觉反馈,使得人们可以通过触摸屏幕或其他设备与 AI 进行交互。这种技术可以用于虚拟现实等领域,以提供更丰富的交互体验。此外,它还可以与其他传感器技术结合,例如,运动传感器、眼动追踪等,实现更全面的多模态交互。生成式 AI 在多模态交互方向的发展可以为人们提供更自然、直观的交互方式,提升用户体验,并在虚拟现实、增强现实、智能家居等领域发挥重要作用。

生成式 AI 与人类进行联合合作和决策也是其发展方向之一,这种合作有望广泛地应用在人机交互领域,从更多的角度与人类合作,在设计开发过程中发挥重要的作用。例如,在设计前期帮助人类进行信息检索和总结,生成式 AI 可以帮助人类搜索和整理大量的信息,提供准确和全面的结果。它可以从海量的数据中提取关键信息,并生成摘要或总结,帮助人类更快地获取所需的信息。另外,它还可以提供一些创意和设计支持,可以根据人类的需求和指导生成各种创意和设计方案,提供灵感。生成式 AI 可以提供决策支持,帮助人类在复杂的决策中做出更明智的选择。因为仅靠人脑往往不能定量地做出决策,而生成式 AI 可以分析和评估各种因素,并生成不同的决策方案,供人类参考和选择。

在与生成式 AI 进行合作和决策时,人类可以提供指导和约束,确保生成式 AI 的输出符合人类的价值观和需求。同时,生成式 AI 也可以通过学习和适应人类的反馈来不断改进和提高自身的性能。这种联合合作和决策可以充分发挥生成式 AI 和人类的优势,实现更高效和智能的结果。

总的来说,生成式 AI 与人机交互的未来展望是实现更加智能、自然、个性化和多模态的交互体验。这将为人们提供更多便利和创造力,推动技术和人类社会的进步。

思考与实践

1. 名词解释。

(1) 机器学习。

(2) 自然语言处理技术。

(3) 计算机视觉。

2. 在机器人领域,面部表情识别技术被广泛用于识别用户情感和意图。然而,面部表情在不同文化和个体之间有着差异,因此如何在机器人设计中考虑和应对这些差异是一个重要的问题。请思考并提出一个解决方案,以确保机器人能够准确理解并适应不同文化和个体的面部表情。

3. 在交互设计中,可以将生成式 AI 置入交互系统中以提升用户体验,在设计开发过程中也可以使用交互式 AI。假设现在要设计开发一个电商交互系统,请思考生成式 AI 在系统中可能有哪方面的应用。

参 考 文 献

[1] 骆斌,冯桂焕. 人机交互——软件工程视角[M]. 北京:机械工业出版社,2012.

[2] 杰夫·约翰逊. 认知与设计:理解 UI 设计准则[M]. 张一宁,王军锋,译. 2 版. 北京:人民邮电出版社,2014.

[3] 诺曼 A. 设计心理学[M]. 小柯,译. 北京:中信出版社,2014.

[4] 贝尼昂. 交互式系统设计:HUI、UX 和交互设计指南[M]. 孙正兴,冯桂焕,宋沫飞,等译. 3 版. 北京:机械工业出版社,2016.

[5] 加勒特. 用户体验要素:以用户为中心的产品设计[M]. 范晓燕,译. 2 版. 机械工业出版社,2019.

[6] 库伯,莱曼. About Face 4:交互设计精髓[M]. 纪念版. 倪卫国,等译. 北京:电子工业出版社,2020.

[7] 图丽斯,艾博特. 用户体验度量:收集、分析与呈现[M]. 纪念版. 周荣刚,译. 电子工业出版社,2020.

[8] 夏普,普瑞斯. 交互设计:超越人机交互[M]. 刘伟,托娅,张霖峰,等译. 5 版. 北京:机械工业出版社,2020.

[9] 李四达. 交互设计概论[M]. 北京:清华大学出版社,2020.

[10] 科尔伯恩. 简约至上:交互式设计四策略[M]. 2 版. 李松峰,译. 北京:人民邮电出版社,2021.

[11] 余强,周苏. 人机交互技术[M]. 2 版. 北京:清华大学出版社,2022.

[12] CARD StuartK,NEWELL A,MORAN Thomas P. The Psychology of Human-Computer Interaction [J]. CRC Press eBooks,1983.

[13] JAIMES A,SEBE N. Multimodal human-computer interaction:A survey[J/OL]. Computer Vision and Image Understanding,2007,108(1-2):116-134. http://dx. doi. org/10. 1016/j. cviu. 2006. 10. 019. DOI:10. 1016/j. cviu. 2006. 10. 019.

[14] JACKO AndrewSearsandJulieA. The human-computer interaction handbook [J]. CRC Press eBooks,2013.

[15] GARZÓN J. An Overview of Twenty-Five Years of Augmented Reality in Education[J/OL]. Multimodal Technologies and Interaction,2021:37.

[16] KIM J C,LAINE T H,ÅHLUND C. Multimodal Interaction Systems Based on Internet of Things and Augmented Reality:A Systematic Literature Review[J/OL]. Applied Sciences,2021,11(4):1738. http://dx. doi. org/10. 3390/app11041738. DOI:10. 3390/app11041738.

[17] KMAHADEWI E P,MO S,TIMOTIUS E,et al. Understanding Human-Computer Interaction Patterns:A Systematic Analysis of Past and Future Innovations[J/OL]. Webology,2021,18(2):261-272. http://dx. doi. org/10. 14704/web/v18i2/web18320. DOI:10. 14704/web/v18i2/web18320.

[18] AZOFEIFA J D,NOGUEZ J,RUIZ S,et al. Systematic Review of Multimodal Human-Computer Interaction[J/OL]. Informatics,2022:13.

图书资源支持

感谢您一直以来对清华版图书的支持和爱护。为了配合本书的使用，本书提供配套的资源，有需求的读者请扫描下方的"书圈"微信公众号二维码，在图书专区下载，也可以拨打电话或发送电子邮件咨询。

如果您在使用本书的过程中遇到了什么问题，或者有相关图书出版计划，也请您发邮件告诉我们，以便我们更好地为您服务。

我们的联系方式：

清华大学出版社计算机与信息分社网站：https://www.shuimushuhui.com/

地　　　址：北京市海淀区双清路学研大厦 A 座 714

邮　　　编：100084

电　　　话：010-83470236　010-83470237

客服邮箱：2301891038@qq.com

QQ：2301891038（请写明您的单位和姓名）

资源下载：关注公众号"书圈"下载配套资源。

资源下载、样书申请

书圈

图书案例

清华计算机学堂

观看课程直播